清华21世纪高等职业经济管理专业系列教材

线性代数与线性规划应用基础

许毅　崔晓华　主编

清华大学出版社
北京

内容简介

本书是高职高专院校管理类及经济类专业的基础课教材。为适应教育部“应用为目的，必须够用为度”的教学要求，在听取专业课教师意见的基础上，编写了这本《线性代数与线性规划应用基础》。全书分七章，内容包括：行列式、矩阵、线性方程组、投入产出数学模型、线性规划问题、单纯形解法和对偶问题，以及数学实验。不同学校、不同专业可以根据其教学要求自行选择教学内容。本书语言叙述通俗、简练，富有启发性；知识背景交代清楚，难点分散；关键之处均提醒读者注意或思考；每章后配有本章小结、基本概念、思考与训练，书后配有习题答案。

本书既便于教，又便于学，适合专科层次的读者学习使用，是高等职业教育一本较好的“线性代数”教材和教学参考书。

图书在版编目(CIP)数据

线性代数与线性规划应用基础/许毅，崔晓华主编. —北京：清华大学出版社，2008.8 (2021.2重印)
(清华21世纪高等职业经济管理专业系列教材/刘进宝主编)
ISBN 978-7-302-18133-0

Ⅰ. 线… Ⅱ. ①许… ②崔… Ⅲ. ①线性代数－高等学校：技术学校－教材… ②线性规划－高等学校：技术学校－教材… Ⅳ. O151.2 O221.1

中国版本图书馆CIP数据核字(2008)第103034号

责任编辑：徐学军
责任校对：王凤芝
责任印制：杨 艳

出版发行：清华大学出版社
网 址：http://www.tup.com.cn，http://www.wqbook.com
地 址：北京清华大学学研大厦A座 邮 编：100084
社 总 机：010-62770175 邮 购：010-62786544
投稿与读者服务：010-62776969，c-service@tup.tsinghua.edu.cn
质量反馈：010-62772015，zhiliang@tup.tsinghua.edu.cn
印 装 者：三河市铭诚印务有限公司
经 销：全国新华书店
开 本：185mm×260mm 印 张：11 字 数：253千字
版 次：2008年8月第1版 印 次：2021年2月第9次印刷
定 价：29.00元

产品编号：030278-02

清华21世纪高等职业经济管理专业系列教材编写委员会

总　序

在21世纪中国经济走向全球的时代，我们不但需要大批高素质的理论人才，更需要大批高素质技能型人才。高等职业教育是我国高等教育的重要类型，主要培养生产、建设、管理、服务等第一线亟需的高素质技能型人才，具有周期短、实用性强、针对性强、文化层次与我国国民经济发展水平适用度高，教育投资效率高等优势。

教材建设是高等学校基本的教学建设之一，是学科建设的主要组成部分。教材作为体现教学内容和教学方法的知识载体，无疑是承载教学改革种种思路并传导至教学对象的主要方面，因此是体现高等职业教育特色可选择的首要改革路径。对此，一线教师在多年的教学实践中深有感触。长期以来，在教学中使用本科教材或本科院校编写的高等职业教育教材时，深感现有教材不能适用教学工作的实际需要，教材上的许多内容教学当中不需要，而需要讲的内容却不在教材当中，主讲教师需要进行多本教材的综合提炼，极大地影响了教学效率和教学效果。由于高等职业教育是我国高等教育当中的一个新的类型，教材建设成为一个瓶颈问题。

基于以上认识，我们开始探索高等职业经济管理类专业教材建设。在清华大学出版社的大力支持下，包括原张家口农业高等专科学校、郑州牧业工程高等专科学校、洛阳农业高等专科学校等14所高等职业院校共同合作，2002年由清华大学出版社出版了"高职高专经济管理类系列教材"，教材出版发行后，受到教材使用单位的普遍好评，其中《管理学原理》一书截至2006年6月印刷、发行60 000册。由于首次教材编写获得成功，2007年年初，和清华大学出版社共同协商，决定对前次出版教材进行修订，同时再新编一批教材。

本套教材主要满足高等职业教育相关专业的教学需求，同时也可以用于实际工作者的技能培训。教材编写以先进性、适用性、针对性为主导原则，突出了高等职业教育培养技术应用人才的办学特色，教材体系简明精练，理论选择深浅适度、范围明确，不求面面俱到；内容削枝强干，强化应用性、实践性、可操作性，削减抽象的纯概念阐述和繁复的模型推演。在此基础上，教材具有如下特色：

1. 摒弃"本科压缩型"教材模式，构建高职高专教材自成体系。我国高等职业教育发展历史短，其教材长期以来由本科院校的教授们编写，具有较高的理论水平、完善的理论体系和系统的知识结构，和本科教材在形式上、结构上和内容上没有太大的差异，不适应高等职业教育教学的需要。本系列教材以培养学生的实际操作技能为主线，教材编写上要求理论和实践相结合，以实践为主，强调理论够用；一般内容教学和案例教学相结合，加强案例教学内容；课堂教学和课外练习思考相结合，强化课外思考。

2. 教材内容简明易懂。针对目前我国的高等教育由传统的精英教育转向大众化教育后，高职高专学生素质的变化，高等职业教育教材建设努力做到理论简明且通俗易懂，实际操作技能过程程序化，以便于学生更好的接受和掌握。

3. 适应快速变化的国民经济环境对教材建设的要求。经济管理在我国各学科专业当中是一门新兴专业学科，它与我国政治经济的发展紧密相关联。最近20多年来是我国政治经济发展最快的一个时期，我国由传统的计划经济体制转向了全面建设社会主义市场经济体制，这就要求经济管理的教材建设必须与之相适应；我国加入WTO以来，经济、文化快速融入国际经济体系，这就要求我们在教材编写当中将国际规则融入教材内容当中。

为出版本套教材，清华大学出版社的编辑人员和相关人员付出了极大辛苦。在本套教材编写组织过程中得到了河北北方学院领导的大力支持，在此表示衷心感谢。

刘进宝

2007年8月16日

前　言

随着我国社会经济的发展，职业技术人才需求量越来越大，职业教育规模迅速扩大，国家对职业教育的扶持力度明显加大，高职高专院校也迎来了良好的发展时期。高职高专教材的需求量也越来越大。但是，目前适合于职业教育的教学用书存在着品种单一、版本陈旧的问题，需要尽快推出一系列高质量优秀的高职高专教材。正是在这种形势下，我们在总结多年的高职高专数学教学经验、探索高职高专数学教学的发展动向、分析国内外同类教材发展趋势的基础上编写出经济类高职高专各专业使用的《线性代数与线性规划应用基础》一书。

本书是按照“以应用为目的、以必须够用为度”的原则，以“理解基本概念、掌握运算方法及应用”为依据，参考高职高专《经济数学基础课程教学基本要求》，结合数学改革的实际经验编写的。教材注意从实际问题中引入概念；注意把握好理论推导的深度；注重基本运算能力、分析问题和解决问题能力的培养；贯彻理论联系实际和启发式教学原则；深入浅出，通俗易懂，便于教师教授和读者自学。

该书由许毅、崔晓华主编，赵建玲、赵红海、张艳红和刘忠诚任副主编。

本书共分七章。第一至第三章分别由崔晓华、赵红海、赵建玲执笔，第四、七章由许毅执笔，第五、六章分别由刘忠诚、张艳红执笔，全书由许毅统稿。

限于编者水平有限，本书中疏漏与不当之处在所难免，恳请同行及广大读者指正。

作　者

2008年3月

目　录

第一章

行 列 式

在线性代数的研究中，行列式是一个十分有力的工具．本章是在回顾二阶、三阶行列式的基础上，引出 n 阶行列式的概念，并介绍行列式的一些基本性质及其计算方法．最后给出用 n 阶行列式求解线性方程组的一种方法——克莱姆法则．

第一节

行列式的概念

一、二阶、三阶行列式的概念

在中学数学中，已通过解二元、三元线性方程组引出了二阶、三阶行列式的概念，在此我们对其进行简单地复习．

（一）二阶行列式

我们用记号

$$\begin{vmatrix} a_{11} & a_{12} \\ a_{21} & a_{22} \end{vmatrix}$$

表示的代数和 $a_{11}a_{22}-a_{12}a_{21}$ 称为二阶行列式，即

$$\begin{vmatrix} a_{11} & a_{12} \\ a_{21} & a_{22} \end{vmatrix} = a_{11}a_{22} - a_{12}a_{21} \tag{1.1}$$

其中元素 $a_{ij}(i,j=1,2)$ 的两个脚标 i 与 j 分别表示这个元素所在的行与列的序数，分别称为它的行标与列标．

二阶行列式表示的代数和可以用画线（图 1-1）的方法记忆，即实线联结的两个元素的乘积减去虚线联结的两个元素的乘积．

图 1-1

例 1.1 $\begin{vmatrix} 3 & 5 \\ -2 & 7 \end{vmatrix} = 3\times7-5\times(-2)=31$

例 1.2 设 $\boldsymbol{D}=\begin{vmatrix} \lambda^2 & \lambda \\ 3 & 1 \end{vmatrix}$

问：(1)λ 为何值时，$\boldsymbol{D}=0$；(2)λ 为何值时，$\boldsymbol{D}\neq 0$.

解：

$$\boldsymbol{D}=\begin{vmatrix} \lambda^2 & \lambda \\ 3 & 1 \end{vmatrix}=\lambda^2-3\lambda$$

$$\lambda^2-3\lambda=0,\text{则 } \lambda=0 \text{ 或 } \lambda=3$$

因此，

(1) 当 $\lambda=0$ 或 $\lambda=3$ 时，$\boldsymbol{D}=0$.

(2) 当 $\lambda\neq 0$ 且 $\lambda\neq 3$ 时，$\boldsymbol{D}\neq 0$.

(二) 三阶行列式

我们用记号

$$\begin{vmatrix} a_{11} & a_{12} & a_{13} \\ a_{21} & a_{22} & a_{23} \\ a_{31} & a_{32} & a_{33} \end{vmatrix}$$

表示的代数和 $a_{11}a_{22}a_{33}+a_{12}a_{23}a_{31}+a_{13}a_{21}a_{32}-a_{11}a_{23}a_{32}-a_{12}a_{21}a_{33}-a_{13}a_{22}a_{31}$ 称为三阶行列式，即

$$\begin{vmatrix} a_{11} & a_{12} & a_{13} \\ a_{21} & a_{22} & a_{23} \\ a_{31} & a_{32} & a_{33} \end{vmatrix}=a_{11}a_{22}a_{33}+a_{12}a_{23}a_{31}+a_{13}a_{21}a_{32} -a_{11}a_{23}a_{32}-a_{12}a_{21}a_{33}-a_{13}a_{22}a_{31} \quad (1.2)$$

三阶行列式表示的代数和，也可以用画线(图 1-2)的方法记忆，其中各实线联结的 3 个元素的乘积在代数和中取正号，各虚线联结的 3 个元素的乘积在代数和中取负号.

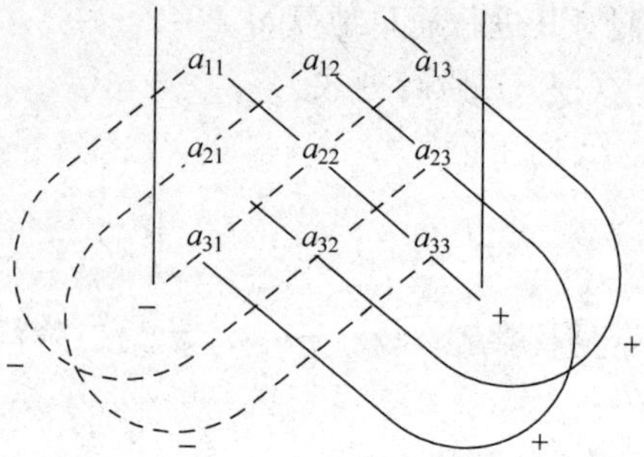

图 1-2

例 1.3 求三阶行列式 $\begin{vmatrix} 1 & 2 & 1 \\ -2 & 1 & -1 \\ 1 & -4 & 2 \end{vmatrix}$ 的值.

解：

$$\begin{vmatrix} 1 & 2 & 1 \\ -2 & 1 & -1 \\ 1 & -4 & 2 \end{vmatrix}=1\times1\times2+2\times(-1)\times1+1\times(-2)\times(-4) -1\times(-1)\times(-4)-2\times(-2)\times2-1\times1\times1=11$$

例 1.4 a、b 满足什么条件时，有

$$\begin{vmatrix} a & -b & 1 \\ b & a & 0 \\ 0 & 0 & 1 \end{vmatrix} = 0$$

解：因为

$$\begin{vmatrix} a & -b & 1 \\ b & a & 0 \\ 0 & 0 & 1 \end{vmatrix} = a^2 + b^2$$

所以要使 $a^2+b^2=0$，则必有 a 与 b 同时等于 0，因此，当 $a=b=0$ 时，给定的行列式等于 0.

二、n 阶行列式的概念

为了把二阶和三阶行列式推广到 n 阶行列式(其中 n 是任意给定的正整数)，然后利用这一工具给出解含有 n 个未知量 n 个方程的一类线性方程组的克莱姆法则. 为了达到这一目的，我们需要分析二阶和三阶行列式展开式的规律，然后根据这一规律引出 n 阶行列式的概念.

在二阶和三阶行列式的展开式中，除了其他现象外，都有以下现象：有的项带正号，有的项带负号，这种符号规律不是很容易看出来的，我们将利用排列给出符号的规律. 为此首先需要对排列及其相关性质作进一步讨论.

(一) 排列与逆序

定义 1.1 由 n 个不同数码 $1,2,\cdots,n$ 组成的有序数组 $i_1i_2\cdots i_n$，称为一个 n 级排列.

例如，1234 和 4132 是两个 4 级排列，31452 是一个 5 级排列.

定义 1.2 在一个 n 级排列 $i_1i_2\cdots i_n$ 中，如果较大的数码 i_t 排在了较小数码 i_s 之前 ($i_t>i_s$)，则称 i_t 与 i_s 构成了一个逆序. 在一个排列中逆序的总数称为这个排列的逆序数. 排列 $i_1i_2\cdots i_n$ 的逆序数记作 $\tau(i_1i_2\cdots i_n)$.

定义 1.3 逆序数为偶数的排列称为偶排列，逆序数为奇数的排列称为奇排列.

例如，排列 4132 中，4 在 1 前面，4 在 3 前面，4 在 2 前面，3 在 2 前面，共有 4 个逆序，即 $\tau(4132)=4$，所以 4132 为偶排列.

再如，由 1,2,3 这 3 个数码组成的 3 阶排列共有 3! ＝6 个. 其排列情况如表 1-1 所示.

表 1-1

排列	逆序	逆序数	排列的奇偶性
123	无	0	偶排列
132	(32)	1	奇排列
213	(21)	1	奇排列
231	(21),(31)	2	偶排列
312	(31),(32)	2	偶排列
321	(21),(31),(32)	3	奇排列

n 级排列共有 $n!$ 个. 事实上,在作 n 个数码的一个排列时,第一个位置的数码可以从 $1,2,\cdots,n$ 这 n 个数码中任取一个,有 n 种取法; 当第一个位置取定之后,第二个位置的数码只能在剩下的 $n-1$ 的数码中选取,有 $n-1$ 种取法; 类似地,第三个位置上的数码只有 $n-2$ 种取法; ……; 第 n 个位置上的数码只有 $n-(n-1)=1$ 种取法. 因此,一共可以得到 $n(n-1)\cdots 2\cdot 1=n!$ 个不同的排列.

给定一个 n 级排列后,我们可以按下面的方法计算它的逆序数: 先看看有多少个数码排在 1 前面,设有 l_1 个,那么就有 l_1 个数码与 1 构成逆序; 然后把 1 划掉,看看有多少个数码排列在 2 的前面,设有 l_2 个,那么就有 l_2 个数码与 2 构成逆序; 再把 2 划掉,再看看有多少个数码排列在 3 的前面. 这样继续下去,直到计算出 l_n(显然 $l_n=0$),于是这个排列的逆序数为: $l_1+l_2+\cdots+l_n$.

例如,在排列 31542 中,$l_1=1,l_2=3,l_3=0,l_4=1,l_5=0$,所以 $\tau(31542)=5$.

定义 1.4 把一个排列中的两个数码互换位置,其余数码不动,便得到一个新的排列,对于排列所施行的这种变换叫做对换.

如果排列 $i_1i_2\cdots i_n$ 经过对换 (i,j) 两个数码后,得到排列 $j_1j_2\cdots j_n$,就记作:

$$i_1i_2\cdots i_n \xrightarrow{(i,j)} j_1j_2\cdots j_n$$

例如
$$3412 \xrightarrow{(1,3)} 1432 \xrightarrow{(2,4)} 1234$$

不难看出,任意一个 n 级排列 $i_1i_2\cdots i_n$ 经过一系列对换以后总可以化为排列 $12\cdots n$. 进一步我们有

定理 1.1 任意一个排列经过一次对换后奇偶性改变. (或: 对换改变排列的奇偶性).

证明 分以下两种情形进行讨论.

(1) 首先讨论对换相邻两个数码的特殊情形,设给定的排列为:

$$AijB$$

其中 A,B 表示那些不动的数码,经过对换 (i,j) 变为排列:

$$AjiB$$

比较上面两个排列中的逆序,显然 A,B 中数码的次序没有改变,并且 i,j 与 A,B 中的数码次序也没有改变,这两个排列中所不同的只是 i 与 j 的次序,如果 $i<j$,那么新排列的逆序数就增加一个; 如果 $i>j$,那么新排列的逆序数则减少了一个,从而它们的奇偶性发生相反的变化.

(2) 在一般情况下,设原排列为:

$$Aik_1k_2\cdots k_sjB \tag{1.3}$$

先让 i 向右移动,依次与 $k_1,k_2,\cdots,k_s$ 对换,这样经过 s 次相邻两个数码的对换后,原排列变为:

$$Ak_1k_2\cdots k_sijB \tag{1.4}$$

再让 j 向左移动,依次与 $i,k_s,\cdots,k_2,k_1$ 对换. 这样经过 $s+1$ 次相邻两个数码的对换后,上述排列变为:

$$Ajk_1k_2\cdots k_siB \tag{1.5}$$

乘积(1.5)恰好是乘积(1.3)经过对换(i,j)后而得到的排列，即新排列可以由原排列经过$2s+1$次相邻数码的对换得到.由证明(1)的结论可知它改变了奇数次奇偶性，所以它与原排列的奇偶性相反.

定理 1.2　$n\geqslant 2$时，全体n级排列中，奇偶各占一半.

证明　设在$n!$个n级排列中，有p个奇排列，q个偶排列.由定理1，对这p个奇排列施行同一个交换(i,j)后得到p个偶排列.由于这p个偶排列彼此不同，于是有$p\leqslant q$；同样也有$q\leqslant p$，所以$p=q$，即奇偶排列数相等，各为$\frac{n!}{2}$个.

例如，对于3级排列，见表1-1，奇偶排列各3个.

(二) n阶行列式

有了上面的准备工作，我们可以对二阶、三阶行列式作进一步研究，从而得出它的结构规律，然后再利用这些规律来定义n阶行列式.

由于二阶行列式非常简单，所以我们只对三阶行列式进行研究.不难看出，三阶行列式

$$\begin{vmatrix} a_{11} & a_{12} & a_{13} \\ a_{21} & a_{22} & a_{23} \\ a_{31} & a_{32} & a_{33} \end{vmatrix} = a_{11}a_{22}a_{33}+a_{12}a_{23}a_{31}+a_{13}a_{21}a_{32} \\ -a_{11}a_{23}a_{32}-a_{12}a_{21}a_{33}-a_{13}a_{22}a_{31}$$

具有如下特点：

(1) 项数：它是$3!=6$项的代数和；

(2) 每一项构成：展开式中的每一项都是位于不同行不同列的3个元素的乘积，其一般项可以表示为：

$$a_{1j_1}a_{2j_2}a_{3j_3}$$

其中行标成自然排列123，$j_1j_2j_3$为列标排列，当$j_1j_2j_3$取遍3级排列时，所有位于不同行不同列的3个元素的乘积都在展开式中出现，即所有形如$a_{1j_1}a_{2j_2}a_{3j_3}$的乘积(其中$j_1j_2j_3$为任意3级排列)都在展开式中出现.

(3) 每一项的符号规律：3个取正号的项对应的列标的排列分别为123，231，312，它们都是偶排列；3个取负号的项的列标的排列分别为132，213，321，它们都是奇排列.因此当$j_1j_2j_3$为偶排列时取正号；为奇排列时取负号.因此三阶行列式可以写成：

$$\begin{vmatrix} a_{11} & a_{12} & a_{13} \\ a_{21} & a_{22} & a_{23} \\ a_{31} & a_{32} & a_{33} \end{vmatrix} = \sum_{j_1j_2j_3}(-1)^{\tau(j_1j_2j_3)}a_{1j_1}a_{2j_2}a_{3j_3}$$

其中，$\sum$为连加号，$\sum\limits_{j_1j_2j_3}$表示把所有形如$(-1)^{\tau(j_1j_2j_3)}a_{1j_1}a_{2j_2}a_{3j_3}$的项加起来，这里$j_1j_2j_3$取遍所有3级排列.

分析如下二阶行列式也有完全类似的规律，即

$$\begin{vmatrix} a_{11} & a_{12} \\ a_{21} & a_{22} \end{vmatrix} = \sum_{j_1j_2}(-1)^{\tau(j_1j_2)}a_{1j_1}a_{2j_2}$$

根据这一规律，可以给出 n 阶行列式的定义.

定义 1.5 用 n^2 个元素 $a_{ij}(i,j=1,2,\cdots,n)$ 组成的记号

$$D=\begin{vmatrix} a_{11} & a_{12} & \cdots & a_{1n} \\ a_{21} & a_{22} & \cdots & a_{2n} \\ \vdots & \vdots & & \vdots \\ a_{n1} & a_{n2} & \cdots & a_{nn} \end{vmatrix}$$

称为 n 阶行列式. 它是 $n!$ 项的代数和，这些项是所有可能取自既不同行也不同列的 n 个元素的乘积，其一般项可以写成：

$$a_{1j_1}a_{2j_2}\cdots a_{nj_n}$$

此项前所取的符号是 $(-1)^{\tau(j_1j_2\cdots j_n)}$，即当 $j_1j_2\cdots j_n$ 为偶排列时，这一项前取正号；为奇排列时取负号，亦即

$$D=\sum_{j_1j_2\cdots j_n}(-1)^{\tau(j_1j_2\cdots j_n)}a_{1j_1}a_{2j_2}\cdots a_{nj_n}$$

其中，$\sum$ 为连加号，$\sum\limits_{j_1j_2\cdots j_n}$ 表示把所有形如 $(-1)^{\tau(j_1j_2\cdots j_n)}a_{1j_1}a_{2j_2}\cdots a_{nj_n}$ 的项加起来，这里 $j_1j_2\cdots j_n$ 取遍所有 n 级排列.

特别地，当 $n=1$ 时，一阶行列式 $|a|$ 就是 a.

以 $a_{ij}(i,j=1,2,\cdots,n)$ 为元素的 n 阶行列式有时简记为 $|a_{ij}|_n$ 或 $|a_{ij}|$.

例如四阶行列式

$$D=\begin{vmatrix} a_{11} & a_{12} & a_{13} & a_{14} \\ a_{21} & a_{22} & a_{23} & a_{24} \\ a_{31} & a_{32} & a_{33} & a_{34} \\ a_{41} & a_{42} & a_{43} & a_{44} \end{vmatrix}$$

所表示的代数和中有 $4!=24$ 项. 其中 $a_{11}a_{22}a_{33}a_{44}$ 是取自既不同行也不同列的 4 个元素的乘积，是 D 的一项，且逆序数 $\tau(1234)=0$，即这项前应冠以正号. 并且，$a_{14}a_{23}a_{31}a_{42}$ 是取自于 D 中不同行不同列的 4 个元素的乘积，行标排列为自然排列，列标排列的逆序数 $\tau(4312)=5$，所以这项前应冠以负号，即 $-a_{14}a_{23}a_{31}a_{42}$ 为 D 的一项. $a_{11}a_{24}a_{33}a_{44}$ 有 2 个元素取自第四列，所以它不是 D 的一项.

例 1.5 求下列行列式

$$D=\begin{vmatrix} a_{11} & 0 & 0 & a_{14} \\ 0 & a_{22} & a_{23} & 0 \\ 0 & a_{32} & a_{33} & 0 \\ a_{41} & 0 & 0 & a_{44} \end{vmatrix}$$

的值.

解：依照定义

$$D=\sum(-1)^{\tau(j_1j_2j_3j_4)}a_{1j_1}a_{2j_2}a_{3j_3}a_{4j_4}$$

是 $4!=24$ 项的代数和，因为原行列式中有许多零元素，这表明 $a_{1j_1}a_{2j_2}a_{3j_3}a_{4j_4}$ 中有许多项应等于零. 于是只要把不为零的项求出来便可以了. 然而在 D 的展开式中，除 $a_{11}a_{22}a_{33}$

a_{44}, $a_{11}a_{23}a_{32}a_{44}$, $a_{14}a_{23}a_{32}a_{41}$, $a_{14}a_{22}a_{33}a_{41}$这四项外，其他项都含有零因子，因而它们的乘积为零.

又因为它们的列标排列依次为 1234,1324,4321,4231，其中第一个和第三个为偶排列，第二个和第四个为奇排列，所以

$$\boldsymbol{D}=a_{11}a_{22}a_{33}a_{44}-a_{11}a_{23}a_{32}a_{44}+a_{14}a_{23}a_{32}a_{41}-a_{14}a_{22}a_{33}a_{41}.$$

例 1.6 计算 n 阶行列式

$$\boldsymbol{D}=\begin{vmatrix} a_{11} & 0 & 0 & \cdots & 0 \\ a_{21} & a_{22} & 0 & \cdots & 0 \\ a_{31} & a_{32} & a_{33} & \cdots & 0 \\ \vdots & \vdots & \vdots & & \vdots \\ a_{n1} & a_{n2} & a_{n3} & \cdots & a_{nn} \end{vmatrix}$$

的值，其中 $a_{ii}\neq 0(i=1,2,\cdots,n)$.

解：由定义容易看出：$\boldsymbol{D}$ 的项除了 $a_{11}a_{22}\cdots a_{nn}$ 以外，其余的项均为零. 由于排列 $12\cdots n$ 是个偶排列，所以这一项应取正号，于是

$$\boldsymbol{D}=a_{11}a_{22}\cdots a_{nn}$$

我们称上面形式的行列式为下三角形行列式.

同理可得上三角形行列式

$$\boldsymbol{D}=\begin{vmatrix} a_{11} & a_{12} & a_{13} & \cdots & a_{1n} \\ 0 & a_{22} & a_{23} & \cdots & a_{2n} \\ 0 & 0 & a_{33} & \cdots & a_{3n} \\ \vdots & \vdots & \vdots & & \vdots \\ 0 & 0 & 0 & \cdots & a_{nn} \end{vmatrix}=a_{11}a_{22}\cdots a_{nn}$$

其中 $a_{ii}\neq 0(i=1,2,\cdots,n)$.

作为上(下)三角形行列式的特殊情形，我们有

$$\boldsymbol{D}=\begin{vmatrix} a_{11} & 0 & 0 & \cdots & 0 \\ 0 & a_{22} & 0 & \cdots & 0 \\ 0 & 0 & a_{33} & \cdots & 0 \\ \vdots & \vdots & \vdots & & \vdots \\ 0 & 0 & 0 & \cdots & a_{nn} \end{vmatrix}=a_{11}a_{22}\cdots a_{nn}$$

这种行列式称为对角形行列式.

行列式中从左上角到右下角的对角线称为主对角线，上(下)三角形行列式及对角形行列式的值，均等于对角线上诸元素的乘积. 这一结论在以后的行列式的计算中可直接应用.

由行列式的定义不难看出：一个行列式若有一行(或一列)的元素全部为零，则该行列式的值必为零.

n 阶行列式定义中决定各项符号的规则还可以由下面的结论来确定.

定理 1.3 n 阶行列式 $|a_{ij}|$ 的项

$$a_{i_1j_1}a_{i_2j_2}\cdots a_{i_nj_n} \tag{1.6}$$

前面所取的符号是$(-1)^{s+t}$，其中，$s=\tau(i_1i_2\cdots i_n)$，$t=\tau(j_1j_2\cdots j_n)$.

证明 如果交换乘积(1.6)中某两个因子的位置，则相当于对排列 $i_1i_2\cdots i_n$ 和 $j_1j_2\cdots j_n$ 同时施行一次对换，于是所得的排列的奇偶性同时改变，但是对换一次后，其行、列标排列逆序数之和的奇偶性不变. 由于排列 $i_1i_2\cdots i_n$ 总可经过有限次的对换变成自然排列 $12\cdots n$，设此时列标排列变为 $k_1k_2\cdots k_n$，则乘积(1.6)变为

$$a_{1k_1}a_{2k_2}\cdots a_{nk_n}$$

于是 $s+t$ 与 $\tau(12\cdots n)+\tau(k_1k_2\cdots k_n)=\tau(k_1k_2\cdots k_n)$有相同的奇偶性，因为

$$a_{i_1j_1}a_{i_2j_2}\cdots a_{i_nj_n}=a_{1k_1}a_{2k_2}\cdots a_{nk_n}$$

所以，这$|a_{ij}|$项前所取的符号为

$$(-1)^{\tau(k_1k_2\cdots k_n)}=(-1)^{s+t}.$$

第二节

行列式的性质

如果用定义直接计算一个 n 阶行列式，就要计算 $n!$ 项的代数和，而每一项又是 n 个元素的乘积，而随着 n 的增大，$n!$ 会急剧地增大，所以直接由定义计算一个 n 阶行列式是非常麻烦的. 本节将要探讨行列式的某些基本性质，利用这些性质可以使行列式的计算大大简化.

定义 1.6 把 n 阶行列式

$$\boldsymbol{D}=\begin{vmatrix} a_{11} & a_{12} & \cdots & a_{1n} \\ a_{21} & a_{22} & \cdots & a_{2n} \\ \vdots & \vdots & & \vdots \\ a_{n1} & a_{n2} & \cdots & a_{nn} \end{vmatrix}$$

的行依次变为列得到的行列式称为 $\boldsymbol{D}$ 的转置行列式，记为 $\boldsymbol{D}^{\mathrm{T}}$ 或 $\boldsymbol{D}'$，即

$$\boldsymbol{D}^{\mathrm{T}}=\begin{vmatrix} a_{11} & a_{21} & \cdots & a_{n1} \\ a_{12} & a_{22} & \cdots & a_{n2} \\ \vdots & \vdots & & \vdots \\ a_{1n} & a_{2n} & \cdots & a_{nn} \end{vmatrix}.$$

显然，D 的第 i 行第 j 列的元素是 $\boldsymbol{D}^{\mathrm{T}}$ 的第 j 行第 i 列的元素.

下面我们介绍行列式的一些基本性质.

性质 1 行列式与它的转置行列式相等，即 $\boldsymbol{D}=\boldsymbol{D}^{\mathrm{T}}$.

证明 设 $a_{1j_1}a_{2j_2}\cdots a_{nj_n}$ 是 n 阶行列式 $\boldsymbol{D}=|a_{ij}|$的一项. 由于它的 n 个元素位于 $\boldsymbol{D}$ 的不同行不同列，所以也位于 $\boldsymbol{D}^{\mathrm{T}}$ 的不同行不同列，从而它也是 $\boldsymbol{D}^{\mathrm{T}}$ 的一项. 由定理 3 可知，无论在 $\boldsymbol{D}$ 中还是在 $\boldsymbol{D}^{\mathrm{T}}$ 中，这一项所取的符号都是$(-1)^{\tau(j_1j_2\cdots j_n)}$. 因此 $\boldsymbol{D}$ 的任一项都是

D^{T} 的项,反之亦然.又因为 D 与 D^{T} 都有 $n!$ 项,所以 $D=D^{\mathrm{T}}$.

性质 2 交换行列式的两行(列),其值变号.

证明 设交换行列式

$$D=\begin{vmatrix} a_{11} & a_{12} & \cdots & a_{1n} \\ \vdots & \vdots & & \vdots \\ a_{i1} & a_{i2} & \cdots & a_{in} \\ \vdots & \vdots & & \vdots \\ a_{j1} & a_{j2} & \cdots & a_{jn} \\ \vdots & \vdots & & \vdots \\ a_{n1} & a_{n2} & \cdots & a_{nn} \end{vmatrix} \begin{matrix} \\ \\ (i\text{ 行}) \\ \\ (j\text{ 行}) \\ \\ \\ \end{matrix}$$

的第 i,j 两行,得到行列式

$$D_1=\begin{vmatrix} a_{11} & a_{12} & \cdots & a_{1n} \\ \vdots & \vdots & & \vdots \\ a_{j1} & a_{j2} & \cdots & a_{jn} \\ \vdots & \vdots & & \vdots \\ a_{i1} & a_{i2} & \cdots & a_{in} \\ \vdots & \vdots & & \vdots \\ a_{n1} & a_{n2} & \cdots & a_{nn} \end{vmatrix} \begin{matrix} \\ \\ (j\text{ 行}) \\ \\ (i\text{ 行}) \\ \\ \\ \end{matrix}$$

D 的每一项都可以写成以下形式

$$a_{1k_1}a_{2k_2}\cdots a_{ik_i}\cdots a_{jk_j}\cdots a_{nk_n}, \tag{1.7}$$

它是位于 D 的不同行不同列,因而在 D_1 中也位于不同行不同列.从而它也是 D_1 的一项.同样 D_1 的每一项也都是 D 的项,所以 D 与 D_1 含有相同的项.另外,乘积(1.7)在 D 中所带的符号是 $(-1)^{\tau(k_1k_2\cdots k_i\cdots k_j\cdots k_n)}$,由于 D_1 是交换 D 的第 i,j 两行得到的,而列的次序没有改变,它在 D_1 中的符号为

$$(-1)^{\tau(1\cdots j\cdots i\cdots n)+\tau(k_1k_2\cdots k_i\cdots k_j\cdots k_n)}=-(-1)^{\tau(k_1k_2\cdots k_i\cdots k_j\cdots k_n)}$$

即乘积(1.7)在 D 中所取的符号和在 D_1 中所取的符号相反,所以 $D=-D_1$.

至于交换行列式的两列的情形,由性质 1 归结为交换两行的情形.

由性质 1 可知,行列式对于行成立的性质对于列也成立,反之亦然.因此,对于以下性质,我们只对行的情形进行讨论.

性质 3 如果行列式中有两行(列)的对应元素相等,则此行列式的值为零.

证明 设行列式 D 的第 i,j 两行对应元素相等($i\neq j$),由性质 2,交换这两行后其值变号,即新的行列式为 $-D$.另一方面,由于 D 的第 i,j 两行相等,所以交换 D 的 i,j 两行后 D 的值并没有改变,从而 $D=-D$,因此 $D=0$.

性质 4 把行列式的某一行(列)乘以数 k,相当于用数 k 乘以这个行列式.

证明 设 $D=|a_{ij}|$,我们要证

$$D_1=\begin{vmatrix} a_{11} & a_{12} & \cdots & a_{1n} \\ \vdots & \vdots & & \vdots \\ ka_{i1} & ka_{i2} & \cdots & ka_{in} \\ \vdots & \vdots & & \vdots \\ a_{n1} & a_{n2} & \cdots & a_{nn} \end{vmatrix}=k\begin{vmatrix} a_{11} & a_{12} & \cdots & a_{1n} \\ \vdots & \vdots & & \vdots \\ a_{i1} & a_{i2} & \cdots & a_{in} \\ \vdots & \vdots & & \vdots \\ a_{n1} & a_{n2} & \cdots & a_{nn} \end{vmatrix}.$$

由行列式的定义

$$\begin{aligned} D &= \sum (-1)^{\tau(j_1 j_2 \cdots j_n)} a_{1j_1} a_{2j_2} \cdots ka_{ij_i} \cdots a_{nj_n} \\ &= k\sum (-1)^{\tau(j_1 j_2 \cdots j_n)} a_{1j_1} a_{2j_2} \cdots a_{nj_n} = kD \\ &= \text{右端} \end{aligned}$$

所以，$D_1=kD$.

推论 1 如果行列式某一行(列)有公因子 k，可以将 k 提到行列式号外.

推论 2 如果行列式有一行(列)元素全为零，那么行列式的值等于零.

性质 5 如果行列式 D 有两行(列)的对应元素成比例，那么 $D=0$.

证明 设行列式 $D=|a_{ij}|$ 的第 i,j 两行成比例，其比例系数为 k，使 $a_{i1}=ka_{j1}, a_{i2}=ka_{j2},\cdots,a_{in}=ka_{jn}$，将 D 的第 i 行公因子 k 提到行列式号外，得 $D=kD_1$，由于 D_1 的第 i,j 两行相同，从而 $D_1=0$. 因此 $D=0$.

性质 6 如果行列式 D 的第 k 行的每个元素都可以写成两个数的和：

$$D=\begin{vmatrix} a_{11} & a_{12} & \cdots & a_{1n} \\ \vdots & \vdots & & \vdots \\ b_{k1}+c_{k1} & b_{k2}+c_{k2} & \cdots & b_{kn}+c_{kn} \\ \vdots & \vdots & & \vdots \\ a_{n1} & a_{n2} & \cdots & a_{nn} \end{vmatrix},$$

则
$$D=D_1+D_2.$$
其中

$$D_1=\begin{vmatrix} a_{11} & a_{12} & \cdots & a_{1n} \\ \vdots & \vdots & & \vdots \\ b_{k1} & b_{k2} & \cdots & b_{kn} \\ \vdots & \vdots & & \vdots \\ b_{n1} & b_{n2} & \cdots & b_{nn} \end{vmatrix},\quad D_2=\begin{vmatrix} a_{11} & a_{12} & \cdots & a_{1n} \\ \vdots & \vdots & & \vdots \\ c_{k1} & c_{k2} & \cdots & c_{kn} \\ \vdots & \vdots & & \vdots \\ b_{n1} & b_{n2} & \cdots & b_{nn} \end{vmatrix},$$

证明 由行列式的定义，得

$$\begin{aligned} D &= \sum_{j_1 j_2 \cdots j_n} (-1)^{\tau(j_1 j_2 \cdots j_n)} a_{1j_1} a_{2j_2} \cdots (b_{kj_k}+c_{kj_k}) \cdots a_{nj_n} \\ &= \sum_{j_1 j_2 \cdots j_n} (-1)^{\tau(j_1 j_2 \cdots j_n)} (a_{1j_1} \cdots b_{kj_k} \cdots a_{nj_n} + a_{1j_1} \cdots c_{kj_k} \cdots a_{nj_n}) \\ &= \sum_{j_1 j_2 \cdots j_n} (-1)^{\tau(j_1 j_2 \cdots j_n)} a_{1j_1} a_{2j_2} \cdots b_{kj_k} \cdots a_{nj_n} + \sum_{j_1 j_2 \cdots j_n} (-1)^{\tau(j_1 j_2 \cdots j_n)} a_{1j_1} a_{2j_2} \cdots c_{kj_k} \cdots a_{nj_n} \\ &= D_1 + D_2 \end{aligned}$$

性质 7 把行列式的某一行(列)的所有元素同乘以数 k 后加到另一行(列)对应位置的元素上去,行列式的值不变.

证明 把行列式

$$D=\begin{vmatrix} a_{11} & a_{12} & \cdots & a_{1n} \\ \vdots & \vdots & & \vdots \\ a_{i1} & a_{i2} & \cdots & a_{in} \\ \vdots & \vdots & & \vdots \\ a_{j1} & a_{j2} & \cdots & a_{jn} \\ \vdots & \vdots & & \vdots \\ a_{n1} & a_{n2} & \cdots & a_{nn} \end{vmatrix}\begin{matrix} \\ \\ (i\text{ 行}) \\ \\ (j\text{ 行}) \\ \\ \\ \end{matrix}$$

的第 i 行各元素乘以数 k 后加到第 j 行的对应元素上去,得

$$D_1=\begin{vmatrix} a_{11} & a_{12} & \cdots & a_{1n} \\ \vdots & \vdots & & \vdots \\ a_{i1} & a_{i2} & \cdots & a_{in} \\ \vdots & \vdots & & \vdots \\ a_{j1}+ka_{i1} & a_{j2}+ka_{i2} & \cdots & a_{jn}+ka_{in} \\ \vdots & \vdots & & \vdots \\ a_{n1} & a_{n2} & \cdots & a_{nn} \end{vmatrix}$$

由性质 6 及性质 5 得 $D_1=D+D_2$. 其中

$$D_2=\begin{vmatrix} a_{11} & a_{12} & \cdots & a_{1n} \\ \vdots & \vdots & & \vdots \\ a_{i1} & a_{i2} & \cdots & a_{in} \\ \vdots & \vdots & & \vdots \\ ka_{i1} & ka_{i2} & \cdots & ka_{in} \\ \vdots & \vdots & & \vdots \\ a_{n1} & a_{n2} & \cdots & a_{nn} \end{vmatrix}=0$$

因此, $D_1=D$.

下面举例说明,如何利用行列式的性质来计算行列式.

例 1.7 计算行列式

$$D=\begin{vmatrix} 1+a_1 & 2+a_1 & 3+a_1 \\ 1+a_2 & 2+a_2 & 3+a_2 \\ 1+a_3 & 2+a_3 & 3+a_3 \end{vmatrix}$$

解: 用(−1)乘以 D 的第 1 列的各元素,分别加到第 2、3 列的对应元素上去,得

$$D=\begin{vmatrix} 1+a_1 & 1 & 2 \\ 1+a_2 & 1 & 2 \\ 1+a_3 & 1 & 2 \end{vmatrix}$$

由于 D 的第 2、3 列对应元素成比例,所以 $D=0$.

例 1.8 计算行列式

$$D=\begin{vmatrix}3&1&1\\297&101&99\\5&-3&2\end{vmatrix}$$

解：由性质 6 $D=\begin{vmatrix}3&1&1\\300-3&100+1&100-1\\5&-3&2\end{vmatrix}$

$$=\begin{vmatrix}3&1&1\\300&100&100\\5&-3&2\end{vmatrix}+\begin{vmatrix}3&1&1\\-3&1&-1\\5&-3&2\end{vmatrix}$$

$$=0+\begin{vmatrix}3&1&1\\-3&1&-1\\5&-3&2\end{vmatrix}=\begin{vmatrix}3&1&1\\0&2&0\\5&-3&2\end{vmatrix}$$

$$=12-10=2$$

例 1.9 计算行列式

$$D=\begin{vmatrix}x&a&\cdots&a\\a&x&\cdots&a\\\vdots&\vdots&&\vdots\\a&a&\cdots&x\end{vmatrix}$$

解：以 1 乘以第 2,3,…,n 列后分别加到第 1 列上去，提取公因式$[x+(n-1)a]$后，再以-1乘以第 1 行分别加到 2,3,…,n 行上去，得

$$D=[x+(n-1)a]\begin{vmatrix}1&a&\cdots&a\\0&x-a&\cdots&0\\\vdots&\vdots&&\vdots\\0&0&\cdots&x-a\end{vmatrix}=[x+(n-1)a](x-a)^{n-1}$$

例 1.10 计算 n 阶行列式

$$D=\begin{vmatrix}0&a_{12}&a_{13}&\cdots&a_{1n}\\-a_{12}&0&a_{23}&\cdots&a_{2n}\\-a_{13}&-a_{23}&0&\cdots&a_{3n}\\\vdots&\vdots&\vdots&&\vdots\\-a_{1n}&-a_{2n}&-a_{3n}&\cdots&0\end{vmatrix}$$

其中 n 为奇数.

解：根据性质 1 和性质 4 的推论 1，有

$$\boldsymbol{D}=\boldsymbol{D}^{\mathrm{T}}=\begin{vmatrix}0&-a_{12}&-a_{13}&\cdots&-a_{1n}\\a_{12}&0&-a_{23}&\cdots&-a_{2n}\\a_{13}&a_{23}&0&\cdots&-a_{3n}\\\vdots&\vdots&\vdots&&\vdots\\a_{1n}&a_{2n}&a_{3n}&\cdots&0\end{vmatrix}$$

$$
= (-1)^n \begin{vmatrix} 0 & a_{12} & a_{13} & \cdots & a_{1n} \\ -a_{12} & 0 & a_{23} & \cdots & a_{2n} \\ -a_{13} & -a_{23} & 0 & \cdots & a_{3n} \\ \vdots & \vdots & \vdots & & \vdots \\ -a_{1n} & -a_{2n} & -a_{3n} & \cdots & 0 \end{vmatrix}
$$

$$
= (-1)^n \boldsymbol{D} = -\boldsymbol{D}
$$

即 $\boldsymbol{D}=0$.

例 1.10 中的行列式具有的特点是，元素 $a_{ij}=-a_{ji}$（$i\neq j$ 时），$a_{ij}=0$（$i=j$ 时），我们称这样的行列式为反对称行列式. 同样，如果 $a_{ij}=a_{ji}$ 时，我们称这样的行列式为对称行列式.

例如

$$
\begin{vmatrix} 0 & -2 & 3 \\ 2 & 0 & 4 \\ -3 & -4 & 0 \end{vmatrix}, \quad \begin{vmatrix} 0 & a & b \\ -a & 0 & c \\ -b & -c & 0 \end{vmatrix}
$$

都是反对称行列式，而

$$
\begin{vmatrix} x & a & b \\ a & y & c \\ b & c & z \end{vmatrix}, \begin{vmatrix} 1 & 2 & 3 & 4 \\ 2 & 5 & 6 & 7 \\ 3 & 6 & 8 & 9 \\ 4 & 7 & 9 & 10 \end{vmatrix}
$$

都是对称行列式.

第三节

行列式按行(列)展开

对于三阶行列式，容易验证

$$
\begin{vmatrix} a_{11} & a_{12} & a_{13} \\ a_{21} & a_{22} & a_{23} \\ a_{31} & a_{32} & a_{33} \end{vmatrix} = a_{11}\begin{vmatrix} a_{22} & a_{23} \\ a_{32} & a_{33} \end{vmatrix} - a_{12}\begin{vmatrix} a_{21} & a_{23} \\ a_{31} & a_{33} \end{vmatrix} - a_{13}\begin{vmatrix} a_{21} & a_{22} \\ a_{31} & a_{32} \end{vmatrix}
$$

这表明，三阶行列式的计算可以归结为二阶行列式的计算，本节我们要利用行列式的性质把上面的结果推广到 n 阶行列式的情形，即把一个 n 阶行列式归结为阶数较低的二阶行列式的计算.

定义 1.7 $n(n\geqslant 2)$阶行列式 $\boldsymbol{D}=|a_{ij}|$ 中，划去元素 a_{ij} 所在的行和列余下的元素按原来的相对次序构成的 $n-1$ 阶行列式称为元素 a_{ij} 的余子式，记作 M_{ij}，而 $n-1$ 阶行列式 $A_{ij}=(-1)^{i+j}M_{ij}$ 称为元素 a_{ij} 的代数余子式.

例 1.11 写出四阶行列式

$$\boldsymbol{D}=\begin{vmatrix} a_{11} & a_{12} & a_{13} & a_{14} \\ a_{21} & a_{22} & a_{23} & a_{24} \\ a_{31} & a_{32} & a_{33} & a_{34} \\ a_{41} & a_{42} & a_{43} & a_{44} \end{vmatrix}$$ 中元素 a_{32} 和 a_{24} 的代数余子式.

解：因为元素 a_{32} 的余子式是

$$M_{32}=\begin{vmatrix} a_{11} & a_{13} & a_{14} \\ a_{21} & a_{23} & a_{24} \\ a_{41} & a_{43} & a_{44} \end{vmatrix}$$

所以 a_{32} 的代数余子式是

$$A_{32}=(-1)^{3+2}M_{32}=-\begin{vmatrix} a_{11} & a_{13} & a_{14} \\ a_{21} & a_{23} & a_{24} \\ a_{41} & a_{43} & a_{44} \end{vmatrix}$$

又因为元素 a_{24} 的余子式是

$$M_{24}=\begin{vmatrix} a_{11} & a_{12} & a_{13} \\ a_{31} & a_{32} & a_{33} \\ a_{41} & a_{42} & a_{43} \end{vmatrix}$$

所以 a_{24} 的代数余子式是

$$A_{24}=(-1)^{2+4}M_{24}=\begin{vmatrix} a_{11} & a_{12} & a_{13} \\ a_{31} & a_{32} & a_{33} \\ a_{41} & a_{42} & a_{43} \end{vmatrix}$$

为了得到行列式按行(列)的展开式,我们先证明以下两个引理:

引理 1*　n 阶行列式

$$\begin{vmatrix} a_{11} & a_{12} & \cdots & a_{1,n-1} & a_{1n} \\ a_{21} & a_{22} & \cdots & a_{2,n-1} & a_{2n} \\ \vdots & \vdots & & \vdots & \vdots \\ a_{n-1,1} & a_{n-1,2} & \cdots & a_{n-1,n-1} & a_{n-1,n} \\ 0 & 0 & \cdots & 0 & 1 \end{vmatrix}=\begin{vmatrix} a_{11} & a_{12} & \cdots & a_{1,n-1} \\ a_{21} & a_{22} & \cdots & a_{2,n-1} \\ \vdots & \vdots & & \vdots \\ a_{n-1,1} & a_{n-1,2} & \cdots & a_{n-1,n-1} \end{vmatrix} \tag{1.8}$$

式(1.8)右端的 $n-1$ 阶行列式是左端 n 阶行列式中元素 $a_{nn}=1$ 的余子式.

证明：因为式(1.8)左端等于

$$\sum_{j_1j_2\cdots j_n}(-1)^{\tau(j_1j_2\cdots j_n)}a_{1j_1}a_{2j_2}\cdots a_{nj_n}$$

其中,只有当 $j_n=n$ 时,a_{nj_n} 才不为零,即 $a_{nn}=1$. 又因为 $\tau(j_1j_2\cdots j_{n-1}j_n)=\tau(j_1j_2\cdots j_{n-1})$,所以,上式等于

$$\sum_{j_1j_2\cdots j_{n-1}}(-1)^{\tau(j_1j_2\cdots j_{n-1})}a_{1j_1}a_{2j_2}\cdots a_{n-1j_{n-1}}=\text{右端}$$

引理 2*　n 阶行列式

$$
D = \begin{vmatrix} a_{11} & \cdots & a_{1,j-1} & a_{1j} & a_{1,j+1} & \cdots & a_{1n} \\ \vdots & & \vdots & \vdots & \vdots & & \vdots \\ 0 & \cdots & 0 & 1 & 0 & \cdots & 0 \\ a_{i+1,1} & \cdots & a_{i+1,j-1} & a_{i+1,j} & a_{i+1,j+1} & \cdots & a_{i+1,n} \\ \vdots & & \vdots & \vdots & \vdots & & \vdots \\ a_{n1} & \cdots & a_{n,j-1} & a_{nj} & a_{n,j+1} & \cdots & a_{nn} \end{vmatrix} = A_{ij}
$$

证明 将 D 的第 i 行与其下面的 $n-i$ 个行逐个交换，经过 $n-i$ 次交换后到第 n 行上去. 然后将第 j 列与其右面的 $n-j$ 个列逐个交换，经过 $n-j$ 次交换后到第 n 列上去. 由于交换一次行或列，行列式都改变一次符号，所以

$$
D = (-1)^{(n-i)+(n-j)} \begin{vmatrix} a_{11} & \cdots & a_{1,j-1} & a_{1,j+1} & \cdots & a_{1n} & a_{1j} \\ \vdots & & \vdots & \vdots & & \vdots & \vdots \\ a_{i-1,1} & \cdots & a_{i-1,j-1} & a_{i-1,j+1} & \cdots & a_{i-1,n} & a_{i-1,j} \\ a_{i+1,1} & \cdots & a_{i+1,j-1} & a_{i+1,j+1} & \cdots & a_{i+1,n} & a_{i+1,j} \\ \vdots & & \vdots & \vdots & & \vdots & \vdots \\ 0 & \cdots & 0 & 0 & \cdots & 0 & 1 \end{vmatrix}
$$

由于经过上述行、列交换，除了第 i 行与第 j 列的元素外，其他各行列元素的相对位置都没有改变，所以上式右端行列式中左上角的 $n-1$ 阶行列式恰为 D 中元素 $a_{ij}=1$ 的余子式，从而由引理 1，得

$$
D = (-1)^{(n-i)+(n-j)} M_{ij} = (-1)^{i+j} M_{ij} = A_{ij}
$$

下面我们证明

定理 1.4 n 阶行列式 $D=|a_{ij}|$ 等于它的任意一行(列)的各元素与其对应代数余子式的乘积的和，即

$$
D = a_{i1}A_{i1} + a_{i2}A_{i2} + \cdots + a_{in}A_{in} \quad (i = 1,2,\cdots,n)
$$
$$
D = a_{1j}A_{1j} + a_{2j}A_{2j} + \cdots + a_{nj}A_{nj} \quad (j = 1,2,\cdots,n)
$$

以上两式分别称为行列式 D 按一行、列的展开式.

证明 先把 D 写成如下形式，然后再利用性质 6，得

$$
D = \begin{vmatrix} a_{11} & a_{12} & \cdots & a_{1n} \\ \vdots & \vdots & & \vdots \\ a_{i1}+0+\cdots+0 & 0+a_{i2}+0+\cdots+0 & \cdots & 0+\cdots+0+a_{in} \\ \vdots & \vdots & & \vdots \\ a_{n1} & a_{n2} & \cdots & a_{nn} \end{vmatrix}
$$

$$
= \begin{vmatrix} a_{11} & a_{12} & \cdots & a_{1n} \\ \vdots & \vdots & & \vdots \\ a_{i1} & 0 & \cdots & 0 \\ \vdots & \vdots & & \vdots \\ a_{n1} & a_{n2} & \cdots & a_{nn} \end{vmatrix} + \begin{vmatrix} a_{11} & a_{12} & \cdots & a_{1n} \\ \vdots & \vdots & & \vdots \\ 0 & a_{i2} & \cdots & 0 \\ \vdots & \vdots & & \vdots \\ a_{n1} & a_{n2} & \cdots & a_{nn} \end{vmatrix} + \cdots + \begin{vmatrix} a_{11} & a_{12} & \cdots & a_{1n} \\ \vdots & \vdots & & \vdots \\ 0 & 0 & \cdots & a_{in} \\ \vdots & \vdots & & \vdots \\ a_{n1} & a_{n2} & \cdots & a_{nn} \end{vmatrix}
$$

再由性质 4 的推论及引理 2 便得

$$
D = a_{i1}A_{i1} + a_{i2}A_{i2} + \cdots + a_{in}A_{in}
$$

同理可证，将 D 按列展开的情形.

定理 1.5 n 阶行列式 $\boldsymbol{D}=|a_{ij}|$ 的某一行(列)的元素与另一行(列)对应元素的代数余子式乘积的和等于 0,即

$$a_{i1}A_{s1}+a_{i2}A_{s2}+\cdots+a_{in}A_{sn}=0 \quad (i\neq s)$$
$$a_{1j}A_{1t}+a_{2j}A_{2t}+\cdots+a_{nj}A_{nt}=0 \quad (j\neq t)$$

证明 如果将行列式 $\boldsymbol{D}$ 中第 s 行的元素换为第 $i(i\neq s)$ 行的对应元素,得到有两行相同的行列式 $\boldsymbol{D}_1$,由行列式的性质 5 知 $\boldsymbol{D}_1=0$,再将 D_1 按第 s 行展开,得

$$\boldsymbol{D}_1=a_{i1}A_{s1}+a_{i2}A_{s2}+\cdots+a_{in}A_{in} \quad (i\neq s)$$

其中,$A_{s1},A_{s2},\cdots,A_{sn}$ 分别是 $\boldsymbol{D}$ 的第 s 行元素 $a_{s1},a_{s2},\cdots,a_{sn}$ 的代数余子式.

同理可证 $\boldsymbol{D}_1$ 按列展开的情形.

综合上面两个定理的结论得到

$$\sum_{j=1}^{n}a_{ij}A_{sj}=\begin{cases}\boldsymbol{D}, & \text{当 } i=s \text{ 时}\\ 0, & \text{当 } i\neq s \text{ 时}\end{cases}$$

$$\sum_{i=1}^{n}a_{ij}A_{it}=\begin{cases}\boldsymbol{D}, & \text{当 } j=t \text{ 时}\\ 0, & \text{当 } j\neq t \text{ 时}\end{cases}$$

例 1.12 分别按第一行与第二列展开行列式

$$\boldsymbol{D}=\begin{vmatrix}1 & 0 & -2\\ 1 & 1 & 3\\ -2 & 3 & 1\end{vmatrix}$$

解:(1) 按第一行展开

$$\begin{aligned}\boldsymbol{D}&=1\times(-1)^{1+1}\begin{vmatrix}1 & 3\\ 3 & 1\end{vmatrix}+0\times(-1)^{1+2}\begin{vmatrix}1 & 3\\ -2 & 1\end{vmatrix}+(-2)\times(-1)^{1+3}\begin{vmatrix}1 & 1\\ -2 & 3\end{vmatrix}\\ &=1\times(-8)+0+(-2)\times 5\\ &=-18\end{aligned}$$

(2) 按第二列展开

$$\begin{aligned}\boldsymbol{D}&=0\times(-1)^{1+2}\begin{vmatrix}1 & 3\\ -2 & 1\end{vmatrix}+1\times(-1)^{2+2}\begin{vmatrix}1 & -2\\ -2 & 1\end{vmatrix}+3\times(-1)^{3+2}\begin{vmatrix}1 & 1\\ -2 & 3\end{vmatrix}\\ &=0+1\times(-3)+3\times(-1)\times 5\\ &=-18\end{aligned}$$

例 1.13 计算行列式

$$\boldsymbol{D}=\begin{vmatrix}1 & 2 & 3 & 5\\ 1 & 0 & 1 & 2\\ 3 & -1 & -1 & 0\\ 1 & 2 & 0 & 4\end{vmatrix}$$

解:将 $\boldsymbol{D}$ 按第三列展开,则应有

$$\boldsymbol{D}=a_{13}A_{13}+a_{23}A_{23}+a_{33}A_{33}+a_{43}A_{43}$$

其中,$a_{13}=3,a_{23}=1,a_{33}=-1,a_{43}=0$.

$$A_{13}=(-1)^{1+3}\begin{vmatrix}1 & 0 & 2\\ 3 & -1 & 0\\ 1 & 2 & 4\end{vmatrix}=10,\quad A_{23}=(-1)^{2+3}\begin{vmatrix}1 & 2 & 5\\ 3 & -1 & 0\\ 1 & 2 & 4\end{vmatrix}=-7$$

$$A_{33}=(-1)^{3+3}\begin{vmatrix}1&2&5\\1&0&2\\1&2&4\end{vmatrix}=2,\quad A_{43}=(-1)^{4+3}\begin{vmatrix}1&2&5\\1&0&2\\3&-1&0\end{vmatrix}=-9$$

所以,$\boldsymbol{D}=3\times10+1\times(-7)+(-1)\times2+0\times(-9)=21$.

计算行列式时,可以先用行列式的性质将其中某一行(列)化为仅含有一个非零元素,再按此行(列)展开,变为低一阶的行列式.如此继续下去,最后化为三阶或一个二阶行列式的计算.

如例 1.13 中的行列式,可把第 3 行乘以 2,分别加到第 1 和第 4 行上去得

$$\boldsymbol{D}=\begin{vmatrix}7&0&1&5\\1&0&1&2\\3&-1&-1&0\\7&0&-2&4\end{vmatrix}=(-1)\times(-1)^{3+2}\begin{vmatrix}7&1&5\\1&1&2\\7&-2&4\end{vmatrix}=\begin{vmatrix}6&0&3\\1&1&2\\9&0&8\end{vmatrix}$$

$$=1\times(-1)^{2+2}\begin{vmatrix}6&3\\9&8\end{vmatrix}=48-27=21.$$

例 1.14 讨论当 t 为何值时,行列式

$$\boldsymbol{D}=\begin{vmatrix}1&1&0&0\\1&t&0&0\\0&1&t&2\\0&0&2&t\end{vmatrix}\neq0$$

解:先将 $\boldsymbol{D}$ 的第一行乘以(-1)后加到第二行上去,然后再按第一列展开,得

$$\boldsymbol{D}=\begin{vmatrix}1&1&0&0\\0&t-1&0&0\\0&1&t&2\\0&0&2&t\end{vmatrix}=\begin{vmatrix}t-1&0&0\\1&t&2\\0&2&t\end{vmatrix}$$

$$=(t-1)\begin{vmatrix}t&2\\2&t\end{vmatrix}=(t-1)(t^2-4)$$

所以,当 $t\neq1$ 且 $t\neq2,t\neq-2$ 时,$\boldsymbol{D}\neq0$.

第四节

克莱姆法则

我们已经知道

$$\begin{cases}a_{11}x_1+a_{12}x_2=b_1\\a_{21}x_1+a_{22}x_2=b_2\end{cases}$$

当系数行列式 $\boldsymbol{D}=\begin{vmatrix}a_{11}&a_{12}\\a_{21}&a_{22}\end{vmatrix}\neq0$ 时,有唯一解

$$x_1 = \frac{\boldsymbol{D}_1}{\boldsymbol{D}}, \quad x_2 = \frac{\boldsymbol{D}_2}{\boldsymbol{D}}.$$

其中

$$\boldsymbol{D}_1 = \begin{vmatrix} b_1 & a_{12} \\ b_2 & a_{22} \end{vmatrix}, \quad \boldsymbol{D}_2 = \begin{vmatrix} a_{11} & b_1 \\ a_{21} & b_2 \end{vmatrix}.$$

同样,对于三元一次方程组

$$\begin{cases} a_{11}x_1 + a_{12}x_2 + a_{13}x_3 = b_1 \\ a_{21}x_1 + a_{22}x_2 + a_{23}x_3 = b_2 \\ a_{31}x_1 + a_{32}x_2 + a_{33}x_3 = b_3 \end{cases}$$

当系数行列式 $\boldsymbol{D} \neq 0$ 时,有唯一解: $x_j = \frac{\boldsymbol{D}_j}{\boldsymbol{D}}(j=1,2,3)$,其中

$$\boldsymbol{D} = \begin{vmatrix} a_{11} & a_{12} & a_{13} \\ a_{21} & a_{22} & a_{23} \\ a_{31} & a_{32} & a_{33} \end{vmatrix}, \quad \boldsymbol{D}_1 = \begin{vmatrix} b_1 & a_{12} & a_{13} \\ b_2 & a_{22} & a_{23} \\ b_3 & a_{32} & a_{33} \end{vmatrix},$$

$$\boldsymbol{D}_2 = \begin{vmatrix} a_{11} & b_1 & a_{13} \\ a_{21} & b_2 & a_{23} \\ a_{31} & b_3 & a_{33} \end{vmatrix}, \quad \boldsymbol{D}_3 = \begin{vmatrix} a_{11} & a_{12} & b_1 \\ a_{21} & a_{22} & b_2 \\ a_{31} & a_{23} & b_3 \end{vmatrix}.$$

下面证明对于含有 n 个未知量 n 个方程的线性方程组的解与上面二元、三元线性方程组解的法则是相同的.这个法则称为克莱姆法则.

设

$$\begin{cases} a_{11}x_1 + a_{12}x_2 + \cdots + a_{1n}x_n = b_1 \\ a_{21}x_1 + a_{22}x_2 + \cdots + a_{2n}x_n = b_2 \\ \qquad \vdots \\ a_{n1}x_1 + a_{n2}x_2 + \cdots + a_{nn}x_n = b_n \end{cases} \tag{1.9}$$

是关于未知量 $x_1, x_2, \cdots, x_n$ 的一个线性方程组,其中 a_{ij} 是第 i 个方程中第 j 个未知量的系数,b_i 是第 i 个方程的常数项($i,j=1,2,\cdots,n$). 由方程组的系数 a_{ij} 构成的行列式

$$\boldsymbol{D} = \begin{vmatrix} a_{11} & a_{12} & \cdots & a_{1n} \\ a_{21} & a_{22} & \cdots & a_{2n} \\ \vdots & \vdots & & \vdots \\ a_{n1} & a_{n2} & \cdots & a_{nn} \end{vmatrix}$$

称为方程组(1.9)的系数行列式.

定理 1.6(克莱姆法则)　如果方程组(1.9)的系数行列式 $D \neq 0$,那么,它有且仅有如下的唯一解

$$x_j = \frac{\boldsymbol{D}_j}{\boldsymbol{D}} \quad (j = 1,2,\cdots,n) \tag{1.10}$$

其中 $\boldsymbol{D}_j(j=1,2,\cdots,n)$是把 $\boldsymbol{D}$ 的第 j 列元素 $a_{1j}, a_{2j}, \cdots, a_{nj}$ 分别换算成常数项 $b_1, b_2, \cdots, b_n$(其余各列不变)后得到的行列式.

证明　我们先证明式(1.10)是方程组(1.9)的一个解,从而方程组(1.9)有解. 把 $x_1 =$

$\frac{\boldsymbol{D}_1}{\boldsymbol{D}}, x_2=\frac{\boldsymbol{D}_2}{\boldsymbol{D}}, \cdots, x_n=\frac{\boldsymbol{D}_n}{\boldsymbol{D}}$代入方程组(1.9)中第 i 个方程，得

$$
\begin{aligned}
\text{左边} &= a_{i1}\left(\frac{\boldsymbol{D}_1}{\boldsymbol{D}}\right)+a_{i2}\left(\frac{\boldsymbol{D}_2}{\boldsymbol{D}}\right)+\cdots+a_{in}\left(\frac{\boldsymbol{D}_n}{\boldsymbol{D}}\right) \\
&= \frac{1}{\boldsymbol{D}}\left(a_{i1}\boldsymbol{D}_1+a_{i2}\boldsymbol{D}_2+\cdots+a_{in}\boldsymbol{D}_n\right)
\end{aligned} \tag{1.11}
$$

把 $\boldsymbol{D}_j$ 按第 j 列($j=1,2,\cdots,n$)展开，由于 $\boldsymbol{D}_j$ 除了第 j 列以外，其余各列都与 $\boldsymbol{D}$ 的相应列相同，所以 $\boldsymbol{D}_j$ 的第 j 列元素的代数余子式就是 $\boldsymbol{D}$ 的第 j 列对应元素的代数余子式.

因此

$$
\begin{array}{ccccccccc}
\boldsymbol{D}_1 & = & b_1A_{11} & + & b_2A_{21} & + & \cdots & + & b_nA_{n1} \\
\boldsymbol{D}_2 & = & b_1A_{12} & + & b_2A_{22} & + & \cdots & + & b_nA_{n2} \\
\vdots & & \vdots & & \vdots & & & & \vdots \\
\boldsymbol{D}_n & = & b_1A_{1n} & + & b_2A_{2n} & + & \cdots & + & b_nA_{nn}
\end{array}
$$

把它们代入式(1.11)后得

$$
\begin{aligned}
\text{左边} = & \frac{1}{\boldsymbol{D}}[a_{i1}(b_1A_{11}+b_2A_{21}+\cdots+b_iA_{i1}+\cdots+b_nA_{n1}) \\
& +a_{i2}(b_1A_{12}+b_2A_{22}+\cdots+b_iA_{i2}+\cdots+b_nA_{n2}) \\
& +\cdots+a_{in}(b_1A_{1n}+b_2A_{2n}+\cdots+b_iA_{in}+\cdots+b_nA_{nn})] \\
= & \frac{1}{\boldsymbol{D}}[b_1(a_{i1}A_{11}+a_{i2}A_{12}+\cdots+a_{in}A_{1n})+ \\
& b_2(a_{i1}A_{21}+a_{i2}A_{22}+\cdots+a_{in}A_{2n})+\cdots+ \\
& b_i(a_{i1}A_{i1}+a_{i2}A_{i2}+\cdots+a_{in}A_{in})+\cdots+ \\
& b_n(a_{i1}A_{n1}+a_{i2}A_{n2}+\cdots+a_{in}A_{nn})] \\
= & \frac{1}{\boldsymbol{D}}[b_1\times 0+b_2\times 0+\cdots+b_i\times\boldsymbol{D}+\cdots+b_n\times 0] \\
= & \frac{1}{\boldsymbol{D}}(b_i\boldsymbol{D})=b_i=\text{右边}
\end{aligned}
$$

即第 i 个方程变成了恒等式($i=1,2,\cdots,n$). 从而式(1.10)是方程组(1.9)的一个解.

下面证明解的唯一性. 任取它的一个解 $x_1=k_1, x_2=k_2, \cdots, x_n=k_n$.

我们来证

$$
k_1=\frac{\boldsymbol{D}_1}{\boldsymbol{D}}, k_2=\frac{\boldsymbol{D}_2}{\boldsymbol{D}}, \cdots, k_n=\frac{\boldsymbol{D}_n}{\boldsymbol{D}}.
$$

事实上，由于有

$$
\begin{array}{ccccccccc}
a_{11}k_1 & + & a_{12}k_2 & + & \cdots & + & a_{1n}k_n & = & b_1 \\
a_{21}k_1 & + & a_{22}k_2 & + & \cdots & + & a_{2n}k_n & = & b_2 \\
\vdots & & \vdots & & & & \vdots & & \vdots \\
a_{n1}k_1 & + & a_{n2}k_2 & + & \cdots & + & a_{nn}k_n & = & b_n
\end{array}
$$

在上面的这组恒等式中，分别以 $A_{1j}, A_{2j}, \cdots, A_{nj}$ 乘以第 $1,2,\cdots,n$ 个等式的两边，得

$$\begin{array}{ccccccccccc}
a_{11}A_{1j}k_1 & + & a_{12}A_{1j}k_2 & + & \cdots & + & a_{1j}A_{1j}k_j & + & \cdots & + & a_{1n}A_{1j}k_n & = & b_1A_{1j}\\
a_{21}A_{2j}k_1 & + & a_{22}A_{2j}k_2 & + & \cdots & + & a_{2j}A_{2j}k_j & + & \cdots & + & a_{2n}A_{2j}k_n & = & b_2A_{2j}\\
\vdots & & \vdots & & & & \vdots & & & & \vdots & & \vdots\\
a_{n1}A_{nj}k_1 & + & a_{n2}A_{nj}k_2 & + & \cdots & + & a_{nj}A_{nj}k_j & + & \cdots & + & a_{nn}A_{nj}k_n & = & b_nA_{nj}
\end{array}$$

把这 n 个恒等式左右两边分别相加，得

$$0\times k_1+0\times k_2+\cdots+\boldsymbol{D}\times k_j+\cdots+0\times k_n=\boldsymbol{D}_j$$

即
$$\boldsymbol{D}\cdot k_j=\boldsymbol{D}_j.$$

因为
$$\boldsymbol{D}\neq 0,$$

所以
$$k_j=\frac{\boldsymbol{D}_j}{\boldsymbol{D}}\quad(j=1,2,\cdots,n),$$

因此式(1.10)是方程组(1.9)仅有的一个解.

例 1.15 解线性方程组

$$\begin{cases}
x_1 - x_2 + x_3 - 2x_4 = 2\\
2x_1 - x_3 + 4x_4 = 4\\
3x_1 + 2x_2 + x_3 = -1\\
-x_1 + 2x_2 - x_3 + 2x_4 = -4
\end{cases}$$

解：因为行列式

$$\boldsymbol{D}=\begin{vmatrix}1 & -1 & 1 & -2\\ 2 & 0 & -1 & 4\\ 3 & 2 & 1 & 0\\ -1 & 2 & -1 & 2\end{vmatrix}=-2\neq 0$$

所以原方程组有唯一解. 又因为

$$\boldsymbol{D}_1=\begin{vmatrix}2 & -1 & 1 & -2\\ 4 & 0 & -1 & 4\\ -1 & 2 & 1 & 0\\ -4 & 2 & -1 & 2\end{vmatrix}=-2,$$

$$\boldsymbol{D}_2=\begin{vmatrix}1 & 2 & 1 & -2\\ 2 & 4 & -1 & 4\\ 3 & -1 & 1 & 0\\ -1 & -4 & -1 & 2\end{vmatrix}=4,$$

$$\boldsymbol{D}_3=\begin{vmatrix}1 & -1 & 2 & -2\\ 2 & 0 & 4 & 4\\ 3 & 2 & -1 & 0\\ -1 & 2 & -4 & 2\end{vmatrix}=0,$$

$$\boldsymbol{D}_4=\begin{vmatrix}1 & -1 & 1 & 2\\ 2 & 0 & -1 & 4\\ 3 & 2 & 1 & -1\\ -1 & 2 & -1 & -4\end{vmatrix}=-1,$$

所以

$$x_1 = \frac{\boldsymbol{D}_1}{\boldsymbol{D}} = 1, \quad x_2 = \frac{\boldsymbol{D}_2}{\boldsymbol{D}} = -2,$$

$$x_3 = \frac{\boldsymbol{D}_3}{\boldsymbol{D}} = 0, \quad x_4 = \frac{\boldsymbol{D}_4}{\boldsymbol{D}} = \frac{1}{2}$$

是所给方程组的解.

如果线性方程组(1.9)的常数项均为零,即

$$\begin{cases} a_{11}x_1 + a_{12}x_2 + \cdots + a_{1n}x_n = 0 \\ a_{21}x_1 + a_{22}x_2 + \cdots + a_{2n}x_n = 0 \\ \quad\vdots \qquad\quad \vdots \qquad\qquad\quad \vdots \qquad\quad \vdots \\ a_{n1}x_1 + a_{n2}x_2 + \cdots + a_{nn}x_n = 0 \end{cases} \tag{1.12}$$

称为齐次线性方程组.

显然,齐次线性方程组(1.12)一定有零解 $x_j=0(j=1,2,\cdots,n)$,而其他的解(若还有的话)称为非零解.对于齐次线性方程组除零解以外是否还有非零解,可由下面的定理判定.

定理 1.7 如果齐次线性方程组(1.12)的系数行列式 $\boldsymbol{D}\neq 0$,则它仅有零解.

证明 因为 $\boldsymbol{D}\neq 0$,由克莱姆法则,方程组(1.12)有唯一解 $x_j=\dfrac{\boldsymbol{D}_j}{\boldsymbol{D}}(j=1,2,\cdots,n)$. 又由于行列式 $\boldsymbol{D}_j$ 中有一列元素全为零,因而 $\boldsymbol{D}_j=0(j=1,2,\cdots,n)$. 所以,齐次线性方程组仅有零解

$$x_j = \frac{\boldsymbol{D}_j}{\boldsymbol{D}} = 0 \quad (j = 1,2,\cdots,n)$$

这个定理的等价说法是:如果齐次线性方程组(1.12)有非零解,则它的系数行列式 $\boldsymbol{D}=0$. 并且以后还可以证明:如果 $\boldsymbol{D}=0$,那么方程组(1.12)有非零解.

例 1.16 判定齐次线性方程组

$$\begin{cases} x_1 + x_2 + 2x_3 + 3x_4 = 0 \\ x_1 + 2x_2 + 3x_3 - x_4 = 0 \\ 3x_1 - x_2 - x_3 - 2x_4 = 0 \\ 2x_1 + 3x_2 - x_3 - x_4 = 0 \end{cases}$$

是否仅有零解.

解:因为系数行列式

$$\boldsymbol{D} = \begin{vmatrix} 1 & 1 & 2 & 3 \\ 1 & 2 & 3 & -1 \\ 3 & -1 & -1 & -2 \\ 2 & 3 & -1 & -1 \end{vmatrix} = -153 \neq 0$$

所以方程组仅有零解.

例 1.17 如果下列齐次线性方程组有非零解,k 应取何值?

$$\begin{cases} x_1 + 2x_2 - x_4 = 0 \\ kx_1 + x_4 = 0 \\ 2x_1 + x_2 + 3x_3 + kx_4 = 0 \\ (k+2)x_1 - x_2 + 4x_4 = 0 \end{cases}$$

解：因为

$$\boldsymbol{D}=\begin{vmatrix} 1 & 2 & 0 & -1 \\ k & 0 & 0 & 1 \\ 2 & 1 & 3 & k \\ k+2 & -1 & 0 & 4 \end{vmatrix}=3\times\begin{vmatrix} 1 & 2 & -1 \\ k & 0 & 1 \\ k+2 & -1 & 4 \end{vmatrix}$$

$$=3\times(5-5k)=15\times(1-k)$$

要使方程组有非零解，则必有 $\boldsymbol{D}=0$，即 $k=1$.

本章小结

本章主要介绍了 n 阶行列式的概念、性质、行列式按行(列)展开以及克莱姆法则，并且介绍了计算行列式的三种方法(定义法. 利用性质计算行列式、按行(列)展开的方法). 在行列式的计算中，首先要注意观察分析行列式各行(或列)元素的构造特点，然后利用行列式的性质化简行列式的计算，同时还应尽量避免分数运算. 由于在行列式的运算中，数据较多，若是出现计算错误就很难查找，所以在计算时要倍加细心，更要有耐心.

应用克莱姆法则求线性方程组时，要注意克莱姆法则只适用于系数行列式不等于零的 n 个方程的 n 元线性方程组，而不适用于系数行列式等于零或方程个数与未知量个数不等的线性方程组.

基本概念

二阶、三阶行列式　n 阶行列式　排列　逆序　奇(偶)排列　余子式　代数余子式

思考与训练(一)

1. 计算下列行列式：

(1) $\begin{vmatrix} 1 & 5 \\ 1 & -7 \end{vmatrix}$；　(2) $\begin{vmatrix} 3 & 1 \\ -1 & 2 \end{vmatrix}$；　(3) $\begin{vmatrix} 6 & 3 \\ 8 & 4 \end{vmatrix}$；

(4) $\begin{vmatrix} a & b \\ a^2 & b^2 \end{vmatrix}$；　(5) $\begin{vmatrix} 1 & 2 & 3 \\ 3 & 1 & 2 \\ 2 & 3 & 1 \end{vmatrix}$；　(6) $\begin{vmatrix} 10 & 8 & 2 \\ 15 & 12 & 3 \\ 20 & 32 & 12 \end{vmatrix}$；

(7) $\begin{vmatrix} 0 & a & 0 \\ b & 0 & c \\ 0 & d & -e \end{vmatrix}$；　(8) $\begin{vmatrix} -ab & ac & ae \\ bd & -cd & de \\ bf & cf & -ef \end{vmatrix}$.

2. 证明下列等式：

$$\begin{vmatrix} a_1 & b_1 & c_1 \\ a_2 & b_2 & c_2 \\ a_3 & b_3 & c_3 \end{vmatrix} = a_1\begin{vmatrix} b_2 & c_2 \\ b_3 & c_3 \end{vmatrix} - b_1\begin{vmatrix} a_2 & c_2 \\ a_3 & c_3 \end{vmatrix} + c_1\begin{vmatrix} a_2 & b_2 \\ a_3 & b_3 \end{vmatrix}.$$

3. k 取何值时，$\begin{vmatrix} 3 & 1 & k \\ 4 & k & 0 \\ 1 & 0 & k \end{vmatrix} \neq 0$，$\begin{vmatrix} 0 & k & 1 \\ -1 & k & 0 \\ k & 3 & 4 \end{vmatrix} = 0$.

4. 求下面各排列的逆序数：

(1) 31254；　　(2) 3762451；　　(3) 134782659.

5. 选择 j,k 使得 $1279j56k4$ 为偶排列.

6. 在五阶行列式中，下列各项前应取什么符号？

(1) $a_{13}a_{24}a_{32}a_{41}a_{55}$；　　(2) $a_{21}a_{13}a_{42}a_{35}a_{54}$.

7. 根据行列式的定义计算多项式

$$f(x) = \begin{vmatrix} 2x & x & 1 \\ 1 & x & 1 \\ 3 & 2 & x \end{vmatrix}$$

中 x^3 与 x^2 的系数.

8. 由行列式的定义计算

$$\begin{vmatrix} 0 & 1 & 0 & \cdots & 0 \\ 0 & 0 & 2 & \cdots & 0 \\ \vdots & \vdots & \vdots & & \vdots \\ 0 & 0 & 0 & \cdots & n-1 \\ n & 0 & 0 & \cdots & 0 \end{vmatrix}.$$

9. 如果一个 n 阶行列式 D 中零元素的个数大于 n^2-n，证明该行列式 $D=0$.

10. 用行列式的性质计算下列行列式：

(1) $\begin{vmatrix} -ab & ac & ae \\ bd & -cd & de \\ bf & cf & -ef \end{vmatrix}$；　　(2) $\begin{vmatrix} 1 & 2 & 3 \\ 0 & 1 & 2 \\ 1 & 1 & 1 \end{vmatrix}$；

(3) $\begin{vmatrix} 2 & 1 & 4 & -1 \\ 3 & -1 & 2 & -1 \\ 1 & 2 & 3 & 2 \\ 5 & 0 & 6 & -2 \end{vmatrix}$；　　(4) $\begin{vmatrix} c & a & d & b \\ a & c & d & b \\ a & c & b & d \\ c & a & b & d \end{vmatrix}$.

11. 计算下列 n 阶行列式($n \geqslant 2$)：

(1) $\begin{vmatrix} a & b & 0 & \cdots & 0 & 0 \\ 0 & a & b & \cdots & 0 & 0 \\ \vdots & \vdots & \vdots & & \vdots & \vdots \\ 0 & 0 & 0 & \cdots & a & b \\ b & 0 & 0 & \cdots & 0 & a \end{vmatrix}$；　　(2) $\begin{vmatrix} 1 & 2 & 3 & \cdots & n \\ -1 & 0 & 3 & \cdots & n \\ -1 & -2 & 0 & \cdots & n \\ \vdots & \vdots & \vdots & & \vdots \\ -1 & -2 & -3 & \cdots & 0 \end{vmatrix}$.

12. 计算行列式

$$\begin{vmatrix} -a_1 & a_1 & 0 & \cdots & 0 & 0 \\ 0 & -a_2 & a_2 & \cdots & 0 & 0 \\ 0 & 0 & -a_3 & \cdots & 0 & 0 \\ \vdots & \vdots & \vdots & & \vdots & \vdots \\ 0 & 0 & 0 & \cdots & -a_n & a_n \\ 1 & 1 & 1 & \cdots & 1 & 1 \end{vmatrix}.$$

13. 计算 n 阶行列式

$$\boldsymbol{D}=\begin{vmatrix} x & -1 & 0 & \cdots & 0 & 0 \\ 0 & x & -1 & \cdots & 0 & 0 \\ \vdots & \vdots & \vdots & & \vdots & \vdots \\ 0 & 0 & 0 & \cdots & x & -1 \\ a_n & a_{n-1} & a_{n-2} & \cdots & a_2 & a_1 \end{vmatrix}.$$

14. 求行列式

$$\boldsymbol{D}=\begin{vmatrix} 8 & 0 & 7 \\ 5 & 0 & -2 \\ 2 & -6 & 1 \end{vmatrix}$$

中元素 2 和 −2 的代数余子式.

15. 已知三阶行列式 $\boldsymbol{D}$ 中第一列元素分别为 2,−1,3,它们的余子式分别为 5,−10,7,求 $\boldsymbol{D}$ 的值.

16. 按第三行展开下列行列式,并计算其值.

(1) $\begin{vmatrix} 1 & 0 & -1 & -1 \\ 0 & -1 & -1 & 1 \\ a & b & c & d \\ 1 & -1 & -1 & 0 \end{vmatrix}$;　　(2) $\begin{vmatrix} 1 & 2 & 3 & 4 \\ 2 & 3 & 4 & 1 \\ 3 & 4 & 1 & 2 \\ 4 & 1 & 2 & 3 \end{vmatrix}$.

17. 如果行列式

$$\boldsymbol{D}=\begin{vmatrix} 1 & 5 & 7 & 8 \\ 1 & 1 & 1 & 1 \\ 2 & 0 & 3 & 6 \\ 1 & 2 & 3 & 4 \end{vmatrix},$$

求 $A_{41}+A_{42}+A_{43}+A_{44}$ 的值，其中 A_{4j} 为元素 $a_{4j}(j=1,2,3,4)$ 的代数余子式.

18. 用克莱姆法则解下列线性方程组：

(1) $\begin{cases} 3x_1+4x_2=-1 \\ 5x_1+7x_2=2 \end{cases}$;　　(2) $\begin{cases} 3x_1-2x_2=5 \\ -6x_1+5x_2=-9 \end{cases}$;

(3) $\begin{cases} 6x_1-5x_2=0 \\ -3x_1+2x_2=0 \end{cases}$;　　(4) $\begin{cases} x_1+2x_2+4x_3=31 \\ 5x_1+x_2+2x_3=29. \\ 3x_1-x_2+x_3=10 \end{cases}$

19. 判断齐次线性方程组

$$\begin{cases}2x_1+2x_2-x_3=0\\x_1-2x_2+4x_3=0\\5x_1+8x_2-2x_3=0\end{cases}$$

是否仅有零解.

20. a 取何值时,齐次线性方程组

$$\begin{cases}ax+y-z=0\\x+ay-z=0\\2x-y+z=0\end{cases}$$

仅有零解?有非零解?

第二章

矩阵

在线性代数中，矩阵是一个极其重要的内容. 在生产实践、工程技术以及自然科学中的大量问题都可以通过矩阵的研究得到解决. 同时，矩阵的理论和方法，在数学的许多分支以及科学领域中也有广泛的应用.

本章首先将介绍矩阵的概念、性质及基本运算；接着将引入逆矩阵的概念，进一步介绍的分块矩阵、初等行变换也很重要；最后，我们还将运用行列式工具和初等变换法讨论矩阵的秩.

第一节

矩阵的概念

一、矩阵的定义

设三个不同超市中的三种肉类：猪肉、羊肉和牛肉的价格如表 2-1 所示.

表 2-1　猪肉、羊肉和牛肉的价格　　元/kg

产品	第一超市	第二超市	第三超市
猪肉	11.5	12	11.8
羊肉	16	15.9	16
牛肉	10.8	11	11

如果把其中的数据抽出来，就得到矩形数表

$$\begin{bmatrix} 11.5 & 12 & 11.8 \\ 16 & 15.9 & 16 \\ 10.8 & 11 & 11 \end{bmatrix}$$

本数表有三行三列，11.5 是第一行第一列的数字，它表示猪肉在第一超市的价格；15.9 是第二行第二列的数字，它表示羊肉在第二超市的价格；第 i 行第 j 列的数字 a_{ij}，它表示第 i 种产品在第 j 超市的价格，如 $a_{32}=11$，表示牛肉在第二超市的价格为 11 元/kg.

这种矩形数表在实际中应用非常广泛，这就是我们将要定义的矩阵.

定义 2.1 由 $m\times n$ 个数 $a_{ij}(i=1,2,\cdots,m;\ j=1,2,\cdots,n)$ 组成的一个 m 行 n 列的矩形数表

$$\begin{bmatrix} a_{11} & a_{12} & \cdots & a_{1n} \\ a_{21} & a_{22} & \cdots & a_{2n} \\ \vdots & \vdots & & \vdots \\ a_{m1} & a_{m2} & \cdots & a_{mn} \end{bmatrix}$$

称为 $m\times n$ 矩阵，其中 $m\times n$ 是矩阵的阶数，m 称为它的行数，n 称为它的列数；a_{ij} 称为它的第 i 行第 j 列的元素，在本教材中，它们都是实数.

矩阵常用大写字母 $\boldsymbol{A},\boldsymbol{B},\boldsymbol{C},\cdots$ 表示；为了明确它的行数和列数，m 行 n 列矩阵 $\boldsymbol{A}$ 也可写成 $\boldsymbol{A}_{m\times n}$ 或 $\boldsymbol{A}_{mn}$；为了表明它的元素，m 行 n 列矩阵 $\boldsymbol{A}$ 也可记为 $\boldsymbol{A}=[a_{ij}]_{m\times n}$ 或$\boldsymbol{A}=[a_{ij}]$.

如：$\begin{bmatrix} 1 & -2 & 3 \\ 6 & 0 & 8 \end{bmatrix}$就是一个 2×3 矩阵，其中 $a_{22}=0$.

注意：矩阵和行列式是两个不同的概念，虽然它们在形式上有某些类似. 它们的主要区别是：

1. 行列式是一些数的乘积的代数和，是一个数，而矩阵是一个数表.

2. 行列式要求行数和列数必须相同，而矩阵对此不要求.

3. 它们的记法不同：行列式用$|a_{ij}|$、$|\boldsymbol{A}|$或 $\det\boldsymbol{A}$ 表示，而矩阵用 $\boldsymbol{A}$ 或$[a_{ij}]$表示.

二、几种特殊的矩阵

1. 方阵：当 $m=n$ 时，也就是行数和列数相等的矩阵被称为方阵或 n 阶方阵；记为 $\boldsymbol{A}=[a_{ij}]_{n\times n}$.

特别地，1 阶方阵$[a]$写成 a，这时 1 阶方阵与一个数不加区分.

方阵中元素 $a_{11},a_{22},\cdots,a_{nn}$ 所在的对角线称为主对角线，元素 $a_{1n},a_{2,n-1},\cdots,a_{n1}$ 所在的对角线称为次对角线.

2. 行矩阵：仅有一行的 $1\times n$ 矩阵$[a_1\quad a_2\quad \cdots\quad a_n]$称为一个行矩阵或 n 维行向量.

3. 列矩阵：仅有一列的 $m\times 1$ 矩阵 $\begin{bmatrix} b_1 \\ b_2 \\ \vdots \\ b_m \end{bmatrix}$ 称为一个列矩阵或 m 维列向量.

4. 零矩阵：所有元素全是 0 的矩阵

$$\begin{bmatrix} 0 & 0 & \cdots & 0 \\ 0 & 0 & \cdots & 0 \\ \vdots & \vdots & & \vdots \\ 0 & 0 & \cdots & 0 \end{bmatrix}$$

称为零矩阵；记为 $0_{m\times n}$ 或 0.

5. 单位矩阵：主对角线上的元素都是 1，而其他元素全为 0 的方阵

$$\begin{bmatrix} 1 & 0 & \cdots & 0 \\ 0 & 1 & \cdots & 0 \\ \vdots & \vdots & & \vdots \\ 0 & 0 & \cdots & 1 \end{bmatrix}$$

称为单位矩阵，记为 $\boldsymbol{E}$ 或 $\boldsymbol{I}$. n 阶单位矩阵也记为 $\boldsymbol{E}_n$ 或 $\boldsymbol{I}_n$.

6. 上三角矩阵：主对角线下方元素全为 0 的方阵

$$\begin{bmatrix} a_{11} & a_{12} & \cdots & a_{1n} \\ 0 & a_{22} & \cdots & a_{2n} \\ \vdots & \vdots & & \vdots \\ 0 & 0 & \cdots & a_{nn} \end{bmatrix}$$

称为上三角矩阵，如

$$\begin{bmatrix} 1 & 2 & 3 \\ 0 & 5 & 4 \\ 0 & 0 & 8 \end{bmatrix}.$$

7. 下三角矩阵：主对角线上方元素全为 0 的方阵

$$\begin{bmatrix} a_{11} & 0 & \cdots & 0 \\ a_{21} & a_{22} & \cdots & 0 \\ \vdots & \vdots & & \vdots \\ a_{n1} & a_{n2} & \cdots & a_{nn} \end{bmatrix}$$

称为下三角矩阵. 如

$$\begin{bmatrix} 1 & 0 & 0 \\ 7 & 5 & 0 \\ -2 & 9 & 8 \end{bmatrix}.$$

8. 对角矩阵：除主对角线上的元素不为 0 外，其他元素均为 0 的矩阵

$$\boldsymbol{D} = \begin{bmatrix} d_1 & 0 & \cdots & 0 \\ 0 & d_2 & \cdots & 0 \\ \vdots & \vdots & & \vdots \\ 0 & 0 & \cdots & d_n \end{bmatrix}$$

称为 n 阶对角矩阵，记为 $\boldsymbol{D}=\mathrm{diag}\{d_1,d_2,\cdots,d_n\}$. 如 $\boldsymbol{D}=\mathrm{diag}\{1,2,3,4\}$.

三、同型矩阵和矩阵的相等

定义 2.2 若矩阵 $\boldsymbol{A}$ 和矩阵 $\boldsymbol{B}$ 的行数和列数都分别相等，则称 $\boldsymbol{A}$、$\boldsymbol{B}$ 为同型矩阵.

如：矩阵 $\begin{bmatrix} 1 & 0 & 0 \\ 0 & 1 & 0 \\ 0 & 0 & 1 \end{bmatrix}$ 与矩阵 $\begin{bmatrix} 1 & 2 & 3 \\ -6 & 0 & 9 \\ 3 & 5 & 7 \end{bmatrix}$ 就是同型矩阵.

定义 2.3 若矩阵 $\boldsymbol{A}=(a_{ij})$ 和矩阵 $\boldsymbol{B}=(b_{ij})$ 为同型矩阵，并且它们对应的元素都相

等，则称矩阵 $\boldsymbol{A}$ 和矩阵 $\boldsymbol{B}$ 相等，记为 $\boldsymbol{A}=\boldsymbol{B}$.

例 2.1 已知矩阵 $\begin{bmatrix} 1 & 2 \\ -1 & 0 \\ 7 & 5 \end{bmatrix}$ 与矩阵 $\begin{bmatrix} m & n \\ x & y \end{bmatrix}$，问 x,y,m,n 取什么数时，它们相等？

解：由矩阵相等的定义可知，无论 x,y,m,n 取什么数，两个矩阵都不相等，因为它们的行数不相同.

例 2.2 已知矩阵 $\boldsymbol{A}$ 和 $\boldsymbol{B}$，$\boldsymbol{A}=\boldsymbol{B}$，其中 $\boldsymbol{A}=\begin{bmatrix} 2 & d \\ a-b & 5 \end{bmatrix}$，$\boldsymbol{B}=\begin{bmatrix} c & 4 \\ 1 & a+b \end{bmatrix}$，求 a,b,c,d.

解：由矩阵相等的定义有：

$$\begin{cases} a-b=1 \\ a+b=5 \\ c=2 \\ d=4 \end{cases}$$

解得 $a=3,b=2,c=2,d=4$.

第二节

矩阵的基本运算

一、矩阵的加法

定义 2.4 设矩阵 $\boldsymbol{A}=[a_{ij}]_{m\times n}$ 和矩阵 $\boldsymbol{B}=[b_{ij}]_{m\times n}$ 是同型矩阵，则 $\boldsymbol{A}+\boldsymbol{B}=[a_{ij}+b_{ij}]_{m\times n}$ 是一个矩阵，称为矩阵 $\boldsymbol{A}$ 和矩阵 $\boldsymbol{B}$ 的和. 且

$$\boldsymbol{A}+\boldsymbol{B}=\begin{bmatrix} a_{11} & a_{12} & \cdots & a_{1n} \\ a_{21} & a_{22} & \cdots & a_{2n} \\ \vdots & \vdots & & \vdots \\ a_{m1} & a_{m2} & \cdots & a_{mn} \end{bmatrix}+\begin{bmatrix} b_{11} & b_{12} & \cdots & b_{1n} \\ b_{21} & b_{22} & \cdots & b_{2n} \\ \vdots & \vdots & & \vdots \\ b_{m1} & b_{m2} & \cdots & b_{mn} \end{bmatrix}$$

$$=\begin{bmatrix} a_{11}+b_{11} & a_{12}+b_{12} & \cdots & a_{1n}+b_{1n} \\ a_{21}+b_{21} & a_{22}+b_{22} & \cdots & a_{2n}+b_{2n} \\ \vdots & \vdots & & \vdots \\ a_{m1}+b_{m1} & a_{m2}+b_{m2} & \cdots & a_{mn}+b_{mn} \end{bmatrix}.$$

注意：两个矩阵相加是指把它们的对应元素相加，只有同型矩阵才可以相加，不同型的矩阵不能相加. 如

$$\begin{bmatrix} 1 & 2 & 3 \\ -1 & 0 & 6 \end{bmatrix}+\begin{bmatrix} 2 & 3 & 7 \\ 1 & 2 & -4 \end{bmatrix}=\begin{bmatrix} 3 & 5 & 10 \\ 0 & 2 & 2 \end{bmatrix},$$

$$\begin{bmatrix} 7 \\ 0 \\ -1 \end{bmatrix} + \begin{bmatrix} -2 \\ -3 \\ 4 \end{bmatrix} = \begin{bmatrix} 5 \\ -3 \\ 3 \end{bmatrix}.$$

由定义不难验证，矩阵的加法具有和实数加法相同的性质.

矩阵的加法具有以下运算律(设 $\boldsymbol{A}$、$\boldsymbol{B}$、$\boldsymbol{C}$ 是同型矩阵)：

(1) 交换律：$\boldsymbol{A}+\boldsymbol{B}=\boldsymbol{B}+\boldsymbol{A}$；

(2) 结合律：$\boldsymbol{A}+(\boldsymbol{B}+\boldsymbol{C})=(\boldsymbol{A}+\boldsymbol{B})+\boldsymbol{C}$；

(3) 0 矩阵为加法的零元素：$\boldsymbol{A}+0=\boldsymbol{A}$；

(4) $-\boldsymbol{A}$ 为矩阵 $\boldsymbol{A}$ 的负元素：$\boldsymbol{A}+(-\boldsymbol{A})=0$.

二、数与矩阵的乘法

定义 2.5 设矩阵 $\boldsymbol{A}=[a_{ij}]_{m\times n}$，$k$ 是一个数，则数 k 乘矩阵 $\boldsymbol{A}$ 是一个矩阵，称为数 k 与矩阵 $\boldsymbol{A}$ 的乘法，简称数乘. 且

$$k\boldsymbol{A} = k\begin{bmatrix} a_{11} & a_{12} & \cdots & a_{1n} \\ a_{21} & a_{22} & \cdots & a_{2n} \\ \vdots & \vdots & & \vdots \\ a_{m1} & a_{m2} & \cdots & a_{mn} \end{bmatrix} = \begin{bmatrix} ka_{11} & ka_{12} & \cdots & ka_{1n} \\ ka_{21} & ka_{22} & \cdots & ka_{2n} \\ \vdots & \vdots & & \vdots \\ ka_{m1} & ka_{m2} & \cdots & ka_{mn} \end{bmatrix}$$

即 $k\boldsymbol{A}=[ka_{ij}]_{m\times n}$.

注意：数乘矩阵就是指用数去乘矩阵的每一个元素.

如：设 $\boldsymbol{A}=\begin{bmatrix} 4 & 1 \\ 7 & 2 \\ -3 & 0 \end{bmatrix}$，则

$$3\boldsymbol{A} = \begin{bmatrix} 12 & 3 \\ 21 & 6 \\ -9 & 0 \end{bmatrix}, \quad (-2)\boldsymbol{A} = \begin{bmatrix} -8 & -2 \\ -14 & -4 \\ 6 & 0 \end{bmatrix}.$$

数乘矩阵具有以下运算律：

(1) 分配律：$k(\boldsymbol{A}+\boldsymbol{B})=k\boldsymbol{A}+k\boldsymbol{B}$，$(k+l)\boldsymbol{A}=k\boldsymbol{A}+l\boldsymbol{A}$；

(2) 结合律：$(kl)\boldsymbol{A}=k(l\boldsymbol{A})=l(k\boldsymbol{A})$；

(3) 数 1 和 -1 的作用：$1\boldsymbol{A}=\boldsymbol{A}$，$(-1)\boldsymbol{A}=-\boldsymbol{A}$.

例 2.3 设矩阵 $\boldsymbol{A}$、$\boldsymbol{B}$ 和 $\boldsymbol{C}$ 满足等式 $2(\boldsymbol{B}+\boldsymbol{A})=3(\boldsymbol{C}-\boldsymbol{A})$，其中 $\boldsymbol{B}=\begin{bmatrix} 3 & 2 & 4 \\ 4 & 3 & 5 \end{bmatrix}$，$\boldsymbol{C}=\begin{bmatrix} 2 & 3 & 6 \\ 1 & -3 & 5 \end{bmatrix}$，求矩阵 $\boldsymbol{A}$.

解：由 $2(\boldsymbol{B}+\boldsymbol{A})=3(\boldsymbol{C}-\boldsymbol{A})$，可得 $\boldsymbol{A}=\frac{1}{5}(3\boldsymbol{C}-2\boldsymbol{B})$. 又 $3\boldsymbol{C}-2\boldsymbol{B}=\begin{bmatrix} 0 & 5 & 10 \\ -5 & -15 & 5 \end{bmatrix}$，

故 $\boldsymbol{A}=\frac{1}{5}\begin{bmatrix} 0 & 5 & 10 \\ -5 & -15 & 5 \end{bmatrix}=\begin{bmatrix} 0 & 1 & 2 \\ -1 & -3 & 1 \end{bmatrix}$.

三、矩阵的乘法

我们先看下面的一个例子.

例 2.4 设有三个家电大卖场，三个卖场一天彩电和微波炉两类产品的销售数量用矩阵 $\boldsymbol{A}$ 表示，彩电和微波炉的单价(元)和单位利润(元)用矩阵 $\boldsymbol{B}$ 表示，求三个卖场一天两类商品的总营业额(元)和总利润(元).

$$\begin{array}{c} \quad\quad 彩电 \quad 微波炉 \\ \boldsymbol{A}=\begin{bmatrix} 150 & 200 \\ 100 & 260 \\ 130 & 240 \end{bmatrix}\begin{matrix} 第一卖场 \\ 第二卖场 \\ 第三卖场 \end{matrix} \end{array} \qquad \begin{array}{c} \quad\quad 单价 \quad 单位利润 \\ \boldsymbol{B}=\begin{bmatrix} 2800 & 200 \\ 700 & 100 \end{bmatrix}\begin{matrix} 彩电 \\ 微波炉 \end{matrix} \end{array}$$

解：

$$\begin{array}{c} \quad\quad\quad 总营业额 \quad\quad\quad\quad\quad\quad 总利润 \\ \boldsymbol{C}=\begin{bmatrix} 150\times 2800+200\times 700 & 150\times 200+200\times 100 \\ 100\times 2800+260\times 700 & 100\times 200+260\times 100 \\ 130\times 2800+240\times 700 & 130\times 200+240\times 100 \end{bmatrix}\begin{matrix} 第一卖场 \\ 第二卖场 \\ 第三卖场 \end{matrix} \end{array}$$

$$=\begin{bmatrix} 560000 & 50000 \\ 462000 & 46000 \\ 532000 & 50000 \end{bmatrix}\begin{matrix} 第一卖场 \\ 第二卖场 \\ 第三卖场 \end{matrix}$$

矩阵 $\boldsymbol{C}$ 的第 1 行的两个元素分别表示第一卖场的总营业额和总利润；第 2 行的两个元素分别表示第二卖场的总营业额和总利润；第 3 行的两个元素分别表示第三卖场的总营业额和总利润.

从这个矩阵表上我们可以清楚地看到所要求的结果，这样就引入了矩阵乘法的概念.

定义 2.6 设矩阵 $\boldsymbol{A}$ 为 $m\times s$ 矩阵，$\boldsymbol{B}$ 为 $s\times n$ 矩阵，则称 $m\times n$ 矩阵 $\boldsymbol{C}=[c_{ij}]_{m\times n}$ 为矩阵 $\boldsymbol{A}$ 和矩阵 $\boldsymbol{B}$ 的乘积，记为 $\boldsymbol{C}=\boldsymbol{A}\times\boldsymbol{B}$. 其中

$$c_{ij}=a_{i1}b_{1j}+a_{i2}b_{2j}+\cdots+a_{is}b_{sj}=\sum_{k=1}^{s}a_{ik}b_{kj}\quad(i=1,\cdots,m;\ j=1,\cdots,n).$$

注意：矩阵乘法要注意以下几点.

(1) 行乘列规则：只有左边矩阵 $\boldsymbol{A}$ 的列数与右边矩阵 $\boldsymbol{B}$ 的行数相等时，$\boldsymbol{A}$ 与 $\boldsymbol{B}$ 才能相乘；

(2) $\boldsymbol{C}=\boldsymbol{AB}$ 仍为矩阵. 它的行数等于 $\boldsymbol{A}$ 的行数，它的列数等于 $\boldsymbol{B}$ 的列数；

(3) 矩阵 $\boldsymbol{C}$ 中第 i 行第 j 列元素等于左矩阵 $\boldsymbol{A}$ 的第 i 行元素与右矩阵 $\boldsymbol{B}$ 的第 j 列对应元素的乘积之和.

例 2.5 已知 $\boldsymbol{A}$ 是 2×3 矩阵，$\boldsymbol{B}$ 是 4×4 矩阵，$\boldsymbol{C}$ 是 3×4 矩阵，问下列运算 $\boldsymbol{AB}$，$\boldsymbol{AC}$，$\boldsymbol{BA}$，$\boldsymbol{BC}$，$\boldsymbol{CA}$，$\boldsymbol{CB}$ 能否进行?

解：可以进行运算的有：$\boldsymbol{AC}$ 是 2×4 矩阵，$\boldsymbol{CB}$ 是 3×4 矩阵；

不能进行运算的有：$\boldsymbol{AB}$，$\boldsymbol{BA}$，$\boldsymbol{BC}$，$\boldsymbol{CA}$.

例 2.6 设矩阵 $A=\begin{bmatrix}2&1&-3&0\\-1&2&5&1\end{bmatrix}$，$B=\begin{bmatrix}1&3&-1\\3&1&0\\2&2&1\\-1&-3&7\end{bmatrix}$，求 AB.

解：因为 A 的列数等于 B 的行数，所以可以相乘.

$$AB=\begin{bmatrix}2&1&-3&0\\-1&2&5&1\end{bmatrix}\begin{bmatrix}1&3&-1\\3&1&0\\2&2&1\\-1&-3&7\end{bmatrix}$$

$$=\begin{bmatrix}2\times1+1\times3+(-3)\times2+0\times(-1) & 2\times3+1\times1+(-3)\times2+0\times(-3) & 2\times(-1)+1\times0+(-3)\times1+0\times7\\(-1)\times1+2\times3+5\times2+1\times(-1) & (-1)\times3+2\times1+5\times2+1\times(-3) & (-1)\times(-1)+2\times0+5\times1+1\times7\end{bmatrix}$$

$$=\begin{bmatrix}-1&1&-5\\14&6&13\end{bmatrix}.$$

矩阵乘法具有以下运算律：

(1) 结合律：$(AB)C=A(BC)$；

(2) 数乘结合律：$(kA)B=A(kB)=k(AB)$；

(3) 左分配律：$A(B+C)=AB+AC$；

(4) 右分配律：$(A+B)C=AC+BC$；

(5) 单位矩阵的作用：$E_mA_{m\times n}=A_{m\times n}E_n=A_{m\times n}$

另外，矩阵乘法运算律和数的乘法运算律是有区别的，在做矩阵乘法运算时，要特别加以注意.

1. 矩阵乘法不满足交换律. 就是说：当 AB 乘积有意义时，BA 不一定能相乘；即使 AB 与 BA 乘积都有意义，AB 和 BA 也不一定相等. 因此，在进行矩阵乘法时，一定要注意相乘的次序，不能随意改变.

例 2.7 设矩阵 $A=\begin{bmatrix}a_1\\a_2\\\vdots\\a_n\end{bmatrix}$，$B=[b_1\quad b_2\quad\cdots\quad b_n]$，求 AB 与 BA.

解：$$AB=\begin{bmatrix}a_1\\a_2\\\vdots\\a_n\end{bmatrix}[b_1\quad b_2\quad\cdots\quad b_n]=\begin{bmatrix}a_1b_1&a_1b_2&\cdots&a_1b_n\\a_2b_1&a_2b_2&\cdots&a_2b_n\\\vdots&\vdots&&\vdots\\a_nb_1&a_nb_2&\cdots&a_nb_n\end{bmatrix},$$

$$BA=[b_1\quad b_2\quad\cdots\quad b_n]\begin{bmatrix}a_1\\a_2\\\vdots\\a_n\end{bmatrix}=a_1b_1+a_2b_2+\cdots+a_nb_n.$$

可见，$\boldsymbol{AB}$ 是一个 n 阶方阵，而 $\boldsymbol{BA}$ 是一个 1 阶方阵或者说是一个数. 当 $n\geqslant 2$ 时，显然有 $\boldsymbol{AB}\neq\boldsymbol{BA}$.

例 2.8 设矩阵 $\boldsymbol{A}=\begin{bmatrix}0 & 2\\0 & 2\end{bmatrix}$，$\boldsymbol{B}=\begin{bmatrix}3 & 5\\0 & 0\end{bmatrix}$，求 $\boldsymbol{AB}$ 与 $\boldsymbol{BA}$.

解：$\boldsymbol{AB}=\begin{bmatrix}0 & 2\\0 & 2\end{bmatrix}\begin{bmatrix}3 & 5\\0 & 0\end{bmatrix}=\begin{bmatrix}0 & 0\\0 & 0\end{bmatrix}$.

$\boldsymbol{BA}=\begin{bmatrix}3 & 5\\0 & 0\end{bmatrix}\begin{bmatrix}0 & 2\\0 & 2\end{bmatrix}=\begin{bmatrix}0 & 16\\0 & 0\end{bmatrix}$.

可见，$\boldsymbol{AB}$ 与 $\boldsymbol{BA}$ 虽然都是 2 阶方阵，但 $\boldsymbol{AB}\neq\boldsymbol{BA}$.

若 $\boldsymbol{AB}=\boldsymbol{BA}$，称 $\boldsymbol{A}$ 与 $\boldsymbol{B}$ 可交换；若 $\boldsymbol{AB}\neq\boldsymbol{BA}$，称 $\boldsymbol{A}$ 与 $\boldsymbol{B}$ 不可交换.

2. 在矩阵乘法中，两个非零矩阵的乘积可能是零矩阵.

如在上例中虽然 $\boldsymbol{A}\neq 0$，$\boldsymbol{B}\neq 0$，但却有 $\boldsymbol{AB}=0$；反过来，当 $\boldsymbol{AB}=0$ 时，不能得到 $\boldsymbol{A}=0$ 或者 $\boldsymbol{B}=0$.

3. 矩阵乘法不满足消去律.

即：若 $\boldsymbol{AB}=\boldsymbol{AC}$，且 $\boldsymbol{A}\neq 0$ 时，不能得到 $\boldsymbol{B}=\boldsymbol{C}$.

例 2.9 设矩阵 $\boldsymbol{A}=\begin{bmatrix}1 & 0\\0 & 0\end{bmatrix}$，$\boldsymbol{B}=\begin{bmatrix}2 & 3\\0 & 8\end{bmatrix}$，$\boldsymbol{C}=\begin{bmatrix}2 & 3\\-1 & 4\end{bmatrix}$，求 $\boldsymbol{AB}$ 与 $\boldsymbol{AC}$.

解：$\boldsymbol{AB}=\begin{bmatrix}1 & 0\\0 & 0\end{bmatrix}\begin{bmatrix}2 & 3\\0 & 8\end{bmatrix}=\begin{bmatrix}2 & 3\\0 & 0\end{bmatrix}$

$\boldsymbol{AC}=\begin{bmatrix}1 & 0\\0 & 0\end{bmatrix}\begin{bmatrix}2 & 3\\-1 & 4\end{bmatrix}=\begin{bmatrix}2 & 3\\0 & 0\end{bmatrix}$.

可见，虽然 $\boldsymbol{AB}=\boldsymbol{AC}$，但却有 $\boldsymbol{B}\neq\boldsymbol{C}$.

定义 2.7 设 $\boldsymbol{A}$ 为方阵，m 为正整数，规定 $\boldsymbol{A}$ 的幂（或称方幂）为

$$\boldsymbol{A}^0=\boldsymbol{E},\boldsymbol{A}^1=\boldsymbol{A},\boldsymbol{A}^2=\boldsymbol{AA},\cdots,\boldsymbol{A}^m=\underbrace{\boldsymbol{AA}\cdots\boldsymbol{A}}_{m\text{个}}.$$

由定义，显然有

$$\boldsymbol{A}^k\boldsymbol{A}^l=\boldsymbol{A}^{k+l},(\boldsymbol{A}^k)^l=\boldsymbol{A}^{kl},(\lambda\boldsymbol{A})^k=\lambda^k\boldsymbol{A}^k.$$

其中 k、l 为非负整数.

由于矩阵乘法不满足交换律，因此一般地

$$(\boldsymbol{AB})^k\neq\boldsymbol{A}^k\boldsymbol{B}^k\quad(k\text{ 为正整数})$$

例 2.10 设矩阵 $\boldsymbol{A}=\begin{bmatrix}2 & 1\\-1 & 3\end{bmatrix}$，求 $\boldsymbol{A}^3$.

解：因为 $\boldsymbol{A}=\begin{bmatrix}2 & 1\\-1 & 3\end{bmatrix}$. 故 $\boldsymbol{A}^3=\begin{bmatrix}2 & 1\\-1 & 3\end{bmatrix}^3=\left(\begin{bmatrix}2 & 1\\-1 & 3\end{bmatrix}\begin{bmatrix}2 & 1\\-1 & 3\end{bmatrix}\right)\begin{bmatrix}2 & 1\\-1 & 3\end{bmatrix}$

$$=\begin{bmatrix}3 & 5\\-5 & 8\end{bmatrix}\begin{bmatrix}2 & 1\\-1 & 3\end{bmatrix}=\begin{bmatrix}1 & 18\\-18 & 19\end{bmatrix}.$$

四、矩阵的转置

定义 2.8 把 $m\times n$ 矩阵

$$\boldsymbol{A}=\begin{bmatrix} a_{11} & a_{12} & \cdots & a_{1n} \\ a_{21} & a_{22} & \cdots & a_{2n} \\ \vdots & \vdots & & \vdots \\ a_{m1} & a_{m2} & \cdots & a_{mn} \end{bmatrix}$$

的行列互换所得到的 $n\times m$ 矩阵,称为 $\boldsymbol{A}$ 的转置矩阵,记为 $\boldsymbol{A}^{\mathrm{T}}$(或 $\boldsymbol{A}'$). 即

$$\boldsymbol{A}^{\mathrm{T}}=\begin{bmatrix} a_{11} & a_{21} & \cdots & a_{m1} \\ a_{12} & a_{22} & \cdots & a_{m2} \\ \vdots & \vdots & & \vdots \\ a_{1n} & a_{2n} & \cdots & a_{mn} \end{bmatrix}$$

如 $\begin{bmatrix} 3 & 2 & -1 \end{bmatrix}^{\mathrm{T}}=\begin{bmatrix} 3 \\ 2 \\ -1 \end{bmatrix}$, $\begin{bmatrix} 2 & -7 & 3 \\ 4 & 0 & 6 \end{bmatrix}^{\mathrm{T}}=\begin{bmatrix} 2 & 4 \\ -7 & 0 \\ 3 & 6 \end{bmatrix}$.

矩阵的转置满足下列规律:

(1) $(\boldsymbol{A}^{\mathrm{T}})^{\mathrm{T}}=\boldsymbol{A}$;

(2) $(\boldsymbol{A}+\boldsymbol{B})^{\mathrm{T}}=\boldsymbol{A}^{\mathrm{T}}+\boldsymbol{B}^{\mathrm{T}}$.

可推广,如:$(\boldsymbol{A}+\boldsymbol{B}+\boldsymbol{C})^{\mathrm{T}}=\boldsymbol{A}^{\mathrm{T}}+\boldsymbol{B}^{\mathrm{T}}+\boldsymbol{C}^{\mathrm{T}}$.

(3) $(k\boldsymbol{A})^{\mathrm{T}}=k\boldsymbol{A}^{\mathrm{T}}$($k$ 为常数);

(4) $(\boldsymbol{AB})^{\mathrm{T}}=\boldsymbol{B}^{\mathrm{T}}\boldsymbol{A}^{\mathrm{T}}$(穿脱原理).

可推广,如:$(\boldsymbol{ABC})^{\mathrm{T}}=\boldsymbol{C}^{\mathrm{T}}\boldsymbol{B}^{\mathrm{T}}\boldsymbol{A}^{\mathrm{T}}$.

例 2.11 设矩阵 $\boldsymbol{A}=\begin{bmatrix} 1 & 2 & 3 \\ 1 & 2 & 1 \end{bmatrix}$, $\boldsymbol{B}=\begin{bmatrix} 1 & 2 & 1 \\ 1 & 2 & 3 \end{bmatrix}$,求 $\boldsymbol{AB}^{\mathrm{T}}$.

解:$\boldsymbol{AB}^{\mathrm{T}}=\begin{bmatrix} 1 & 2 & 3 \\ 1 & 2 & 1 \end{bmatrix}\begin{bmatrix} 1 & 1 \\ 2 & 2 \\ 1 & 3 \end{bmatrix}=\begin{bmatrix} 8 & 14 \\ 6 & 8 \end{bmatrix}$.

例 2.12 设矩阵 $\boldsymbol{A}=\begin{bmatrix} 1 & \frac{1}{2} & 0 \end{bmatrix}$, $\boldsymbol{B}=\boldsymbol{E}-4\boldsymbol{A}^{\mathrm{T}}\boldsymbol{A}$, $\boldsymbol{C}=\boldsymbol{E}-\boldsymbol{A}^{\mathrm{T}}\boldsymbol{A}$,其中 $\boldsymbol{E}$ 是 3 阶单位矩阵,求 $\boldsymbol{BC}$.

解:
$$\begin{aligned}\boldsymbol{BC}&=(\boldsymbol{E}-4\boldsymbol{A}^{\mathrm{T}}\boldsymbol{A})(\boldsymbol{E}-\boldsymbol{A}^{\mathrm{T}}\boldsymbol{A})\\&=\boldsymbol{E}-\boldsymbol{A}^{\mathrm{T}}\boldsymbol{A}-4\boldsymbol{A}^{\mathrm{T}}\boldsymbol{A}+4\boldsymbol{A}^{\mathrm{T}}\boldsymbol{A}\boldsymbol{A}^{\mathrm{T}}\boldsymbol{A}\\&=\boldsymbol{E}-5\boldsymbol{A}^{\mathrm{T}}\boldsymbol{A}+4\boldsymbol{A}^{\mathrm{T}}(\boldsymbol{A}\boldsymbol{A}^{\mathrm{T}})\boldsymbol{A}\end{aligned}$$

又
$$\boldsymbol{AA}^{\mathrm{T}}=\begin{bmatrix} 1 & \frac{1}{2} & 0 \end{bmatrix}\begin{bmatrix} 1 \\ \frac{1}{2} \\ 0 \end{bmatrix}=\frac{5}{4},$$

所以
$$\begin{aligned}BC &= E-5A^{T}A+4A^{T}\left(\frac{5}{4}\right)A\\ &= E-5A^{T}A+5A^{T}A\\ &= E.\end{aligned}$$

我们也可以先根据已知等式求出矩阵 $\boldsymbol{B}$、$\boldsymbol{C}$,再直接计算 $\boldsymbol{BC}$. 请读者完成. 比较两种方法可以发现第一种方法容易.

由矩阵转置的概念,再给读者介绍下面两种特殊的矩阵：对称矩阵和反对称矩阵.

1. 对称矩阵：若方阵 $\boldsymbol{A}$ 满足 $\boldsymbol{A}^{T}=\boldsymbol{A}$,则称 $\boldsymbol{A}$ 是对称矩阵.

例如：
$$\boldsymbol{A}=\begin{bmatrix}2 & 1 & -2\\ 1 & 3 & 4\\ -2 & 4 & 8\end{bmatrix}.$$

对称矩阵的特点：对称矩阵一定是方阵；位于主对角线对称位置上的元素必对应相等,即 $a_{ij}=a_{ji}$.

我们也可以根据特点来判断对称矩阵,不必再按照定义写出 $\boldsymbol{A}^{T}$ 来.

如上例：$\boldsymbol{A}$ 是 3×3 方阵；又 $a_{21}=a_{12}=1, a_{31}=a_{13}=-2, a_{32}=a_{23}=4$,故 $\boldsymbol{A}$ 是对称矩阵.

2. 反对称矩阵：若方阵 $\boldsymbol{A}$ 满足 $\boldsymbol{A}^{T}=-\boldsymbol{A}$,则称 $\boldsymbol{A}$ 是反对称矩阵.

例如：
$$\boldsymbol{B}=\begin{bmatrix}0 & 3 & 8\\ -3 & 0 & -1\\ -8 & 1 & 0\end{bmatrix}.$$

反对称矩阵的特点：反对称矩阵一定是方阵；位于主对角线上的元素全为 0；其他对称位置元素互为相反数,即 $b_{ij}=-b_{ji}$.

同样,我们也可以根据特点来判断反对称矩阵,不必按照定义判断. 读者可以自行考察上例矩阵 $\boldsymbol{B}$.

3. 对称矩阵和反对称矩阵的性质

性质 1 对称(反对称)矩阵的和、差仍然是对称(反对称)矩阵.

性质 2 数乘对称(反对称)矩阵仍然是对称(反对称)矩阵.

性质 3 两个对称(反对称)矩阵的乘积,不一定是对称(反对称)矩阵.

例 2.13 设 $\boldsymbol{A}$ 为任意给定的 $m\times n$ 矩阵,证明 $\boldsymbol{AA}^{T}$ 为对称矩阵.

分析：要证明 $\boldsymbol{AA}^{T}$ 是对称矩阵,由定义只需证
$$(\boldsymbol{AA}^{T})^{T}=\boldsymbol{AA}^{T}$$
由矩阵转置的穿脱原理,上式显然成立.

五、方阵的行列式

关于方阵,还有一个重要的概念：方阵的行列式

定义 2.9 设 n 阶方阵

$$A=\begin{bmatrix} a_{11} & a_{12} & \cdots & a_{1n} \\ a_{21} & a_{22} & \cdots & a_{2n} \\ \vdots & \vdots & & \vdots \\ a_{n1} & a_{n2} & \cdots & a_{nn} \end{bmatrix}$$

则称对应的行列式

$$\begin{vmatrix} a_{11} & a_{12} & \cdots & a_{1n} \\ a_{21} & a_{22} & \cdots & a_{2n} \\ \vdots & \vdots & & \vdots \\ a_{n1} & a_{n2} & \cdots & a_{nn} \end{vmatrix}$$

为方阵 $\boldsymbol{A}$ 的行列式，记为 $\det \boldsymbol{A}$ 或 $|\boldsymbol{A}|$.

如：方阵 $\boldsymbol{A}=\begin{bmatrix} 3 & 1 & 1 \\ 1 & 0 & -5 \\ 4 & -2 & 2 \end{bmatrix}$ 的行列式为

$$\det \boldsymbol{A}=\begin{vmatrix} 3 & 1 & 1 \\ 1 & 0 & -5 \\ 4 & -2 & 2 \end{vmatrix}=-54$$

方阵行列式有下面的性质：设 $\boldsymbol{A}$、$\boldsymbol{B}$ 为同阶方阵，则

(1) $\det(\boldsymbol{AB})=\det \boldsymbol{A}\cdot\det \boldsymbol{B}$

即方阵乘积的行列式等于它们的行列式的乘积.

(2) $\det(k\boldsymbol{A})^n=k^n\det \boldsymbol{A}$(k 为常数)

即数乘方阵的行列式等于数的 n 次幂与方阵的行列式的乘积.

(3) $\det(\boldsymbol{A}+\boldsymbol{B})\neq\det \boldsymbol{A}+\det \boldsymbol{B}$

即方阵和的行列式不等于它们的行列式的和.

(4) $\det(\boldsymbol{A}^{\mathrm{T}})=\det \boldsymbol{A}$

即方阵转置的行列式等于它本身的行列式的值.

第三节

逆 矩 阵

我们已经定义了矩阵的加法、数乘和乘法运算. 那么，能否定义矩阵的除法呢？为了解决这个问题，先来看数的除法. 设 a，b 为两个数，当 $a\neq 0$ 时，有

$$b\div a=b\times\frac{1}{a}$$

因此要使 $b\div a$ 有意义，就必须要求 a 有倒数 $\frac{1}{a}$，a 的倒数也称为 a 的逆. 显然，只要 a

$\neq 0$，a 就是可逆的，a 的逆一定存在，记作 a^{-1}，并且 a 和 a^{-1} 满足

$$a \times a^{-1} = a^{-1} \times a = 1$$

类似地，我们知道，n 阶单位矩阵 $\boldsymbol{E}$ 在矩阵乘法中的作用如同数 1 在数乘中的作用. 那么矩阵除法的关键是，对任意方阵 $\boldsymbol{A}$，是否存在同阶方阵 $\boldsymbol{B}$，使得

$$\boldsymbol{AB} = \boldsymbol{BA} = \boldsymbol{E}$$

成立呢？下面我们给出如下定义.

一、逆矩阵的概念

定义 2.10 设 $\boldsymbol{A}$ 为 n 阶方阵，如果存在 n 阶方阵 $\boldsymbol{B}$，使得

$$\boldsymbol{AB} = \boldsymbol{BA} = \boldsymbol{E}$$

则称方阵 $\boldsymbol{A}$ 是可逆的，并称方阵 $\boldsymbol{B}$ 为方阵 $\boldsymbol{A}$ 的逆矩阵或逆阵，记为 $\boldsymbol{B}=\boldsymbol{A}^{-1}$.

例 2.14 设 $\boldsymbol{A}=\begin{bmatrix}4 & 3 & 2\\ 3 & 2 & 1\\ 2 & 1 & 1\end{bmatrix}$，$\boldsymbol{B}=\begin{bmatrix}-1 & 1 & 1\\ 1 & 0 & -2\\ 1 & -2 & 1\end{bmatrix}$，验证 $\boldsymbol{B}$ 是否为 $\boldsymbol{A}$ 的逆矩阵.

解：因为 $\boldsymbol{AB}=\begin{bmatrix}1 & 0 & 0\\ 0 & 1 & 0\\ 0 & 0 & 1\end{bmatrix}$，$\boldsymbol{BA}=\begin{bmatrix}1 & 0 & 0\\ 0 & 1 & 0\\ 0 & 0 & 1\end{bmatrix}$

所以有 $\boldsymbol{AB}=\boldsymbol{BA}=\boldsymbol{E}$，故 $\boldsymbol{A}$ 可逆，且 $\boldsymbol{B}=\boldsymbol{A}^{-1}$.

例 2.15 由于 $\boldsymbol{EE}=\boldsymbol{E}$，所以单位矩阵 $\boldsymbol{E}$ 是可逆矩阵，且 $\boldsymbol{E}^{-1}=\boldsymbol{E}$.

例 2.16 因为对任何方阵 $\boldsymbol{B}$，都有 $0\boldsymbol{B}=\boldsymbol{B}0=0\neq\boldsymbol{E}$，所以零矩阵是不可逆的.

例 2.17 根据定义知可逆矩阵 $\boldsymbol{A}$ 与其逆矩阵 $\boldsymbol{A}^{-1}$ 可交换.

二、逆矩阵的性质

逆矩阵有下列基本性质：

性质 1 若 $\boldsymbol{A}$ 可逆，则 $\boldsymbol{A}^{-1}$ 是唯一的.

性质 2 若 $\boldsymbol{A}$ 可逆，则 $\boldsymbol{A}^{-1}$ 也可逆，并且 $(\boldsymbol{A}^{-1})^{-1}=\boldsymbol{A}$.

性质 3 若 $\boldsymbol{A}$ 可逆，则 $\boldsymbol{A}^{\mathrm{T}}$ 也可逆，并且 $(\boldsymbol{A}^{\mathrm{T}})^{-1}-(\boldsymbol{A}^{-1})^{\mathrm{T}}$.

性质 4 若 $\boldsymbol{A}$ 可逆，则 $k\boldsymbol{A}$ 也可逆，并且 $(k\boldsymbol{A})^{-1}=\frac{1}{k}\boldsymbol{A}^{-1}$（常数 $k\neq 0$）.

性质 5 若 n 阶方阵 $\boldsymbol{A}$ 与 $\boldsymbol{B}$ 都可逆，则 $\boldsymbol{AB}$ 也可逆，并且 $(\boldsymbol{AB})^{-1}=\boldsymbol{B}^{-1}\boldsymbol{A}^{-1}$.

可推广：$(\boldsymbol{A}_1\boldsymbol{A}_2\cdots\boldsymbol{A}_m)^{-1}=\boldsymbol{A}_m^{-1}\boldsymbol{A}_{m-1}^{-1}\cdots\boldsymbol{A}_1^{-1}$.

性质 6 若 $\boldsymbol{A}$ 可逆，则 $\det(\boldsymbol{A}^{-1})=\frac{1}{\det\boldsymbol{A}}$，也即 $|\boldsymbol{A}^{-1}|=|\boldsymbol{A}|^{-1}$.

只证性质 5、6，其他性质的证明留给读者.

证 5 因为

$$(\boldsymbol{AB})(\boldsymbol{B}^{-1}\boldsymbol{A}^{-1}) = \boldsymbol{A}(\boldsymbol{BB}^{-1})\boldsymbol{A}^{-1} = \boldsymbol{AEA}^{-1} = \boldsymbol{AA}^{-1} = \boldsymbol{E}$$

$$(\boldsymbol{B}^{-1}\boldsymbol{A}^{-1})(\boldsymbol{AB}) = \boldsymbol{B}^{-1}(\boldsymbol{A}^{-1}\boldsymbol{A})\boldsymbol{B} = \boldsymbol{B}^{-1}\boldsymbol{EB} = \boldsymbol{B}^{-1}\boldsymbol{B} = \boldsymbol{E}$$

由定义知 $\boldsymbol{AB}$ 可逆，且$(\boldsymbol{AB})^{-1}=\boldsymbol{B}^{-1}\boldsymbol{A}^{-1}$.

证 6 因为 $\boldsymbol{AA}^{-1}=\boldsymbol{E}$，两端取行列式，由行列式的性质，得

$$\det \boldsymbol{A}\cdot\det(\boldsymbol{A}^{-1}) = 1$$

所以有 $\det(\boldsymbol{A}^{-1})=\dfrac{1}{\det \boldsymbol{A}}$.

三、矩阵可逆的判别及逆矩阵的求法

我们知道，不是任何方阵都是可逆的，如矩阵

$$\boldsymbol{A} = \begin{bmatrix} 1 & 3 \\ 0 & 0 \end{bmatrix}$$

就是不可逆的. 这是因为，对任何 2 阶方阵 $\boldsymbol{B}$，都有

$$\boldsymbol{AB} = \begin{bmatrix} 1 & 3 \\ 0 & 0 \end{bmatrix}\begin{bmatrix} b_{11} & b_{12} \\ b_{21} & b_{22} \end{bmatrix} = \begin{bmatrix} b_{11}+3b_{21} & b_{12}+3b_{22} \\ 0 & 0 \end{bmatrix} \neq \boldsymbol{E}$$

于是由定义可知 $\boldsymbol{A}$ 是不可逆的.

那么，在什么条件下，方阵 $\boldsymbol{A}$ 一定可逆呢？当 $\boldsymbol{A}$ 可逆时，又如何求 $\boldsymbol{A}$ 的逆？我们先给出下面的定义.

定义 2.11 设有 n 阶方阵

$$\boldsymbol{A} = \begin{bmatrix} a_{11} & a_{12} & \cdots & a_{1n} \\ a_{21} & a_{22} & \cdots & a_{2n} \\ \vdots & \vdots & & \vdots \\ a_{n1} & a_{n2} & \cdots & a_{nn} \end{bmatrix}$$

则由元素 a_{ij} 的代数余子式 A_{ij} 所构成的 n 阶方阵

$$\boldsymbol{A}^* = \begin{bmatrix} A_{11} & A_{21} & \cdots & A_{n1} \\ A_{12} & A_{22} & \cdots & A_{n2} \\ \vdots & \vdots & & \vdots \\ A_{1n} & A_{2n} & \cdots & A_{nn} \end{bmatrix}$$

称为 $\boldsymbol{A}$ 的伴随矩阵，记为 $\boldsymbol{A}^*$.

注意：

1. 元素 a_{ij} 的代数余子式 A_{ij} 是作为 $\boldsymbol{A}^*$ 的相应列的元素的.

2. 对于 2 阶方阵 $\boldsymbol{A}=\begin{bmatrix} a_{11} & a_{12} \\ a_{21} & a_{22} \end{bmatrix}$，可求得 $\boldsymbol{A}^*=\begin{bmatrix} a_{22} & -a_{12} \\ -a_{21} & a_{11} \end{bmatrix}$，即 2 阶方阵的伴随矩阵具有“主对角元互换，次对角元变号”的规律.

3. 设 $\boldsymbol{A}$ 为 $n(n\geqslant 2)$阶方阵，则有 $\boldsymbol{AA}^*=\boldsymbol{A}^*\boldsymbol{A}=\det(\boldsymbol{A})\boldsymbol{E}$ 成立.

4. 设 n 阶方阵 $\boldsymbol{A}$ 的行列式 $\det \boldsymbol{A}\neq 0$，则有 $\det(\boldsymbol{A}^*)=(\det \boldsymbol{A})^{n-1}$ 成立.

例 2.18 求方阵 $\boldsymbol{A}=\begin{bmatrix} 2 & 4 & 1 \\ -3 & 0 & -1 \\ 2 & 5 & 1 \end{bmatrix}$ 的伴随矩阵 $\boldsymbol{A}^*$.

解：

$$A_{11}=(-1)^{1+1}\begin{vmatrix}0&-1\\5&1\end{vmatrix}=5,\quad A_{12}=(-1)^{1+2}\begin{vmatrix}-3&-1\\2&1\end{vmatrix}=1,$$

$$A_{13}=(-1)^{1+3}\begin{vmatrix}-3&0\\2&5\end{vmatrix}=-15,\quad A_{21}=(-1)^{2+1}\begin{vmatrix}4&1\\5&1\end{vmatrix}=1,$$

$$A_{22}=(-1)^{2+2}\begin{vmatrix}2&1\\2&1\end{vmatrix}=0,\quad A_{23}=(-1)^{2+3}\begin{vmatrix}2&4\\2&5\end{vmatrix}=-2,$$

$$A_{31}=(-1)^{3+1}\begin{vmatrix}4&1\\0&-1\end{vmatrix}=-4,\quad A_{32}=(-1)^{3+2}\begin{vmatrix}2&1\\-3&-1\end{vmatrix}=-1,$$

$$A_{33}=(-1)^{3+3}\begin{vmatrix}2&4\\-3&0\end{vmatrix}=12.$$

于是由定义得

$$\boldsymbol{A}^*=\begin{bmatrix}A_{11}&A_{21}&A_{31}\\A_{12}&A_{22}&A_{32}\\A_{13}&A_{23}&A_{33}\end{bmatrix}=\begin{bmatrix}5&1&-4\\1&0&-1\\-15&-2&12\end{bmatrix}.$$

例 2.19 求方阵$\boldsymbol{A}=\begin{bmatrix}a&b\\c&d\end{bmatrix}$的伴随矩阵$\boldsymbol{A}^*$.

解：

$$A_{11}=(-1)^{1+1}d=d,\quad A_{12}=(-1)^{1+2}c=-c,$$
$$A_{21}=(-1)^{2+1}b=-b,\quad A_{22}=(-1)^{2+2}a=a.$$

于是由定义得

$$\boldsymbol{A}^*=\begin{bmatrix}A_{11}&A_{21}\\A_{12}&A_{22}\end{bmatrix}=\begin{bmatrix}d&-b\\-c&a\end{bmatrix}.$$

现在我们给出方阵可逆的充要条件和求逆矩阵的公式.

定理 2.1 （方阵可逆的充要条件）

设$\boldsymbol{A}$为n阶方阵，则$\boldsymbol{A}$可逆的充分必要条件是$\det\boldsymbol{A}\neq0$，也称$\boldsymbol{A}$为非奇异方阵（否则称$\boldsymbol{A}$为奇异方阵），并且

$$\boldsymbol{A}^{-1}=\frac{1}{\det\boldsymbol{A}}\boldsymbol{A}^*.$$

证明 必要性⇒ 设$\boldsymbol{A}$可逆，则存在$\boldsymbol{A}^{-1}$，使$\boldsymbol{A}\boldsymbol{A}^{-1}=\boldsymbol{E}$，

两端取行列式得$\det(\boldsymbol{A}\boldsymbol{A}^{-1})=\det\boldsymbol{A}\cdot\det(\boldsymbol{A}^{-1})=\det\boldsymbol{E}=1$，故$\det\boldsymbol{A}\neq0$.

充分性⇐ 因为由伴随矩阵的性质，有

$$\boldsymbol{A}\boldsymbol{A}^*=\boldsymbol{A}^*\boldsymbol{A}=\det(\boldsymbol{A})\boldsymbol{E}$$

若$\det\boldsymbol{A}\neq0$，则有$\boldsymbol{A}\left(\frac{1}{\det\boldsymbol{A}}\boldsymbol{A}^*\right)=\left(\frac{1}{\det\boldsymbol{A}}\boldsymbol{A}^*\right)\boldsymbol{A}=\boldsymbol{E}$

即$\boldsymbol{A}$可逆，并且$\boldsymbol{A}^{-1}=\frac{1}{\det\boldsymbol{A}}\boldsymbol{A}^*$.

对于1阶方阵$[a]$，当$a\neq0$时它可逆，且$[a]^{-1}=\frac{1}{a}$，即$[a]$的逆矩阵等于a的倒数.

这个定理不仅给出了判断一个方阵是否可逆的方法，而且还给出了求逆矩阵 $\boldsymbol{A}^{-1}$ 的一种方法——伴随矩阵法.

下面再给出一个判别方阵是否可逆的简便方法.

定理 2.2 设 $\boldsymbol{A}$ 与 $\boldsymbol{B}$ 都是 n 阶方阵，若 $\boldsymbol{AB}=\boldsymbol{E}$，则 $\boldsymbol{A}(\boldsymbol{B})$ 可逆，并且 $\boldsymbol{A}^{-1}=\boldsymbol{B}(\boldsymbol{B}^{-1}=\boldsymbol{A})$.

证明 由 $\boldsymbol{AB}=\boldsymbol{E}$ 两端取行列式 得 $\det(\boldsymbol{AB})=\det\boldsymbol{A}\cdot\det\boldsymbol{B}=\det\boldsymbol{E}=1$. 所以 $\det\boldsymbol{A}\neq0$，故 $\boldsymbol{A}$ 可逆，且 $\boldsymbol{A}^{-1}=\boldsymbol{B}$. 同理可证 $\boldsymbol{B}^{-1}=\boldsymbol{A}$.

这个定理说明：要验证 $\boldsymbol{B}$ 是 $\boldsymbol{A}$ 的逆矩阵，只需验证 $\boldsymbol{AB}=\boldsymbol{E}$ 或 $\boldsymbol{BA}=\boldsymbol{E}$ 中一个式子成立就可以了，这比直接用定义去判断要节省一半的计算量.

例 2.20 设方阵

$$\boldsymbol{A}=\begin{bmatrix}2&4&1\\-3&0&-1\\2&5&1\end{bmatrix}$$

判别 $\boldsymbol{A}$ 是否可逆？若可逆求 $\boldsymbol{A}^{-1}$.

解：因为

$$\det\boldsymbol{A}=\begin{vmatrix}2&4&1\\-3&0&-1\\2&5&1\end{vmatrix}=-1\neq0$$

故 $\boldsymbol{A}$ 可逆.

在例 2.18 中已求出

$$\boldsymbol{A}^{*}=\begin{bmatrix}5&1&-4\\1&0&-1\\-15&-2&12\end{bmatrix}$$

所以

$$\boldsymbol{A}^{-1}=\frac{1}{\det\boldsymbol{A}}\boldsymbol{A}^{*}=(-1)\begin{bmatrix}5&1&-4\\1&0&-1\\-15&-2&12\end{bmatrix}=\begin{bmatrix}-5&-1&4\\-1&0&1\\15&2&-12\end{bmatrix}.$$

例 2.21 设

$$\boldsymbol{A}=\begin{bmatrix}a&0&0\\0&b&0\\0&0&c\end{bmatrix}$$

问 $\boldsymbol{A}$ 是否可逆？若可逆求 $\boldsymbol{A}^{-1}$.

解：因为

$$\det\boldsymbol{A}=\begin{vmatrix}a&0&0\\0&b&0\\0&0&c\end{vmatrix}=abc$$

当 $abc\neq0$ 时，$\boldsymbol{A}$ 可逆.

又由于

$$A^* = \begin{bmatrix} bc & 0 & 0 \\ 0 & ac & 0 \\ 0 & 0 & ab \end{bmatrix}$$

所以

$$A^{-1} = \begin{bmatrix} a^{-1} & 0 & 0 \\ 0 & b^{-1} & 0 \\ 0 & 0 & c^{-1} \end{bmatrix}.$$

这个例题的结论可以使用.

例 2.22 设方阵

$$A = \begin{bmatrix} 1 & 0 & 0 \\ 0 & \frac{1}{2} & \frac{3}{2} \\ 0 & 1 & \frac{5}{2} \end{bmatrix}$$

问 A 是否可逆？并计算 $(A^*)^{-1}$.

分析：在遇到 A^* 的有关计算时，一般不直接由定义去求 A^*，而是利用 A^* 的重要公式：$A^*A=\det(A)E$，有 $A^*\left(\frac{1}{\det A}A\right)=E$，故 $(A^*)^{-1}=\frac{1}{\det A}A$.

解：因为

$$\det A = \begin{vmatrix} 1 & 0 & 0 \\ 0 & \frac{1}{2} & \frac{3}{2} \\ 0 & 1 & \frac{5}{2} \end{vmatrix} = \frac{5}{4} - \frac{3}{2} = -\frac{1}{4}$$

于是

$$(A^*)^{-1} = \frac{1}{-\frac{1}{4}} \begin{bmatrix} 1 & 0 & 0 \\ 0 & \frac{1}{2} & \frac{3}{2} \\ 0 & 1 & \frac{5}{2} \end{bmatrix} = \begin{bmatrix} -4 & 0 & 0 \\ 0 & -2 & -6 \\ 0 & -4 & -10 \end{bmatrix}.$$

例 2.23 已知方阵 A 满足 $A^2-A-2E=0$，证明 A 与 $A+2E$ 都可逆，并求出它们的逆矩阵.

分析：为求 A^{-1}，找矩阵 B，使得 $AB=E$. 同样，为求 $(A+2E)^{-1}$，找矩阵 C，使得 $(A+2E)C=E$，可以考虑从已知条件入手.

解：由 $A^2-A-2E=0$，得 $A(A-E)=2E$，即

$$A\left[\frac{1}{2}(A-E)\right]=E$$

由定理 2.2 可知，A 可逆，且 $A^{-1}=\frac{1}{2}(A-E)$.

再由 $A^2-A-2E=0$，得 $(A+2E)(A-3E)=-4E$，即

$$(A+2E)\left[-\frac{1}{4}(A-3E)\right]=E$$

故 $A+2E$ 可逆,且 $(A+2E)^{-1}=\frac{1}{4}(3E-A)$.

例 2.24 已知方阵

$$A=\begin{bmatrix}2&1&2\\1&3&4\\2&-1&2\end{bmatrix},\quad B=\begin{bmatrix}2&1&3\\3&5&0\end{bmatrix}$$

且满足 $AX=2X+B^{\mathrm{T}}$,求矩阵 X.

分析:这是矩阵方程求解,先利用已知等式解出 X,然后再代入计算.

解:由 $AX=2X+B^{\mathrm{T}}$,得 $(A-2E)X=B^{\mathrm{T}}$.

因为

$$\det(A-2E)=\begin{vmatrix}0&1&2\\1&1&4\\2&-1&0\end{vmatrix}=2\neq 0$$

故 $A-2E$ 可逆,于是

$$X=(A-2E)^{-1}B^{\mathrm{T}}.$$

由伴随矩阵法可求得

$$(A-2E)^{-1}=\begin{bmatrix}2&-1&1\\4&-2&1\\-\frac{3}{2}&1&-\frac{1}{2}\end{bmatrix}$$

故

$$X=(A-2E)^{-1}B^{\mathrm{T}}=\begin{bmatrix}2&-1&1\\4&-2&1\\-\frac{3}{2}&1&-\frac{1}{2}\end{bmatrix}\begin{bmatrix}2&3\\1&5\\3&0\end{bmatrix}=\begin{bmatrix}6&1\\9&2\\-\frac{7}{2}&\frac{1}{2}\end{bmatrix}.$$

第四节

分 块 矩 阵

对于阶数比较高的矩阵,为了讨论和运算的方便,我们往往采取分块矩阵的方法对它进行分块.

一、分块矩阵的概念

定义 2.12 用若干条横线与竖线将矩阵 A 划分成许多小块,每一块看成一个小矩阵,称为 A 的子矩阵或子块.以子矩阵为其元素的矩阵称为分块矩阵.

例如：矩阵

$$A=\begin{bmatrix}2&0&1&0\\-1&7&0&1\\0&0&8&-1\\0&0&0&5\end{bmatrix}$$

我们用一条横线和一条竖线把 $\boldsymbol{A}$ 分成如下四个小块. 每一个小块的元素按照原来的相对位置就构成一个子矩阵(子块).

$$A=\left[\begin{array}{cc:cc}2&0&1&0\\-1&7&0&1\\ \hdashline 0&0&8&-1\\0&0&0&5\end{array}\right]=\begin{bmatrix}A_{11}&\boldsymbol{E}\\0&A_{22}\end{bmatrix}$$

其中

$$A_{11}=\begin{bmatrix}2&0\\-1&7\end{bmatrix},\quad \boldsymbol{E}=\begin{bmatrix}1&0\\0&1\end{bmatrix},\quad 0=\begin{bmatrix}0&0\\0&0\end{bmatrix},\quad A_{22}=\begin{bmatrix}8&-1\\0&5\end{bmatrix}$$

那么 $\boldsymbol{A}$ 就是有 4 个子矩阵的分块矩阵. 显然矩阵 $\boldsymbol{A}$ 这样分块能显示它的局部特征.

矩阵的分块形式是任意的,多种多样的,可以根据矩阵的特点和研究的需要对矩阵进行不同的划分.

例如我们可以用 3 条竖线把 $\boldsymbol{A}$ 分成如下 4 个小块

$$A=\left[\begin{array}{c:c:c:c}2&0&1&0\\-1&7&0&1\\0&0&8&-1\\0&0&0&5\end{array}\right]=[B_1\quad B_2\quad B_3\quad B_4]$$

同样矩阵 $\boldsymbol{A}$ 也可以如下分块

$$A=\left[\begin{array}{c:ccc}2&0&1&0\\ \hdashline -1&7&0&1\\0&0&8&-1\\0&0&0&5\end{array}\right]\quad A=\left[\begin{array}{ccc:c}2&0&1&0\\-1&7&0&1\\0&0&8&-1\\ \hdashline 0&0&0&5\end{array}\right]\quad A=\left[\begin{array}{ccc:c}2&0&1&0\\-1&7&0&1\\ \hdashline 0&0&8&-1\\0&0&0&5\end{array}\right]$$

分块矩阵的特点是：同行上的子矩阵有相同的“行数”；同列上的子矩阵有相同的“列数”.

矩阵分块有两点好处：第一是使矩阵的结构显得更清楚；第二是利用矩阵分块可以简化矩阵的运算. 矩阵的运算可以通过这些小矩阵的运算进行,从而能把高阶矩阵的运算转化为低阶矩阵的运算.

二、分块矩阵的加法及数与分块矩阵的乘法

定义 2.13 设矩阵 $\boldsymbol{A}=[a_{ij}]_{m\times n}$ 和矩阵 $\boldsymbol{B}=[b_{ij}]_{m\times n}$ 是同型矩阵,作同样的分块得

$$A=\begin{bmatrix}A_{11}&\cdots&A_{1t}\\ \vdots&&\vdots\\ A_{s1}&\cdots&A_{st}\end{bmatrix}\quad B=\begin{bmatrix}B_{11}&\cdots&B_{1t}\\ \vdots&&\vdots\\ B_{s1}&\cdots&B_{st}\end{bmatrix}$$

则有

$$\boldsymbol{A}+\boldsymbol{B}=\begin{bmatrix} A_{11}+B_{11} & \cdots & A_{1t}+B_{1t} \\ \vdots & & \vdots \\ A_{s1}+B_{s1} & \cdots & A_{st}+B_{st} \end{bmatrix}$$

$$k\boldsymbol{A}=\begin{bmatrix} kA_{11} & \cdots & kA_{1t} \\ \vdots & & \vdots \\ kA_{s1} & \cdots & kA_{st} \end{bmatrix} \quad (k \text{ 为常数})$$

分块矩阵的加法要求：$\boldsymbol{A}$ 与 $\boldsymbol{B}$ 同阶，且分块方式相同，那么只需把对应的子矩阵相加即可. 数乘分块矩阵就是用数去乘每一个子矩阵.

例 2.25 设有矩阵

$$\boldsymbol{A}=\begin{bmatrix} 3 & 0 & 0 & 0 \\ 0 & 3 & 0 & 0 \\ 0 & 0 & 2 & 1 \\ 0 & 0 & -7 & 4 \end{bmatrix} \quad \boldsymbol{B}=\begin{bmatrix} 2 & -1 & 1 & 0 \\ -3 & 1 & 0 & 1 \\ 0 & 0 & 5 & 6 \\ 0 & 0 & 3 & -4 \end{bmatrix}$$

求 $\boldsymbol{A}+2\boldsymbol{B}$.

解：根据分块是为了显示矩阵的局部特征的原则，用同样方式把 $\boldsymbol{A}$、$\boldsymbol{B}$ 分块，得

$$\boldsymbol{A}=\left[\begin{array}{cc:cc} 3 & 0 & 0 & 0 \\ 0 & 3 & 0 & 0 \\ \hdashline 0 & 0 & 2 & 1 \\ 0 & 0 & -7 & 4 \end{array}\right]=\begin{bmatrix} A_{11} & 0 \\ 0 & A_{22} \end{bmatrix}$$

$$\boldsymbol{B}=\left[\begin{array}{cc:cc} 2 & -1 & 1 & 0 \\ -3 & 1 & 0 & 1 \\ \hdashline 0 & 0 & 5 & 6 \\ 0 & 0 & 3 & -4 \end{array}\right]=\begin{bmatrix} B_{11} & E \\ 0 & B_{22} \end{bmatrix}$$

于是

$$\begin{aligned} \boldsymbol{A}+2\boldsymbol{B} &= \begin{bmatrix} A_{11}+2B_{11} & 0+2E \\ 0 & A_{22}+2B_{22} \end{bmatrix} \\ &= \begin{bmatrix} A_{11}+2B_{11} & 2E \\ 0 & A_{22}+2B_{22} \end{bmatrix} \end{aligned}$$

由于

$$A_{11}+2B_{11}=\begin{bmatrix} 7 & -2 \\ -6 & 5 \end{bmatrix}, \quad A_{22}+2B_{22}=\begin{bmatrix} 12 & 13 \\ -1 & -4 \end{bmatrix}$$

所以

$$\boldsymbol{A}+2\boldsymbol{B}=\begin{bmatrix} 7 & -2 & 2 & 0 \\ -6 & 5 & 0 & 2 \\ 0 & 0 & 12 & 13 \\ 0 & 0 & -1 & -4 \end{bmatrix}$$

三、分块矩阵的乘法

定义 2.14 设矩阵 $\boldsymbol{A}$、$\boldsymbol{B}$ 是可相乘矩阵，对 $\boldsymbol{A}$ 和 $\boldsymbol{B}$ 分块

$$\boldsymbol{A}=\begin{bmatrix}A_{11} & A_{12} & \cdots & A_{1r}\\ \vdots & \vdots & & \vdots\\ A_{s1} & A_{s2} & \cdots & A_{sr}\end{bmatrix}\quad \boldsymbol{B}=\begin{bmatrix}B_{11} & B_{12} & \cdots & B_{1t}\\ \vdots & \vdots & & \vdots\\ B_{r1} & B_{r2} & \cdots & B_{rt}\end{bmatrix}$$

其中 $A_{i1},A_{i2},\cdots,A_{ir}$ 的列数分别等于 $B_{1j},B_{2j},\cdots,B_{rj}$ 的行数，则

$$\boldsymbol{AB}=\begin{bmatrix}C_{11} & C_{12} & \cdots & C_{1t}\\ \vdots & \vdots & & \vdots\\ C_{s1} & C_{s2} & \cdots & C_{st}\end{bmatrix}$$

且

$$C_{ij}=\sum_{k=1}^{r}A_{ik}B_{kj}\quad (i=1,\cdots,s;\ j=1,\cdots,t).$$

分块矩阵的乘法要求：首先 $\boldsymbol{A}$ 的列的分块方式与 $\boldsymbol{B}$ 的行的分块方式要相同. 即满足：

1. $\boldsymbol{A}$ 的列组数等于 $\boldsymbol{B}$ 的行组数；
2. $\boldsymbol{A}$ 的每一列组所含的列数等于 $\boldsymbol{B}$ 的相应每一行组所含的行数。

然后把 $\boldsymbol{A}$ 与 $\boldsymbol{B}$ 分得的小矩阵当成"数"一样对待，运用矩阵的乘法规则进行计算.

例 2.26 用矩阵的分块乘法计算 $\boldsymbol{AB}$，其中

$$\boldsymbol{A}=\begin{bmatrix}4 & -5 & 7 & 0 & 0\\ -1 & 2 & 6 & 0 & 0\\ -3 & 1 & 8 & 0 & 0\\ 0 & 0 & 0 & 5 & 0\\ 0 & 0 & 0 & 0 & 5\end{bmatrix},\quad \boldsymbol{B}=\begin{bmatrix}3 & 0 & 0 & 0 & 0\\ 0 & 3 & 0 & 0 & 0\\ 0 & 0 & 3 & 0 & 0\\ 0 & 0 & 0 & -1 & 3\\ 0 & 0 & 0 & 9 & 4\end{bmatrix}.$$

解：先按照分块矩阵的乘法要求对 $\boldsymbol{A}$，$\boldsymbol{B}$ 分块

$$\boldsymbol{A}=\begin{bmatrix}A_{11} & 0_{3\times2}\\ 0_{2\times3} & 5E_2\end{bmatrix},\quad \boldsymbol{B}=\begin{bmatrix}3E_3 & 0_{3\times2}\\ 0_{2\times3} & B_{22}\end{bmatrix}$$

其中

$$A_{11}=\begin{bmatrix}4 & -5 & 7\\ -1 & 2 & 6\\ -3 & 1 & 8\end{bmatrix},0_{3\times2}=\begin{bmatrix}0 & 0\\ 0 & 0\\ 0 & 0\end{bmatrix},0_{2\times3}=\begin{bmatrix}0 & 0 & 0\\ 0 & 0 & 0\end{bmatrix},$$

$$E_2=\begin{bmatrix}1 & 0\\ 0 & 1\end{bmatrix},E_3=\begin{bmatrix}1 & 0 & 0\\ 0 & 1 & 0\\ 0 & 0 & 1\end{bmatrix},B_{22}=\begin{bmatrix}-1 & 3\\ 9 & 4\end{bmatrix}.$$

所以

$$\boldsymbol{AB}=\begin{bmatrix}A_{11} & 0_{3\times2}\\ 0_{2\times3} & 5E_2\end{bmatrix}\begin{bmatrix}3E_3 & 0_{3\times2}\\ 0_{2\times3} & B_{22}\end{bmatrix}$$

$$\boldsymbol{AB}=\begin{bmatrix} A_{11}\times 3E_3+0_{3\times 2}\times 0_{2\times 3} & A_{11}\times 0_{3\times 2}+0_{3\times 2}\times B_{22} \\ 0_{2\times 3}\times 3E_3+5E_2\times 0_{2\times 3} & 0_{2\times 3}\times 0_{3\times 2}+5E_2\times B_{22} \end{bmatrix}$$

$$=\begin{bmatrix} 3A_{11} & 0_{3\times 2} \\ 0_{2\times 3} & 5B_{22} \end{bmatrix}$$

$$=\begin{bmatrix} 12 & -15 & 21 & 0 & 0 \\ -3 & 6 & 18 & 0 & 0 \\ -9 & 3 & 24 & 0 & 0 \\ 0 & 0 & 0 & -5 & 15 \\ 0 & 0 & 0 & 45 & 20 \end{bmatrix}.$$

注意：分块时尽量使矩阵 $\boldsymbol{A}$ 或 $\boldsymbol{B}$ 的子矩阵出现零矩阵、单位矩阵或其他有利条件，会给计算带来很大方便.

四、分块矩阵的转置

定义 2.15 设矩阵

$$\boldsymbol{A}_{m\times n}=\begin{bmatrix} A_{11} & \cdots & A_{1r} \\ \vdots & & \vdots \\ A_{s1} & \cdots & A_{sr} \end{bmatrix},$$

则

$$\boldsymbol{A}^{\mathrm{T}}=\begin{bmatrix} A_{11}^{\mathrm{T}} & \cdots & A_{s1}^{\mathrm{T}} \\ \vdots & & \vdots \\ A_{1r}^{\mathrm{T}} & \cdots & A_{sr}^{\mathrm{T}} \end{bmatrix}.$$

即分块矩阵的转置，就是将原矩阵行列互换转置，同时将各子矩阵也转置.

分块矩阵的转置要求：两个转置——“大转”+“小转”.

例 2.27 若矩阵

$$\boldsymbol{A}=\left[\begin{array}{cc:cc} 5 & 6 & 0 & 3 \\ 1 & 0 & 0 & 0 \\ \hdashline 0 & 0 & 1 & 1 \\ 0 & 0 & 1 & 2 \end{array}\right]=\begin{bmatrix} A_{11} & A_{12} \\ 0 & A_{22} \end{bmatrix},$$

则

$$\boldsymbol{A}^{\mathrm{T}}=\begin{bmatrix} A_{11}^{\mathrm{T}} & 0 \\ A_{12}^{\mathrm{T}} & A_{22}^{\mathrm{T}} \end{bmatrix}=\left[\begin{array}{cc:cc} 5 & 1 & 0 & 0 \\ 6 & 0 & 0 & 0 \\ \hdashline 0 & 0 & 1 & 1 \\ 3 & 0 & 1 & 2 \end{array}\right]$$

五、分块对角矩阵(准对角矩阵)及其运算

定义 2.16 设 $\boldsymbol{A}_1,\boldsymbol{A}_2,\cdots,\boldsymbol{A}_s$ 都是方阵，则形如

$$A=\begin{bmatrix}A_1 & & & \\ & A_2 & & \\ & & \ddots & \\ & & & A_s\end{bmatrix}$$

的矩阵,称为分块对角矩阵或准对角矩阵.

分块对角矩阵的特点：不在主对角线上的子矩阵都是零矩阵,主对角线上的子矩阵都是方阵.

分块对角矩阵的运算：设 A,B 是有相同分块的分块对角矩阵

$$A=\begin{bmatrix}A_1 & & & \\ & A_2 & & \\ & & \ddots & \\ & & & A_s\end{bmatrix},B=\begin{bmatrix}B_1 & & & \\ & B_2 & & \\ & & \ddots & \\ & & & B_s\end{bmatrix}$$（A_i 与 B_i 同阶）,则

1. 加法运算

$$A+B=\begin{bmatrix}A_1+B_1 & & & \\ & A_2+B_2 & & \\ & & \ddots & \\ & & & A_s+B_s\end{bmatrix}$$

即两个分块对角矩阵的主对角线上对应的子矩阵相加.

2. 乘法运算

$$AB=\begin{bmatrix}A_1B_1 & & & \\ & A_2B_2 & & \\ & & \ddots & \\ & & & A_sB_s\end{bmatrix}$$

即两个分块对角矩阵的主对角线上对应的子矩阵相乘.

3. 幂的运算

$$A^n=\begin{bmatrix}A_1^n & & & \\ & A_2^n & & \\ & & \ddots & \\ & & & A_s^n\end{bmatrix}$$

即分块对角矩阵的主对角线上各子矩阵分别作幂运算.

4. 逆运算 A 可逆$\Leftrightarrow A_i(i=1,2,\cdots,s)$可逆,且

$$A^{-1}=\begin{bmatrix}A_1^{-1} & & & \\ & A_2^{-1} & & \\ & & \ddots & \\ & & & A_s^{-1}\end{bmatrix}$$

即分块对角矩阵的主对角线上各子矩阵分别作逆运算.

5. 行列式的值

$$\det\boldsymbol{A} = (\det\boldsymbol{A}_1)(\det\boldsymbol{A}_2)\cdots(\det\boldsymbol{A}_s)$$

即分块对角矩阵的行列式值等于各子矩阵的行列式值的乘积.

例 2.28 设矩阵

$$\boldsymbol{A} = \begin{bmatrix} 1 & 1 & 0 & 0 & 0 \\ 0 & 1 & 0 & 0 & 0 \\ 0 & 0 & 3 & -2 & 0 \\ 0 & 0 & 7 & 0 & 0 \\ 0 & 0 & 0 & 0 & 8 \end{bmatrix}$$

求 $\boldsymbol{A}^2$.

解：对 $\boldsymbol{A}$ 分块

$$\boldsymbol{A} = \left[\begin{array}{cc:cc:c} 1 & 1 & 0 & 0 & 0 \\ 0 & 1 & 0 & 0 & 0 \\ \hdashline 0 & 0 & 3 & -2 & 0 \\ 0 & 0 & 7 & 0 & 0 \\ \hdashline 0 & 0 & 0 & 0 & 8 \end{array}\right] = \begin{bmatrix} \boldsymbol{A}_1 & & \\ & \boldsymbol{A}_2 & \\ & & \boldsymbol{A}_3 \end{bmatrix}$$

这是一个分块对角矩阵.于是

$$\boldsymbol{A}^2 = \begin{bmatrix} \boldsymbol{A}_1^2 & & \\ & \boldsymbol{A}_2^2 & \\ & & \boldsymbol{A}_3^2 \end{bmatrix} = \begin{bmatrix} 1 & 2 & 0 & 0 & 0 \\ 0 & 1 & 0 & 0 & 0 \\ 0 & 0 & -5 & -6 & 0 \\ 0 & 0 & 21 & -14 & 0 \\ 0 & 0 & 0 & 0 & 64 \end{bmatrix}.$$

例 2.29 已知矩阵

$$\boldsymbol{A} = \begin{bmatrix} 2 & 0 & 0 & 0 \\ 0 & 2 & 0 & 0 \\ 0 & 0 & 5 & 2 \\ 0 & 0 & 2 & 1 \end{bmatrix}, \quad \boldsymbol{B} = \begin{bmatrix} 2 & -1 & 0 & 0 \\ -3 & 3 & 0 & 0 \\ 0 & 0 & 3 & 4 \\ 0 & 0 & 0 & -1 \end{bmatrix}$$

(1) 利用分块矩阵乘法求 $\boldsymbol{AB}$；

(2) 利用分块矩阵方法求 $\boldsymbol{A}^{-1}$.

解：(1) 对 $\boldsymbol{A},\boldsymbol{B}$ 分块

$$\boldsymbol{A} = \left[\begin{array}{cc:cc} 2 & 0 & 0 & 0 \\ 0 & 2 & 0 & 0 \\ \hdashline 0 & 0 & 5 & 2 \\ 0 & 0 & 2 & 1 \end{array}\right] = \begin{bmatrix} \boldsymbol{A}_1 & 0 \\ 0 & \boldsymbol{A}_2 \end{bmatrix}, \quad \boldsymbol{B} = \left[\begin{array}{cc:cc} 2 & -1 & 0 & 0 \\ -3 & 3 & 0 & 0 \\ \hdashline 0 & 0 & 3 & 4 \\ 0 & 0 & 0 & -1 \end{array}\right] = \begin{bmatrix} \boldsymbol{B}_1 & 0 \\ 0 & \boldsymbol{B}_2 \end{bmatrix}$$

其中

$$\boldsymbol{A}_1 = 2\boldsymbol{E} = \begin{bmatrix} 2 & 0 \\ 0 & 2 \end{bmatrix}, \quad \boldsymbol{A}_2 = \begin{bmatrix} 5 & 2 \\ 2 & 1 \end{bmatrix},$$

$$\boldsymbol{B}_1 = \begin{bmatrix} 2 & -1 \\ -3 & 3 \end{bmatrix}, \quad \boldsymbol{B}_2 = \begin{bmatrix} 3 & 4 \\ 0 & -1 \end{bmatrix}.$$

于是

$$AB=\begin{bmatrix}A_1 & 0\\0 & A_2\end{bmatrix}\begin{bmatrix}B_1 & 0\\0 & B_2\end{bmatrix}=\begin{bmatrix}A_1B_1 & 0\\0 & A_2B_2\end{bmatrix}$$

因为
$$A_1B_1=\begin{bmatrix}4 & -2\\-6 & 6\end{bmatrix},\quad A_2B_2=\begin{bmatrix}15 & 18\\6 & 7\end{bmatrix}$$

所以

$$AB=\begin{bmatrix}4 & -2 & 0 & 0\\-6 & 6 & 0 & 0\\0 & 0 & 15 & 18\\0 & 0 & 6 & 7\end{bmatrix}$$

(2) 对 A 分块

$$A=\left[\begin{array}{cc:cc}2 & 0 & 0 & 0\\0 & 2 & 0 & 0\\\hdashline 0 & 0 & 5 & 2\\0 & 0 & 2 & 1\end{array}\right]=\begin{bmatrix}A_1 & 0\\0 & A_2\end{bmatrix}$$

其中
$$A_1=\begin{bmatrix}2 & 0\\0 & 2\end{bmatrix},\quad A_2=\begin{bmatrix}5 & 2\\2 & 1\end{bmatrix}.$$

又因为
$$A_1^{-1}=\begin{bmatrix}\frac{1}{2} & 0\\0 & \frac{1}{2}\end{bmatrix},\quad A_2^{-1}=\begin{bmatrix}1 & -2\\-2 & 5\end{bmatrix}.$$

所以
$$A^{-1}=\begin{bmatrix}\frac{1}{2} & 0 & 0 & 0\\0 & \frac{1}{2} & 0 & 0\\0 & 0 & 1 & -2\\0 & 0 & -2 & 5\end{bmatrix}.$$

由上面的例题可以看出,分块矩阵的运算法则与一般矩阵的运算法则一致,可以归结为它们元素的运算.将大矩阵的运算转化为一些小矩阵的运算,使得矩阵的运算简化,减少了计算量.当微型计算机处理大型矩阵需要克服容量不足的问题时,常常使用这种手段.

第五节

矩阵的初等变换

定理 2.1 给出了求逆矩阵的计算公式,但是利用此公式求逆矩阵时,一般说来,计算量较大.在这一节里,我们将引进矩阵的另一个重要概念——矩阵的初等行变换.利用它将得到求逆矩阵的又一种比较简便的方法.

一、矩阵的初等行变换

定义 2.17 以下三种变换称为矩阵的初等行变换：

(1) 交换矩阵的任意两行；(互换变换)

(2) 用一个非零常数 k 去乘矩阵的某一行；(倍乘变换)

(3) 用一个常数 k 乘矩阵的某一行后加到另一行上去；(倍加变换)

这三种初等行变换分别简称为行的互换变换、倍乘变换和倍加变换.

类似地，如果把定义 2.17 中的"行"都换成"列"，就是矩阵的初等列变换. 矩阵的初等行变换和初等列变换统称为矩阵的初等变换，它是线性代数中最基本最常用的一种变换.

如果矩阵 $\boldsymbol{A}$ 经一系列初等变换化为矩阵 $\boldsymbol{B}$，那么就记为 $\boldsymbol{A}\to\boldsymbol{B}$. 下面我们主要运用矩阵的初等行变换.

二、初 等 矩 阵

对单位矩阵 $\boldsymbol{E}$ 施行一次初等变换，所得到的矩阵称为初等矩阵.

因为初等变换有 3 种，所以有 3 种初等矩阵. 它们是：

1. 初等互换矩阵：是互换单位矩阵 $\boldsymbol{E}$ 的第 i,j 两行得到的.

$$
\boldsymbol{E}_{i,j}=\begin{bmatrix}
1 &&&&&&&&& \\
& \ddots &&&&&&&& \\
&& 1 &&&&&&& \\
&&& 0 & \cdots & \cdots & \cdots & 1 & \cdots & \cdots & \cdots \\
&&& \vdots & 1 &&& \vdots &&& \\
&&& \vdots && \ddots && \vdots &&& \\
&&& \vdots &&& 1 & \vdots &&& \\
&&& 1 & \cdots & \cdots & \cdots & 0 & \cdots & \cdots & \cdots \\
&&&&&&&& 1 && \\
&&&&&&&&& \ddots & \\
&&&&&&&&&& 1
\end{bmatrix}
\begin{matrix} \\ \\ \\ \text{第 } i \text{ 行} \\ \\ \\ \\ \text{第 } j \text{ 行} \\ \\ \\ \\ \end{matrix}
$$

2. 初等倍乘矩阵：是用常数 $k\neq0$ 去乘单位矩阵 $\boldsymbol{E}$ 的第 i 行得到的.

$$
\boldsymbol{E}_i(k)=\begin{bmatrix}
1 &&&&&& \\
& \ddots &&&&& \\
&& 1 &&&& \\
&&& k & \cdots & \cdots & \cdots \\
&&&& 1 && \\
&&&&& \ddots & \\
&&&&&& 1
\end{bmatrix}
\begin{matrix} \\ \\ \\ \text{第 } i \text{ 行} \\ \\ \\ \\ \end{matrix}
$$

3. 初等倍加矩阵：是用常数 k 乘单位矩阵 $\boldsymbol{E}$ 的第 j 行加到第 i 行上得到的.

$$\boldsymbol{E}_{i,j}(k)=\begin{bmatrix}1 &&&&&& \\ &\ddots&&&&& \\ &&1&\cdots&k&\cdots&\cdots \\ &&\vdots&\ddots&\vdots&& \\ &&0&\cdots&1&\cdots&\cdots \\ &&&&&\ddots& \\ &&&&&&1\end{bmatrix}\begin{matrix}\\ \\ \text{第 } i \text{ 行}\\ \\ \text{第 } j \text{ 行}\\ \\ \\ \end{matrix}$$

易见，$\det \boldsymbol{E}_{i,j}=-1$，$\det \boldsymbol{E}_i(k)=k$，$\det \boldsymbol{E}_{i,j}(k)=1$. 因此，初等矩阵都可逆，并且它们的逆矩阵仍为初等矩阵：

$$\boldsymbol{E}_{i,j}^{-1}=\boldsymbol{E}_{i,j},$$

$$\boldsymbol{E}_i^{-1}(k)=\boldsymbol{E}_i\left(\frac{1}{k}\right),$$

$$\boldsymbol{E}_{i,j}^{-1}(k)=\boldsymbol{E}_{i,j}(-k).$$

初等变换与初等矩阵有着密切的联系，初等变换不仅可以用语言来表达，它还可以用初等矩阵的乘法来表示.

定理 2.3 设 $\boldsymbol{A}$ 是 $m\times n$ 矩阵，对 $\boldsymbol{A}$ 施行一次初等行(列)变换相当于对 $\boldsymbol{A}$ 左(右)乘相应的 m 阶(n 阶)初等矩阵. 具体地说就是：

对 $\boldsymbol{A}$ 做一次行的互换变换(交换 $\boldsymbol{A}$ 的第 i,j 两行)等同于 $\boldsymbol{E}_{i,j}\boldsymbol{A}$；

对 $\boldsymbol{A}$ 做一次行的倍乘变换(用常数 k 去乘 $\boldsymbol{A}$ 的第 i 行)等同于 $\boldsymbol{E}_i(k)\boldsymbol{A}$；

对 $\boldsymbol{A}$ 做一次行的倍加变换(用常数 k 乘 $\boldsymbol{A}$ 的第 j 行加到第 i 行上)等同于 $\boldsymbol{E}_{i,j}(k)\boldsymbol{A}$；

对 $\boldsymbol{A}$ 做一次列的互换变换(交换 $\boldsymbol{A}$ 的第 i,j 两列)等同于 $\boldsymbol{A}\boldsymbol{E}_{i,j}$；

对 $\boldsymbol{A}$ 做一次列的倍乘变换(用常数 k 去乘 $\boldsymbol{A}$ 的第 i 列)等同于 $\boldsymbol{A}\boldsymbol{E}_i(k)$；

对 $\boldsymbol{A}$ 做一次列的倍加变换(用常数 k 乘 $\boldsymbol{A}$ 的第 j 列加到第 i 列上)等同于 $\boldsymbol{A}\boldsymbol{E}_{i,j}(k)$.

下面我们利用初等矩阵和初等变换的关系给出求逆矩阵的简便方法——初等变换法.

三、用初等变换法求逆矩阵

定义 2.18 满足下列两个条件的矩阵称为阶梯形矩阵：

(1) 如果存在零行，则零行位于矩阵的最下方；

(2) 每个首非零元(即非零行的第 1 个不为零的元素)所在的列中，位于这个首非零元下方的元素全是零.

如：下列矩阵都是阶梯形矩阵

$$\begin{bmatrix}0&1&2&3\\0&0&9&4\\0&0&0&0\end{bmatrix},\quad \begin{bmatrix}6&0&5\\0&3&1\\0&0&2\end{bmatrix},\quad \begin{bmatrix}2&0&6&-1\\0&4&5&7\\0&0&-3&1\end{bmatrix}.$$

下列矩阵都不是阶梯形矩阵

$$\begin{bmatrix}1 & -9 & 0 & 3\\0 & -5 & 7 & 0\\0 & 1 & 6 & 2\end{bmatrix},\quad \begin{bmatrix}1 & 2 & 3 & 4\\4 & 5 & 6 & 0\\7 & 8 & 0 & 0\\9 & 0 & 0 & 0\end{bmatrix},\quad \begin{bmatrix}4 & 8 & 2 & -3\\0 & 0 & 0 & 0\\0 & 0 & 5 & 7\end{bmatrix}$$

定理 2.4 对任一个非零矩阵 $\boldsymbol{A}$,都可通过若干次初等行变换把它化成阶梯形矩阵.

证明:设非零矩阵

$$\boldsymbol{A}=\begin{bmatrix}a_{11} & a_{12} & \cdots & a_{1n}\\a_{21} & a_{22} & \cdots & a_{2n}\\\vdots & \vdots & & \vdots\\a_{m1} & a_{m2} & \cdots & a_{mn}\end{bmatrix}$$

不妨假设 $a_{11}\neq 0$(否则可经交换两行,把第一列的非零元素调到第 1 行第 1 列的位置,然后再作下面的讨论),因此可利用 a_{11} 将第 1 列中位于 a_{11} 下边的元素都化成零,这只要把第 1 行的 $\left(-\dfrac{a_{i1}}{a_{11}}\right)$ 倍加到第 i 行上去即可($i=2,\cdots,m$),然后再用 $\left(\dfrac{1}{a_{11}}\right)$ 乘第 1 行,于是就把 $\boldsymbol{A}$ 化为矩阵 $\boldsymbol{A}_1$:

$$\boldsymbol{A}\to\begin{bmatrix}1 & a_{12}^{(1)} & \cdots & a_{1n}^{(1)}\\0 & a_{22}^{(1)} & \cdots & a_{2n}^{(1)}\\\vdots & \vdots & & \vdots\\0 & a_{m2}^{(1)} & \cdots & a_{mn}^{(1)}\end{bmatrix}=\boldsymbol{A}_1.$$

不考虑 $\boldsymbol{A}_1$ 的第一行第一列,对余下的 $m-1$ 行构成的矩阵重复第 1 步的作法,得到矩阵 $\boldsymbol{A}_2$:

$$\boldsymbol{A}_2=\begin{bmatrix}1 & a_{12}^{(1)} & a_{13}^{(1)} & \cdots & a_{1n}^{(1)}\\0 & 1 & a_{23}^{(2)} & \cdots & a_{2n}^{(2)}\\0 & 0 & a_{33}^{(2)} & \cdots & a_{3n}^{(2)}\\\vdots & \vdots & \vdots & & \vdots\\0 & 0 & a_{m3}^{(2)} & \cdots & a_{mn}^{(2)}\end{bmatrix}.$$

每作一步就得到一个非零阶梯行,所以经过若干次初等行变换,就可将 $\boldsymbol{A}$ 化成首非零元全是 1 的阶梯形矩阵 $\boldsymbol{B}$:

$$\boldsymbol{B}=\begin{bmatrix}1 & b_{12} & b_{13} & \cdots & b_{1n}\\0 & 1 & b_{23} & \cdots & b_{2n}\\0 & 0 & 1 & \cdots & b_{3n}\\\vdots & \vdots & \vdots & & \vdots\\0 & 0 & 0 & \cdots & \cdots\end{bmatrix}.$$

定理 2.5 任一个可逆方阵 $\boldsymbol{A}$,都可经过若干次初等行变换化成单位矩阵 $\boldsymbol{E}$.

证明:设可逆方阵

$$\boldsymbol{A}=\begin{bmatrix}a_{11} & a_{12} & \cdots & a_{1n}\\a_{21} & a_{22} & \cdots & a_{2n}\\\vdots & \vdots & & \vdots\\a_{n1} & a_{n2} & \cdots & a_{nn}\end{bmatrix}.$$

由定理 2.4 可知，可逆方阵 $\boldsymbol{A}$ 可通过若干次初等行变换把它化成首非零元全是 1 的阶梯形矩阵 $\boldsymbol{B}$.

$$\boldsymbol{B}=\begin{bmatrix}1 & b_{12} & b_{13} & \cdots & b_{1n}\\ 0 & 1 & b_{23} & \cdots & b_{2n}\\ 0 & 0 & 1 & \cdots & b_{3n}\\ \vdots & \vdots & \vdots & & \vdots\\ 0 & 0 & 0 & \cdots & \cdots\end{bmatrix}.$$

我们又知道，经过初等行变换，方阵的行列式不等于零的性质不会改变. 现在方阵 $\boldsymbol{A}$ 可逆，所以 $\det \boldsymbol{A}\neq 0$，那么 $\det \boldsymbol{B}\neq 0$，因此 $\boldsymbol{B}$ 中没有零行，由于它又是阶梯形矩阵，从而 $\boldsymbol{B}$ 有 n 个非零阶梯行，于是 $\boldsymbol{B}$ 是主对角线元素全是 1 的上三角方阵. 即

$$\boldsymbol{B}=\begin{bmatrix}1 & b_{12} & b_{13} & \cdots & b_{1n}\\ 0 & 1 & b_{23} & \cdots & b_{2n}\\ 0 & 0 & 1 & \cdots & b_{3n}\\ \vdots & \vdots & \vdots & & \vdots\\ 0 & 0 & 0 & \cdots & 1\end{bmatrix}.$$

利用 $\boldsymbol{B}$ 中主对角线上的元素 1，可以将主对角线上边的元素全化为零. 具体做法是：先将 $\boldsymbol{B}$ 的第 n 行的 $(-b_{in})$ 倍加到第 i 行上去 $(i=1,\cdots,n-1)$；再将 $\boldsymbol{B}$ 的第 $n-1$ 行的 $(-b_{i,n-1})$ 倍加到第 i 行上去 $(i=1,\cdots,n-2)$；…；最后将 $\boldsymbol{B}$ 的第 2 行的 $(-b_{12})$ 倍加到第 1 行上去，这样就把 $\boldsymbol{B}$ 化成了单位矩阵 $\boldsymbol{E}$.

由定理 2.3 和定理 2.5 可知，存在若干个初等方阵 $\boldsymbol{P}_1,\boldsymbol{P}_2,\cdots,\boldsymbol{P}_m$，使

$$\boldsymbol{P}_m\cdots\boldsymbol{P}_2\boldsymbol{P}_1\boldsymbol{A}=\boldsymbol{E} \tag{2.1}$$

用 $\boldsymbol{A}^{-1}$ 右乘式(2.1)两端，

$$\boldsymbol{P}_m\cdots\boldsymbol{P}_2\boldsymbol{P}_1\boldsymbol{E}=\boldsymbol{A}^{-1} \tag{2.2}$$

以上两个等式说明，当 $\boldsymbol{A}$ 经一系列初等行变换化为单位矩阵 $\boldsymbol{E}$ 时，对 $\boldsymbol{E}$ 实施同样的初等行变换就化成了 $\boldsymbol{A}^{-1}$.

于是就得到了用初等行变换求逆矩阵的方法：在求 n 阶可逆矩阵 $\boldsymbol{A}$ 的逆矩阵 $\boldsymbol{A}^{-1}$ 时，在 $\boldsymbol{A}$ 的右边同时写出一个与 $\boldsymbol{A}$ 同阶的单位矩阵 $\boldsymbol{E}$，得到一个 $n\times 2n$ 矩阵 $[\boldsymbol{A}\mid\boldsymbol{E}]$，对它做初等行变换，当它的左边一块 $\boldsymbol{A}$ 化成单位矩阵 $\boldsymbol{E}$ 时，它的右边一块 $\boldsymbol{E}$ 就化成了 $\boldsymbol{A}^{-1}$.

$$[\boldsymbol{A}\mid\boldsymbol{E}]\xrightarrow{\text{初等行变换}}[\boldsymbol{E}\mid\boldsymbol{A}^{-1}]$$

同样可以用初等列变换求逆矩阵，即

$$\begin{bmatrix}\boldsymbol{A}\\ \hline \boldsymbol{E}\end{bmatrix}\xrightarrow{\text{初等列变换}}\begin{bmatrix}\boldsymbol{E}\\ \hline \boldsymbol{A}^{-1}\end{bmatrix}$$

例 2.30 用初等行变换法求矩阵

$$\boldsymbol{A}=\begin{bmatrix}0 & 2 & -1\\ 1 & 1 & 2\\ -1 & -1 & -1\end{bmatrix}$$

的逆矩阵.

解：因为

$$[\boldsymbol{A}\mid\boldsymbol{E}]=\left[\begin{array}{ccc|ccc}0&2&-1&1&0&0\\1&1&2&0&1&0\\-1&-1&-1&0&0&1\end{array}\right]\xrightarrow{(①,②)}\left[\begin{array}{ccc|ccc}1&1&2&0&1&0\\0&2&-1&1&0&0\\-1&-1&-1&0&0&1\end{array}\right]$$

$$\xrightarrow{①+③}\left[\begin{array}{ccc|ccc}1&1&2&0&1&0\\0&2&-1&1&0&0\\0&0&1&0&1&1\end{array}\right]\xrightarrow{③+②}\left[\begin{array}{ccc|ccc}1&1&2&0&1&0\\0&2&0&1&1&1\\0&0&1&0&1&1\end{array}\right]$$

$$\xrightarrow{②\times\frac{1}{2}}\left[\begin{array}{ccc|ccc}1&1&2&0&1&0\\0&1&0&1/2&1/2&1/2\\0&0&1&0&1&1\end{array}\right]$$

$$\xrightarrow{③\times(-2)+①}\left[\begin{array}{ccc|ccc}1&1&0&0&-1&-2\\0&1&0&1/2&1/2&1/2\\0&0&1&0&1&1\end{array}\right]$$

$$\xrightarrow{②\times(-1)+①}=\left[\begin{array}{ccc|ccc}1&0&0&-1/2&-3/2&-5/2\\0&1&0&1/2&1/2&1/2\\0&0&1&0&1&1\end{array}\right]=[\boldsymbol{E}\mid\boldsymbol{A}^{-1}].$$

所以

$$\boldsymbol{A}^{-1}=\begin{bmatrix}-1/2&-3/2&-5/2\\1/2&1/2&1/2\\0&1&1\end{bmatrix}.$$

例 2.31 用初等行变换法求矩阵

$$\boldsymbol{A}=\begin{bmatrix}1&3&-5&-7\\0&1&2&-3\\0&0&1&2\\0&0&0&1\end{bmatrix}$$

的逆矩阵.

解：因为

$$[\boldsymbol{A}\mid\boldsymbol{E}]=\left[\begin{array}{cccc|cccc}1&3&-5&7&1&0&0&0\\0&1&2&-3&0&1&0&0\\0&0&1&2&0&0&1&0\\0&0&0&1&0&0&0&1\end{array}\right]$$

$$\xrightarrow{②\times(-3)+①}\left[\begin{array}{cccc|cccc}1&0&-11&16&1&-3&0&0\\0&1&2&-3&0&1&0&0\\0&0&1&2&0&0&1&0\\0&0&0&1&0&0&0&1\end{array}\right]$$

$$\xrightarrow[③\times(-2)+②]{③\times11+①}\left[\begin{array}{cccc|cccc}1&0&0&38&1&-3&11&0\\0&1&0&-7&0&1&-2&0\\0&0&1&2&0&0&1&0\\0&0&0&1&0&0&0&1\end{array}\right]$$

$$\xrightarrow[\text{④}\times(-2)+\text{③}]{\substack{\text{④}\times(-38)+\text{①}\\ \text{④}\times 7+\text{②}}}\left[\begin{array}{cccc|cccc}1&0&0&0&1&-3&11&-38\\0&1&0&0&0&1&-2&7\\0&0&1&0&0&0&1&-2\\0&0&0&1&0&0&0&1\end{array}\right]=[\boldsymbol{E}\mid\boldsymbol{A}^{-1}].$$

所以

$$\boldsymbol{A}^{-1}=\begin{bmatrix}1&-3&11&-38\\0&1&-2&7\\0&0&1&-2\\0&0&0&1\end{bmatrix}.$$

第六节

矩阵的秩

矩阵的秩是矩阵理论中一个非常重要的概念.在下一章里,有关判断线性方程组是否有解以及解的个数等问题,都要用到矩阵的秩这个概念.

一、矩阵的秩的定义

定义 2.19 设 $\boldsymbol{A}$ 是一个 $m\times n$ 矩阵,在 $\boldsymbol{A}$ 中任取 k 行 k 列($1\leqslant k\leqslant\min\{m,n\}$),位于这些行列相交处的元素按原来的相对位置构成的 k 阶行列式,称为 A 的一个 k 阶子式.

如,在阶梯形矩阵

$$\boldsymbol{A}=\begin{bmatrix}3&5&2&-1&4\\0&2&6&8&1\\0&0&0&0&7\\0&0&0&0&0\end{bmatrix}$$

中,取 $\boldsymbol{A}$ 的第 1、2 行和第 3、4 列,得到 $\boldsymbol{A}$ 的一个 2 阶子式

$$\begin{vmatrix}2&-1\\6&8\end{vmatrix}=22\neq 0.$$

又取 $\boldsymbol{A}$ 的第 1、2、3 行和第 1、2、5 列,得到 $\boldsymbol{A}$ 的一个 3 阶子式

$$\begin{vmatrix}3&5&4\\0&2&1\\0&0&7\end{vmatrix}=42\neq 0.$$

所以 $\boldsymbol{A}$ 中存在一个非零的 3 阶子式.但是 $\boldsymbol{A}$ 中的 4 阶子式全为零.这是因为:$\boldsymbol{A}$ 中只有 3 个非零行,它的 4 阶子式一定包含零行.于是,$\boldsymbol{A}$ 中的非零子式的最高阶数是 3.我们把它定义为矩阵 $\boldsymbol{A}$ 的秩.

定义 2.20 矩阵 $\boldsymbol{A}$(m 行 n 列)的非零子式的最高阶数称为矩阵 $\boldsymbol{A}$ 的秩,记作秩($\boldsymbol{A}$)或 $r(\boldsymbol{A})$.零矩阵的秩规定为零.若 $r(\boldsymbol{A})=\min(m,n)$,则称 $\boldsymbol{A}$ 为满秩矩阵.

如上例中 $\boldsymbol{A}$ 的秩就等于 3,即 $r(A)=3$,但 $\boldsymbol{A}$ 不是满秩矩阵.

二、矩阵的秩的性质

矩阵的秩是刻画矩阵内在特征的一个重要的量.

它具有以下的性质:设 $\boldsymbol{A}$ 是 $m\times n$ 矩阵.

性质 1 $0\leqslant r(\boldsymbol{A})\leqslant\min\{m,n\}$.

性质 2 $r(\boldsymbol{A})=r(A^{\mathrm{T}})$.

性质 3 $r(\boldsymbol{A})=r$ 的充分必要条件是:$\boldsymbol{A}$ 中存在 r 阶的非零子式,并且 $\boldsymbol{A}$ 中所有的 $r+1$ 阶子式(若存在的话)全为零.

性质 4 初等变换不改变矩阵的秩.

性质 5 阶梯形矩阵的秩就等于它的非零行的行数.

性质 6 用满秩方阵乘矩阵时,矩阵的秩保持不变.

即,设 $\boldsymbol{A}$ 是 $m\times n$ 矩阵,m 阶方阵 $\boldsymbol{P}$ 和 n 阶方阵 $\boldsymbol{Q}$ 都是满秩方阵,则有

$$r(\boldsymbol{A})=r(\boldsymbol{PA})=r(\boldsymbol{AQ})=r(\boldsymbol{PAQ}).$$

三、用初等行变换法求矩阵的秩

一般来说,直接由定义去计算一个矩阵的秩往往是很麻烦的,因为要计算大量的行列式.这样就促使我们考虑:有没有更简单的方法去求矩阵的秩呢?

由性质我们可知,阶梯形矩阵的秩是很容易求得的.在定理 2.4 的证明中已经知道,任一个矩阵 $\boldsymbol{A}$,都可经过若干次初等行变换化成阶梯形矩阵,而初等变换又不会改变矩阵的秩.这样我们就得到了求矩阵的秩的又一个简便方法——初等行变换法.只需对矩阵进行初等行变换,使它化为阶梯形矩阵,那么这个阶梯形矩阵的非零行的行数就是该矩阵的秩.

例 2.32 求下面矩阵 $\boldsymbol{A}$ 的秩:

$$\boldsymbol{A}=\begin{bmatrix}1 & 0 & 3 & 1 & 2\\ -1 & 3 & 0 & -1 & 1\\ 2 & 1 & 7 & 2 & 5\\ 4 & 2 & 14 & 0 & 6\end{bmatrix}.$$

解:我们用初等行变换把 A 化成阶梯形矩阵:

$$\boldsymbol{A}\xrightarrow[\text{①}\times(-4)+\text{④}]{\substack{\text{①}+\text{②}\\ \text{①}\times(-2)+\text{③}}}\begin{bmatrix}1 & 0 & 3 & 1 & 2\\ 0 & 3 & 3 & 0 & 3\\ 0 & 1 & 1 & 0 & 1\\ 0 & 2 & 2 & -4 & -2\end{bmatrix}$$

$$\xrightarrow[\text{③}\times(-3)+\text{②}]{\text{③}\times(-2)+\text{④}}\begin{bmatrix}1&0&3&1&2\\0&0&0&0&0\\0&1&1&0&1\\0&0&0&-4&-4\end{bmatrix}$$

$$\xrightarrow[(\text{③},\text{④})]{(\text{②},\text{③})}\begin{bmatrix}1&0&3&1&2\\0&1&1&0&1\\0&0&0&-4&-4\\0&0&0&0&0\end{bmatrix}.$$

因为阶梯形矩阵中非零行的行数为 3，所以 $r(\boldsymbol{A})=3$.

例 2.33 设矩阵

$$\boldsymbol{A}=\begin{bmatrix}1&a&a\\a&1&a\\a&a&1\end{bmatrix}$$

的秩为 2，求常数 a 的值.

解：因为 $\boldsymbol{A}$ 是 3 阶方阵，又 $r(\boldsymbol{A})=2$，那么由矩阵的定义可知，$\boldsymbol{A}$ 的 3 阶行列式值为零，即 $\det\boldsymbol{A}=0$.

于是

$$\det\boldsymbol{A}=\begin{vmatrix}1&a&a\\a&1&a\\a&a&1\end{vmatrix}=(1+2a)\begin{vmatrix}1&1&1\\a&1&a\\a&a&1\end{vmatrix}$$

$$=(1+2a)\begin{vmatrix}1&1&1\\0&1-a&0\\0&0&1-a\end{vmatrix}=(1+2a)(1-a)^2=0$$

得 $a=1$ 或 $a=-\dfrac{1}{2}$.

当 $a=1$ 时，矩阵 $\boldsymbol{A}$ 为

$$\boldsymbol{A}=\begin{bmatrix}1&1&1\\1&1&1\\1&1&1\end{bmatrix}$$

显然有 $r(\boldsymbol{A})=1$，这与已知 $r(\boldsymbol{A})=2$ 矛盾.

那么一定有 $a=-\dfrac{1}{2}$，且当 $a=-\dfrac{1}{2}$时，矩阵

$$\boldsymbol{A}=\begin{bmatrix}1&-\frac{1}{2}&-\frac{1}{2}\\-\frac{1}{2}&1&-\frac{1}{2}\\-\frac{1}{2}&-\frac{1}{2}&1\end{bmatrix}.$$

此时 A 的 2 阶子式

$$\begin{vmatrix} 1 & -\frac{1}{2} \\ -\frac{1}{2} & 1 \end{vmatrix} = \frac{3}{4} \neq 0.$$

故当且仅当 $a=-\frac{1}{2}$ 时，$\boldsymbol{A}$ 中非零子式的最高阶数为 2，即 $r(\boldsymbol{A})=2$.

本章小结

本章主要介绍了矩阵的基本概念，矩阵的加法、数乘矩阵、矩阵的乘法以及矩阵的转置等基本运算.特别需要注意的是，矩阵的乘法运算，首先矩阵要满足行乘列法则，其次在运算中交换律、消去律等运算律不能再使用.在这一章里还列举了方阵、行阵、列阵、零阵、单位矩阵、对角矩阵、上三角和下三角矩阵、对称和反对称矩阵等一些特殊矩阵的形式和性质.介绍了逆矩阵的基本概念，并给出了判别矩阵可逆的充要条件及求逆矩阵的两种方法：伴随矩阵法和初等行变换法.在矩阵的转置和逆矩阵运算中各有一个重要的穿脱原理，在学习中需要加以注意.引入了分块矩阵的概念及其运算，分块对角矩阵的概念及其运算.对于阶数比较高的矩阵，利用分块矩阵可以简化运算，减少计算量.本章最后一节阐述了矩阵的秩的概念，秩是刻画矩阵的基本性质和特征的一个量，并且除了用定义来求矩阵的秩之外，还可以运用初等行变换法求出矩阵的秩.

基本概念

矩阵　单位矩阵　对角矩阵　三角形矩阵　对称矩阵　反对称矩阵　可逆矩阵
伴随矩阵　非奇异矩阵　奇异矩阵　初等矩阵　分块矩阵　初等变换　矩阵的秩
阶梯形矩阵　满秩矩阵

思考与训练(二)

1. 设 $\boldsymbol{A}=\begin{bmatrix} 3 & -2 & 7 & 5 \\ 1 & 0 & 4 & -3 \\ 6 & 8 & 0 & 2 \end{bmatrix}$，$\boldsymbol{B}=\begin{bmatrix} -2 & 0 & 1 & 4 \\ 5 & -1 & 7 & 6 \\ 4 & -2 & 1 & -9 \end{bmatrix}$，求 $\boldsymbol{A}+\boldsymbol{B}$，$\boldsymbol{A}-\boldsymbol{B}$，$3\boldsymbol{A}$.

2. 计算下列矩阵

(1) $\begin{bmatrix} -1 & 3 & 2 & 5 \end{bmatrix}\begin{bmatrix} 4 \\ 0 \\ 7 \\ -3 \end{bmatrix}$；　(2) $\begin{bmatrix} 4 \\ 0 \\ 7 \\ -3 \end{bmatrix}\begin{bmatrix} -1 & 3 & 2 & 5 \end{bmatrix}$；

(3) $\begin{bmatrix} 5 & 3 \\ 2 & 7 \end{bmatrix}\begin{bmatrix} 0 & 1 \\ 1 & 0 \end{bmatrix}$；　(4) $\begin{bmatrix} 7 & -1 \\ -2 & 5 \\ 3 & -4 \end{bmatrix}\begin{bmatrix} 1 & 4 \\ -5 & 2 \end{bmatrix}$；

(5) $\begin{bmatrix} x_1 & x_2 & x_3 \end{bmatrix}\begin{bmatrix} a_{11} & a_{12} & a_{13} \\ a_{12} & a_{22} & a_{23} \\ a_{13} & a_{23} & a_{33} \end{bmatrix}\begin{bmatrix} x_1 \\ x_2 \\ x_3 \end{bmatrix}$；　　(6) $\begin{bmatrix} 0 & 1 \\ 1 & 0 \end{bmatrix}^2$；

(7) $\begin{bmatrix} 1 & 1 \\ 0 & 1 \end{bmatrix}^n$（$n$ 是正整数）；　　(8) $\begin{bmatrix} 0 & -1 & 0 \\ 1 & 0 & 1 \\ 0 & 1 & 0 \end{bmatrix}^4$.

3. 设 $\boldsymbol{A}=\begin{bmatrix} 1 & 0 & 3 \\ 2 & -1 & 0 \end{bmatrix}$,求 $\boldsymbol{A}\boldsymbol{A}^{\mathrm{T}}$.

4. 举例说明下列命题是错误的(其中 $\boldsymbol{A}$、$\boldsymbol{B}$、$\boldsymbol{C}$ 为矩阵).

(1) 若 $\boldsymbol{A}^2=0$,则 $\boldsymbol{A}=0$；

(2) 若 $\boldsymbol{A}^2=\boldsymbol{A}$,则 $\boldsymbol{A}=0$ 或 $\boldsymbol{A}=\boldsymbol{E}$；

(3) 若 $\boldsymbol{AB}=\boldsymbol{AC}$,则 $\boldsymbol{B}=\boldsymbol{C}$.

5. 若 $\boldsymbol{AB}=\boldsymbol{BA}$,则称 $\boldsymbol{B}$ 与 $\boldsymbol{A}$ 可交换.证明若 $\boldsymbol{B}_1$、$\boldsymbol{B}_2$ 都与 $\boldsymbol{A}$ 可交换,则 $\boldsymbol{B}_1+\boldsymbol{B}_2$、$\boldsymbol{B}_1\boldsymbol{B}_2$ 也都与 $\boldsymbol{A}$ 可交换.

6. 展开$(\boldsymbol{A}+\boldsymbol{B})^2$ 的结果是否与二项式定理相同,为什么?

7. 设 $\boldsymbol{A}$、$\boldsymbol{B}$ 为 n 阶方阵,则下列等式成立吗?

(1) $\det(\boldsymbol{A}+\boldsymbol{B})=\det \boldsymbol{A}+\det \boldsymbol{B}$;

(2) $\det(k\boldsymbol{A})=k\det \boldsymbol{A}$;

(3) $\det(\boldsymbol{AB})=\det \boldsymbol{A}\cdot\det \boldsymbol{B}$；

(4) $\det(-\boldsymbol{A})=-\det \boldsymbol{A}$.

8. 求 $\det\begin{bmatrix} 2 & 1 & 1 \\ 1 & 2 & 1 \\ 1 & 1 & 2 \end{bmatrix}$.

9. 求 $\det\begin{bmatrix} 1 & 3 & 2 \\ -2 & -1 & 4 \\ 4 & 5 & 3 \end{bmatrix}$中第 3 行 2 列元素的代数余子式 A_{32}.

10. 设任意矩阵 $\boldsymbol{A}$,$\boldsymbol{A}^{\mathrm{T}}$ 是 $\boldsymbol{A}$ 的转置矩阵,证明：$\boldsymbol{A}^{\mathrm{T}}\boldsymbol{A}$ 、$\boldsymbol{A}+\boldsymbol{A}^{\mathrm{T}}$ 是对称矩阵,考虑 $\boldsymbol{A}-\boldsymbol{A}^{\mathrm{T}}$、$\boldsymbol{A}-\boldsymbol{E}$ 也都是对称矩阵吗?为什么?

11. 设 $\boldsymbol{A}$、$\boldsymbol{B}$ 都是 n 阶对称矩阵,证明：$\boldsymbol{AB}$ 也对称当且仅当 $\boldsymbol{A}$、$\boldsymbol{B}$ 可交换.

12. 证明：任一个 n 阶方阵都可表示为一个对称矩阵与一个反对称矩阵之和.

13. 设 $\boldsymbol{A}$ 为 n 阶可逆方阵,证明 $\boldsymbol{A}^*$ 也可逆,并且$(\boldsymbol{A}^*)^{-1}=\dfrac{1}{\det \boldsymbol{A}}\boldsymbol{A}$.

14. 设 $\boldsymbol{A}$ 是 n 阶方阵,$\det \boldsymbol{A}=5$,求 $\det\left[\boldsymbol{A}^*-\left(\dfrac{1}{10}\boldsymbol{A}\right)^{-1}\right]$的值.

15. 判别下列方阵是否奇异,若是非奇异的,用伴随矩阵法求 $\boldsymbol{A}^{-1}$.

(1) $\boldsymbol{A}=\begin{bmatrix} 1 & 2 & -3 \\ 0 & 1 & 2 \\ 0 & 0 & 1 \end{bmatrix}$；　　(2) $\boldsymbol{A}=\begin{bmatrix} 1 & -2 \\ 2 & 5 \end{bmatrix}$.

16. 设$\boldsymbol{A}=\begin{bmatrix}1 & 0 & 0\\0 & 1 & 1\\1 & 0 & 1\end{bmatrix}$,求$(\boldsymbol{A}^{\mathrm{T}})^{-1}$.

17. 设方阵$\boldsymbol{A}$满足$\boldsymbol{A}^3-\boldsymbol{A}^2+3\boldsymbol{A}-2\boldsymbol{E}=0$,证明:$\boldsymbol{A}$,$\boldsymbol{E}-\boldsymbol{A}$可逆,并求出它们的逆.

18. 设$\boldsymbol{A}$、$\boldsymbol{B}$是两个3阶方阵,且$\det\boldsymbol{A}=-2$,$\det\boldsymbol{B}=-1$,求$\det(-2\boldsymbol{A}^2\boldsymbol{B}^{-1})$的值.

19. 设$\boldsymbol{A}$为n阶方阵,且$\boldsymbol{A}^2=\boldsymbol{A}$,$\boldsymbol{A}\neq\boldsymbol{E}$,证明$\boldsymbol{A}$是不可逆矩阵.

20. 证明:设$\boldsymbol{A}$、$\boldsymbol{B}$、$\boldsymbol{C}$为同阶矩阵,$\boldsymbol{C}$非奇异,且$\boldsymbol{C}^{-1}\boldsymbol{A}\boldsymbol{C}=\boldsymbol{B}$,试证$\boldsymbol{C}^{-1}\boldsymbol{A}^m\boldsymbol{C}=\boldsymbol{B}^m$($m$是正整数).

21. 已知$\boldsymbol{A}$、$\boldsymbol{B}$为3阶方阵,且满足$2\boldsymbol{A}^{-1}\boldsymbol{B}=\boldsymbol{B}-4\boldsymbol{E}$,其中$\boldsymbol{E}$是3阶单位矩阵,

(1) 证明:矩阵$\boldsymbol{A}-2\boldsymbol{E}$可逆;

(2) 若$\boldsymbol{B}=\begin{bmatrix}1 & -2 & 0\\1 & 2 & 0\\0 & 0 & 2\end{bmatrix}$,求矩阵$\boldsymbol{A}$.

22. 用矩阵的分块乘法计算$\boldsymbol{A}\boldsymbol{B}$,其中

$$\boldsymbol{A}=\begin{bmatrix}1 & 1 & 2 & 0\\2 & -1 & 0 & 1\\1 & 0 & 1 & 2\\3 & 0 & 2 & 1\end{bmatrix},\quad \boldsymbol{B}=\begin{bmatrix}1 & 1 & 0\\0 & 2 & 0\\-1 & 0 & 2\\2 & 1 & -1\end{bmatrix}$$

23. 用矩阵分块的方法求$\boldsymbol{A}^{-1}$.

(1) $\boldsymbol{A}=\begin{bmatrix}5 & 0 & 0\\0 & 3 & 1\\0 & 2 & 1\end{bmatrix}$;　　(2) $\boldsymbol{A}=\begin{bmatrix}1 & 2 & 0 & 0 & 0\\3 & 5 & 0 & 0 & 0\\0 & 0 & 4 & 0 & 0\\0 & 0 & 0 & 2 & 0\\0 & 0 & 0 & 3 & 4\end{bmatrix}$.

24. 试证:若

$$\boldsymbol{A}=\begin{bmatrix}\boldsymbol{A}_1 & \boldsymbol{B}_1\\0 & \boldsymbol{C}_1\end{bmatrix},$$

其中$\boldsymbol{A}_1$,$\boldsymbol{C}_1$均可逆,则

$$\boldsymbol{A}^{-1}=\begin{bmatrix}\boldsymbol{A}_1^{-1} & -\boldsymbol{A}_1^{-1}\boldsymbol{B}_1\boldsymbol{C}_1^{-1}\\0 & \boldsymbol{C}_1^{-1}\end{bmatrix}.$$

25. 设$\boldsymbol{A}=\begin{bmatrix}0 & 1 & 3 & 3\\1 & 2 & 3 & 0\\1 & 3 & 5 & 3\end{bmatrix}$,求$\boldsymbol{A}$的全部3阶子式及$r(\boldsymbol{A})$.

26. 求下列矩阵的秩:

(1) $\begin{bmatrix}2 & -1 & 4\\1 & 2 & 2\\4 & 3 & 8\end{bmatrix}$;　　(2) $\begin{bmatrix}2 & -1 & 5 & 3\\4 & -2 & 1 & 1\\6 & -3 & 33 & 19\end{bmatrix}$;

(3) $\begin{bmatrix}1&-1&2&1&0\\2&-2&4&2&0\\3&0&6&-1&1\\0&3&0&0&1\end{bmatrix}$； (4) $\begin{bmatrix}1&-2&3&5\\0&1&2&1\\1&-1&5&6\end{bmatrix}$.

27. 若 $\boldsymbol{A}=\begin{bmatrix}1&2&4\\2&\lambda&8\\3&6&\lambda+8\end{bmatrix}$ 的秩为 1，求 λ 的值.

28. 用初等行变换法求下列矩阵的逆矩阵：

(1) $\begin{bmatrix}1&-2\\1&1\end{bmatrix}$； (2) $\begin{bmatrix}1&1&-1\\2&1&0\\1&-1&0\end{bmatrix}$；

(3) $\begin{bmatrix}1&2&3&4\\2&3&1&2\\1&1&1&-1\\1&0&-2&-6\end{bmatrix}$； (4) $\begin{bmatrix}0&0&1&-1\\0&3&1&4\\2&7&6&-1\\1&2&2&-1\end{bmatrix}$.

29. 解下列矩阵方程：

(1) $\boldsymbol{X}\begin{bmatrix}1&1&-1\\0&2&2\\1&-1&0\end{bmatrix}=\begin{bmatrix}1&-1&1\\1&1&0\\2&1&1\end{bmatrix}$；

(2) $\begin{bmatrix}1&-2&0\\4&-2&-1\\-3&1&2\end{bmatrix}\boldsymbol{X}=\begin{bmatrix}-1&4\\2&5\\1&-3\end{bmatrix}$；

(3) $\begin{bmatrix}0&1&0\\1&0&0\\0&0&1\end{bmatrix}\boldsymbol{X}\begin{bmatrix}1&0&0\\0&0&1\\0&1&0\end{bmatrix}=\begin{bmatrix}1&-4&3\\2&0&-1\\1&-2&0\end{bmatrix}$.

30. 证明：如果 $\boldsymbol{A}^k=0$，那么 $(\boldsymbol{E}-\boldsymbol{A})^{-1}=\boldsymbol{E}+\boldsymbol{A}+\boldsymbol{A}^2+\cdots+\boldsymbol{A}^{k-1}$.

31. 试用逆矩阵求解线性方程组

$$\begin{cases}x_1+2x_2+3x_3=-7\\2x_1-x_2+2x_3=-8\\x_1+3x_2=7\end{cases}.$$

第三章 线性方程组

线性方程组的解的理论和求解方法，是线性代数的主要内容之一. 在第一章和第二章已经对未知数个数等于方程个数的线性方程组的解进行了研究，得到了重要结论，即克莱姆法则与求逆求解法，但都有其局限性. 本章主要以矩阵和向量为工具，建立线性方程组理论，讨论一般的线性方程组解的存在性及求解方法，即对含有 n 个未知数、m 个方程的一般线性方程组

$$\begin{cases} a_{11}x_1 + a_{12}x_2 + \cdots + a_{1n}x_n = b_1 \\ a_{21}x_1 + a_{22}x_2 + \cdots + a_{2n}x_n = b_2 \\ \qquad\qquad\vdots \\ a_{m1}x_1 + a_{m2}x_2 + \cdots + a_{mn}x_n = b_m \end{cases} \tag{3.1}$$

进行讨论，并解决以下三个问题：

(1) 如何判定线性方程组是否有解？

(2) 在线性方程组有解的前提下，解是否唯一？

(3) 在线性方程组有无穷多解时，解的结构如何？

当 $b_i(i=1,2,\cdots,m)$不全为零时，称方程组(3.1)为非齐次线性方程组；

当 $b_i(i=1,2,\cdots,m)$全为零时，即

$$\begin{cases} a_{11}x_1 + a_{12}x_2 + \cdots + a_{1n}x_n = 0 \\ a_{21}x_1 + a_{22}x_2 + \cdots + a_{2n}x_n = 0 \\ \qquad\qquad\vdots \\ a_{m1}x_1 + a_{m2}x_2 + \cdots + a_{mn}x_n = 0 \end{cases} \tag{3.2}$$

称为齐次线性方程组.

记

$$\boldsymbol{A} = \begin{bmatrix} a_{11} & a_{12} & \cdots & a_{1n} \\ a_{21} & a_{22} & \cdots & a_{2n} \\ \vdots & \vdots & & \vdots \\ a_{m1} & a_{m2} & \cdots & a_{mn} \end{bmatrix}, \quad \boldsymbol{X} = \begin{bmatrix} x_1 \\ x_2 \\ \vdots \\ x_n \end{bmatrix}, \quad \boldsymbol{B} = \begin{bmatrix} b_1 \\ b_2 \\ \vdots \\ b_m \end{bmatrix},$$

利用矩阵的乘法，可将方程组(3.1)写成矩阵方程的形式：

$$\boldsymbol{AX} = \boldsymbol{B}$$

其中 $\boldsymbol{A}$ 称为线性方程组的系数矩阵，$\boldsymbol{X}$ 称为未知数矩阵，$\boldsymbol{B}$ 称为常数项矩阵，

$$(\boldsymbol{A},\boldsymbol{B})=\begin{bmatrix} a_{11} & a_{12} & \cdots & a_{1n} & b_1 \\ a_{21} & a_{22} & \cdots & a_{2n} & b_2 \\ \vdots & \vdots & & \vdots & \vdots \\ a_{m1} & a_{m2} & \cdots & a_{mn} & b_m \end{bmatrix}$$

称为线性方程组的增广矩阵.

第一节

线性方程组的一般解法

线性方程组的一般解法就是消元法,它的基本思想是:通过对方程组中方程之间的运算(包括:1.交换两个方程的位置;2.把某一个方程乘以非零数 k;3.将某一个方程的 k 倍加到另一个方程),把一部分方程变成未知量较少的方程,使新的方程组与原方程组同解.

例 3.1 解线性方程组

$$\begin{cases} 5x_1-2x_2+7x_3=22 \\ x_1+x_2-2x_3=-3 \\ 2x_1-5x_2+4x_3=4 \end{cases} \tag{1}$$

解:交换方程组(1)中前两个方程,得

$$\begin{cases} x_1+x_2-2x_3=-3 \\ 5x_1-2x_2+7x_3=22 \\ 2x_1-5x_2+4x_3=4 \end{cases} \tag{2}$$

方程组(2)中的第一个方程的(−5)倍与(−2)倍分别加到第二、第三个方程,得

$$\begin{cases} x_1+x_2-2x_3=-3 \\ -7x_2+17x_3=37 \\ -7x_2+8x_3=10 \end{cases} \tag{3}$$

方程组(3)中的第二个方程的(−1)倍加到第三个方程,得

$$\begin{cases} x_1+x_2-2x_3=-3 \\ -7x_2+17x_3=37 \\ -9x_3=-27 \end{cases} \tag{4}$$

方程组(4)是一个阶梯形方程组.由(4)的第三个方程可得 x_3 的值.

$$\begin{cases} x_1+x_2-2x_3=-3 \\ -7x_2+17x_3=37 \\ x_3=3 \end{cases} \tag{5}$$

在方程组(5)中把第三个方程的 2 倍、(−17)倍分别加到第一、第二个方程,得

$$\begin{cases} x_1 + x_2 \qquad = 3 \\ \quad -7x_2 \quad = -14 \\ \qquad\qquad x_3 = 3 \end{cases} \tag{6}$$

方程组(6)中的第二个方程两端乘以$\left(-\dfrac{1}{7}\right)$,得

$$\begin{cases} x_1 + x_2 \qquad = 3 \\ \qquad x_2 \quad = 2 \\ \qquad\qquad x_3 = 3 \end{cases} \tag{7}$$

方程组(7)中第二个方程的(−1)倍加到第一个方程,得原方程组的解为

$$\begin{cases} x_1 = 1 \\ x_2 = 2 \\ x_3 = 3 \end{cases}$$

由例 3.1 可以看出,用消元法解线性方程组的过程,实质上就是对该方程组的增广矩阵施行初等行变换,化为行简化阶梯形矩阵,得出易于求解的同解方程组,从而求出方程组的解.

在例 3.1 中对线性方程组的增广矩阵施行初等行变换求解过程是:

$$(\boldsymbol{A},\boldsymbol{B}) = \begin{bmatrix} 5 & -2 & 7 & 22 \\ 1 & 1 & -2 & -3 \\ 2 & -5 & 4 & 4 \end{bmatrix} \xrightarrow{(1)\leftrightarrow(2)} \begin{bmatrix} 1 & 1 & -2 & -3 \\ 5 & -2 & 7 & 22 \\ 2 & -5 & 4 & 4 \end{bmatrix}$$

$$\xrightarrow[(3)+(-2)\times(1)]{(2)+(-5)\times(1)} \begin{bmatrix} 1 & 1 & -2 & -3 \\ 0 & -7 & 17 & 37 \\ 0 & -7 & 8 & 10 \end{bmatrix} \xrightarrow{(3)+(-1)\times(2)} \begin{bmatrix} 1 & 1 & -2 & -3 \\ 0 & -7 & 17 & 37 \\ 0 & 0 & -9 & -27 \end{bmatrix}$$

$$\xrightarrow{-\frac{1}{9}\times(3)} \begin{bmatrix} 1 & 1 & -2 & -3 \\ 0 & -7 & 17 & 37 \\ 0 & 0 & 1 & 3 \end{bmatrix} \xrightarrow[(2)+(-17)\times(3)]{(1)+2\times(3)} \begin{bmatrix} 1 & 1 & 0 & 3 \\ 0 & -7 & 0 & -14 \\ 0 & 0 & 1 & 3 \end{bmatrix}$$

$$\xrightarrow{-\frac{1}{7}\times(2)} \begin{bmatrix} 1 & 1 & 0 & 3 \\ 0 & 1 & 0 & 2 \\ 0 & 0 & 1 & 3 \end{bmatrix} \xrightarrow{(1)+(-1)\times(2)} \begin{bmatrix} 1 & 0 & 0 & 1 \\ 0 & 1 & 0 & 2 \\ 0 & 0 & 1 & 3 \end{bmatrix} = (\boldsymbol{C},\boldsymbol{D}).$$

于是与$(\boldsymbol{C},\boldsymbol{D})$相对应的原方程组的同解方程组为$\begin{cases} x_1 = 1 \\ x_2 = 2, \\ x_3 = 3 \end{cases}$

所以原方程组有唯一解,解为$\begin{cases} x_1 = 1 \\ x_2 = 2. \\ x_3 = 3 \end{cases}$

定理 3.1 若矩阵$(\boldsymbol{A},\boldsymbol{B}) \xrightarrow{\text{初等行变换}} (\boldsymbol{C},\boldsymbol{D})$,则$\boldsymbol{AX}=\boldsymbol{B}$与$\boldsymbol{CX}=\boldsymbol{D}$为同解方程组.

这说明在求解齐次线性方程组时,可利用矩阵的初等行变换将其系数矩阵化为行简化阶梯形矩阵,得出易于求解的同解线性方程组,然后求出方程组的解. 对于非齐次线性

方程组,我们可以利用矩阵的初等行变换将其增广矩阵化为行简化阶梯形矩阵,从而得出易于求解的同解线性方程组,然后求出方程组的解. 这个方法称为消元法. 下面举例说明利用消元法求解一般的线性方程组.

例 3.2 解齐次线性方程组

$$\begin{cases} x_1 - x_2 + 2x_3 - x_4 = 0 \\ 3x_1 - 5x_2 + 10x_3 - 7x_4 = 0 \\ x_1 + x_2 - 2x_3 + 3x_4 = 0 \end{cases} \tag{1}$$

解: 将线性方程组的系数矩阵化为行简化阶梯形矩阵:

$$\boldsymbol{A} = \begin{bmatrix} 1 & -1 & 2 & -1 \\ 3 & -5 & 10 & -7 \\ 1 & 1 & -2 & 3 \end{bmatrix} \xrightarrow[(3)+(-1)\times(1)]{(2)+(-3)\times(1)} \begin{bmatrix} 1 & -1 & 2 & -1 \\ 0 & -2 & 4 & -4 \\ 0 & 2 & -4 & 4 \end{bmatrix}$$

$$\xrightarrow[(2)\times\left(-\frac{1}{2}\right)]{(3)+(1)} \begin{bmatrix} 1 & -1 & 2 & -1 \\ 0 & 1 & -2 & 2 \\ 0 & 0 & 0 & 0 \end{bmatrix} \xrightarrow{(1)+(2)} \begin{bmatrix} 1 & 0 & 0 & 1 \\ 0 & 1 & -2 & 2 \\ 0 & 0 & 0 & 0 \end{bmatrix} = \boldsymbol{B}$$

矩阵 $\boldsymbol{B}$ 对应的方程组为

$$\begin{cases} x_1 + x_4 = 0 \\ x_2 - 2x_3 + 2x_4 = 0 \end{cases} \tag{2}$$

它与原方程组(1)同解. 将 x_3、x_4 移到等号右边,得

$$\begin{cases} x_1 = -x_4 \\ x_2 = 2x_3 - 2x_4 \end{cases} \tag{3}$$

称这个表达式为方程组(1)的一般解,其中 x_3、x_4 为自由未知元.

每当 x_3, x_4 任意取定一组值,代入式(3)就得到方程组(1)的一个解,故方程组(1)有无穷多个解.

例 3.3 解非齐次线性方程组

$$\begin{cases} x_1 + x_2 + x_3 + x_4 + x_5 = 1 \\ 3x_1 + 2x_2 + x_3 + x_4 - 3x_5 = 0 \\ x_2 + 2x_3 + 2x_4 + 6x_5 = 3 \\ 5x_1 + 4x_2 + 3x_3 + 3x_4 = 2 \end{cases}$$

解: 将线性方程组的增广矩阵化为行简化阶梯形矩阵:

$$(\boldsymbol{A},\boldsymbol{B}) = \begin{bmatrix} 1 & 1 & 1 & 1 & 1 & 1 \\ 3 & 2 & 1 & 1 & -3 & 0 \\ 0 & 1 & 2 & 2 & 6 & 3 \\ 5 & 4 & 3 & 3 & 0 & 2 \end{bmatrix} \xrightarrow[(4)+(-5)\times(1)]{(2)+(-3)\times(1)} \begin{bmatrix} 1 & 1 & 1 & 1 & 1 & 1 \\ 0 & -1 & -2 & -2 & -6 & -3 \\ 0 & 1 & 2 & 2 & 6 & 3 \\ 0 & -1 & -2 & -2 & -5 & -3 \end{bmatrix}$$

$$\xrightarrow[\substack{(4)+(-1)\times(2)\\(2)\times(-1)}]{(3)+(2)} \begin{bmatrix} 1 & 1 & 1 & 1 & 1 & 1 \\ 0 & 1 & 2 & 2 & 6 & 3 \\ 0 & 0 & 0 & 0 & 0 & 0 \\ 0 & 0 & 0 & 0 & 0 & 0 \end{bmatrix} \xrightarrow{(1)+(-1)\times(2)} \begin{bmatrix} 1 & 0 & -1 & -1 & -5 & -2 \\ 0 & 1 & 2 & 2 & 6 & 3 \\ 0 & 0 & 0 & 0 & 0 & 0 \\ 0 & 0 & 0 & 0 & 0 & 0 \end{bmatrix}$$

与行简化阶梯形矩阵相对应的原方程组的同解方程组为

$$\begin{cases} x_1 \quad - x_3 - x_4 - 5x_5 = -2 \\ x_2 + 2x_3 + 2x_4 + 6x_5 = 3 \end{cases}$$

将 x_3, x_4, x_5 移到等号的右边，得原方程组的一般解为

$$\begin{cases} x_1 = x_3 + x_4 + 5x_5 - 2 \\ x_2 = -2x_3 - 2x_4 - 6x_5 + 3 \end{cases} \quad (\text{其中 } x_3, x_4, x_5 \text{ 为自由未知元})$$

每当 x_3, x_4, x_5 任意取定一组值时，代入上式就得到原方程组的一个解，故原方程组有无穷多个解.

例 3.4 解线性方程组

$$\begin{cases} x_1 + 4x_2 - x_3 = -1 \\ \quad x_2 + x_3 = 2 \\ x_1 + 3x_2 - 2x_3 = 0 \end{cases}$$

解：将线性方程组的增广矩阵化为行简化阶梯形矩阵：

$$(\boldsymbol{A}, \boldsymbol{B}) = \begin{bmatrix} 1 & 4 & -1 & -1 \\ 0 & 1 & 1 & 2 \\ 1 & 3 & -2 & 0 \end{bmatrix} \xrightarrow{(3)+(-1)\times(1)} \begin{bmatrix} 1 & 4 & -1 & -1 \\ 0 & 1 & 1 & 2 \\ 0 & -1 & -1 & 1 \end{bmatrix}$$

$$\xrightarrow[(3)+(2)]{(1)+(-4)\times(2)} \begin{bmatrix} 1 & 0 & -5 & -9 \\ 0 & 1 & 1 & 2 \\ 0 & 0 & 0 & 3 \end{bmatrix}$$

行简化阶梯形矩阵对应的原方程组的同解方程组为

$$\begin{cases} x_1 \quad - 5x_3 = -9 \\ \quad x_2 + x_3 = 2 \\ \quad\quad 0 = 3 \end{cases}$$

显然，不可能有 x_1, x_2, x_3 的值满足第三个方程，因此原方程组无解.

通过例题可知，非齐次线性方程组(3.1)解的情况有三种：无穷多解、唯一解和无解. 线性方程组(3.1)是否有解，关键取决于系数矩阵与增广矩阵的秩.

定理 3.2 线性方程组(3.1)有解的充分必要条件是 $r(\boldsymbol{A}) = r(\boldsymbol{A}, \boldsymbol{B}) = r$，且

当 $r = n$ 时，线性方程组(3.1)有唯一解(n 是未知数的个数)；

当 $r < n$ 时，线性方程组(3.1)有无穷多解.

将上述结论用到齐次线性方程组(3.2)，则总有 $r(\boldsymbol{A}) = r(\boldsymbol{A}, \boldsymbol{B})$. 因此齐次线性方程组一定有解，并且有下面结论：

推论 1 齐次线性方程组(3.2)只有零解的充分必要条件是 $r(\boldsymbol{A}) = n$.

推论 2 齐次线性方程组(3.2)有非零解的充分必要条件是 $r(\boldsymbol{A}) < n$.

特别地，当齐次线性方程组(3.2)中，方程的个数少于未知数的个数($m < n$)时，必有 $r(\boldsymbol{A}) < n$. 这时齐次线性方程组(3.2)一定有非零解.

通过以上 4 个例子，可归纳出用消元法解线性方程组 $\boldsymbol{AX} = \boldsymbol{B}$(或 $\boldsymbol{AX} = \boldsymbol{O}$)的具体步骤为：

(1) 写出增广矩阵$(\boldsymbol{A},\boldsymbol{B})$(或系数矩阵$\boldsymbol{A}$),通过初等行变换化为行简化阶梯形矩阵;

(2) 判断方程组解的情况;

(3) 写出行简化阶梯形矩阵对应的原方程组的同解方程组;

(4) 若方程组有无穷多组解,将行简化阶梯形矩阵首非零元所在列的未知元作为基本未知元,其余未知元作为自由未知元,得出用自由未知元表达的基本未知元即写出方程组的一般解.

第二节

n 维向量

用消元法可以解决线性方程组的求解问题,但是为了更好地把握线性方程组的内在联系和解的结构等问题,需引进 n 维向量并讨论向量组的线性相关性.

一、n 维向量的概念

在平面解析几何中,我们知道一个平面向量可以用一条有向线段来表示.若一个向量的起点为 $A(x_1,y_1)$,终点为 $B(x_2,y_2)$,则向量$\overrightarrow{AB}$可以用 2 元有序数组(x_2-x_1,y_2-y_1)来表示,记为$\overrightarrow{AB}=(x_2-x_1,y_2-y_1)$;对于一个 $m\times n$ 矩阵,它的每一行都是由 n 个数组成的有序数组,它的每一列都是由 m 个数组成的有序数组.

在实际问题中有许多量要用有序数组来表示,为此,我们引入 n 维向量的概念.

定义 3.1 由 n 个数 $a_1,a_2,\cdots,a_n$ 组成的有序数组$(a_1,a_2,\cdots,a_n)$称为一个 n 维向量,数 a_i 称为该向量的第 i 个分量$(i=1,2,\cdots,n)$.向量的维数指的是向量中的分量的个数.

向量可以写成一列:$\begin{bmatrix}a_1\\a_2\\\vdots\\a_n\end{bmatrix}$,也可以写成一行:$(a_1,a_2,\cdots,a_n)$.

前者称为列向量,后者称为行向量.列向量也可以写成行向量转置$(a_1,a_2,\cdots,a_n)^{\mathrm{T}}$的形式.我们以列向量研究为主.向量一般用小写的希腊字母 α,β,γ 等表示.

这样,线性方程组(3.1)的一组解 $x_1,x_2,\cdots,x_n$ 就可视为一个 n 维向量;一个 $m\times n$ 矩阵$\boldsymbol{A}$ 中的每一列,都可以视为一个 m 维向量,我们把这 n 个 m 维向量称为矩阵$\boldsymbol{A}$ 的列向量.对 n 维向量来说,我们规定:n 维向量相等、相加、数乘与列矩阵的相等、相加、数乘都对应相同.由此可知,n 维向量和 $n\times 1$ 矩阵(即列矩阵)是本质相同的两个概念,只是换了个说法.

例 3.5 设$\boldsymbol{\alpha}=\begin{bmatrix}2\\1\\3\end{bmatrix}$，$\boldsymbol{\beta}=\begin{bmatrix}-1\\3\\6\end{bmatrix}$，$\boldsymbol{\gamma}=\begin{bmatrix}0\\-2\\-1\end{bmatrix}$，求向量$3\boldsymbol{\alpha}-2\boldsymbol{\beta}+\boldsymbol{\gamma}$.

解：$3\boldsymbol{\alpha}-2\boldsymbol{\beta}+\boldsymbol{\gamma}=3\begin{bmatrix}2\\1\\3\end{bmatrix}-2\begin{bmatrix}-1\\3\\6\end{bmatrix}+\begin{bmatrix}0\\-2\\-1\end{bmatrix}=\begin{bmatrix}6\\3\\9\end{bmatrix}-\begin{bmatrix}-2\\6\\12\end{bmatrix}+\begin{bmatrix}0\\-2\\-1\end{bmatrix}=\begin{bmatrix}8\\-5\\-4\end{bmatrix}$.

例 3.6 设$\boldsymbol{\alpha}_1=\begin{bmatrix}0\\-1\\2\\3\end{bmatrix}$，$\boldsymbol{\alpha}_2=\begin{bmatrix}4\\3\\8\\4\end{bmatrix}$，$\boldsymbol{\alpha}_3=\begin{bmatrix}-2\\0\\3\\1\end{bmatrix}$，求使得$2\boldsymbol{\alpha}_1-\boldsymbol{\alpha}_2+3\boldsymbol{\alpha}_3+\boldsymbol{\beta}=0$成立的向量$\boldsymbol{\beta}$.

解：因为$2\boldsymbol{\alpha}_1-\boldsymbol{\alpha}_2+3\boldsymbol{\alpha}_3+\boldsymbol{\beta}=0$，所以

$$\boldsymbol{\beta}=-2\boldsymbol{\alpha}_1+\boldsymbol{\alpha}_2-3\boldsymbol{\alpha}_3=-2\begin{bmatrix}0\\-1\\2\\3\end{bmatrix}+\begin{bmatrix}4\\3\\8\\4\end{bmatrix}-3\begin{bmatrix}-2\\0\\3\\1\end{bmatrix}=\begin{bmatrix}0\\2\\-4\\-6\end{bmatrix}+\begin{bmatrix}4\\3\\8\\4\end{bmatrix}+\begin{bmatrix}6\\0\\-9\\-3\end{bmatrix}=\begin{bmatrix}10\\5\\-5\\-5\end{bmatrix}.$$

二、向量的线性组合

对于线性方程组

$$\begin{cases}x_1-\ x_2+3x_3=4\\2x_1+\ x_2+3x_3=5\\3x_1+4x_2+2x_3=5\end{cases}\tag{3.3}$$

根据向量的概念、相等以及运算，线性方程组可以写成

$$x_1\begin{bmatrix}1\\2\\3\end{bmatrix}+x_2\begin{bmatrix}-1\\1\\4\end{bmatrix}+x_3\begin{bmatrix}3\\3\\2\end{bmatrix}=\begin{bmatrix}4\\5\\5\end{bmatrix}\tag{3.4}$$

于是线性方程组的求解问题就可以看成是求一组数x_1,x_2,x_3，使得等式右端常数向量

$$\begin{bmatrix}4\\5\\5\end{bmatrix}$$

与等式左端系数矩阵的列向量

$$\begin{bmatrix}1\\2\\3\end{bmatrix},\begin{bmatrix}-1\\1\\4\end{bmatrix},\begin{bmatrix}3\\3\\2\end{bmatrix}$$

之间有(3.4)式的那种关系.

由(3.3)式知：我们研究一个向量和另外一些向量之间是否存在那样的关系是重要的.

定义 3.2 设$\boldsymbol{\alpha}_1,\boldsymbol{\alpha}_2,\cdots,\boldsymbol{\alpha}_m,\boldsymbol{\alpha}$是$m+1$个$n$维向量，如果存在$m$个实数$k_1,k_2,\cdots,k_m$，使得

$$\boldsymbol{\alpha}=k_1\boldsymbol{\alpha}_1+k_2\boldsymbol{\alpha}_2+\cdots+k_m\boldsymbol{\alpha}_m$$

则称$\boldsymbol{\alpha}$是$\boldsymbol{\alpha}_1,\boldsymbol{\alpha}_2,\cdots,\boldsymbol{\alpha}_m$的线性组合，或称$\boldsymbol{\alpha}$可由$\boldsymbol{\alpha}_1,\boldsymbol{\alpha}_2,\cdots,\boldsymbol{\alpha}_m$线性表出. 常数$k_1,k_2,\cdots,k_m$称为该线性组合的组合系数.

例 3.7 零向量是任意一组向量$\boldsymbol{\alpha}_1,\boldsymbol{\alpha}_2,\cdots,\boldsymbol{\alpha}_m$的线性组合. 因为显然有

$$\boldsymbol{O}=0\cdot\boldsymbol{\alpha}_1+0\cdot\boldsymbol{\alpha}_2+\cdots+0\cdot\boldsymbol{\alpha}_m$$

例 3.8 三维向量组$\boldsymbol{\varepsilon}_1=\begin{bmatrix}1\\0\\0\end{bmatrix},\boldsymbol{\varepsilon}_2=\begin{bmatrix}0\\1\\0\end{bmatrix},\boldsymbol{\varepsilon}_3=\begin{bmatrix}0\\0\\1\end{bmatrix}$称为三维标准单位向量组. 任意一个三维向量$\boldsymbol{\alpha}=\begin{bmatrix}x\\y\\z\end{bmatrix}$都可以由$\boldsymbol{\varepsilon}_1,\boldsymbol{\varepsilon}_2,\boldsymbol{\varepsilon}_3$唯一地线性表出：$\boldsymbol{\alpha}=x\boldsymbol{\varepsilon}_1+y\boldsymbol{\varepsilon}_2+z\boldsymbol{\varepsilon}_3$.

例 3.9 向量$\begin{bmatrix}2\\3\end{bmatrix}$不是向量$\begin{bmatrix}0\\2\end{bmatrix},\begin{bmatrix}0\\-1\end{bmatrix}$的线性组合. 这是因为对任意一组数$k_1,k_2$，都有

$$k_1\begin{bmatrix}0\\2\end{bmatrix}+k_2\begin{bmatrix}0\\-1\end{bmatrix}=\begin{bmatrix}0\\2k_1-k_2\end{bmatrix}\neq\begin{bmatrix}2\\3\end{bmatrix}$$

例 3.10 向量组$\boldsymbol{\alpha}_1,\cdots,\boldsymbol{\alpha}_{i-1},\boldsymbol{\alpha}_i,\boldsymbol{\alpha}_{i+1},\cdots,\boldsymbol{\alpha}_m$中任一向量$\boldsymbol{\alpha}_i(1\leqslant i\leqslant m)$都是该向量组的线性组合. 因为$\boldsymbol{\alpha}_i=0\cdot\boldsymbol{\alpha}_1+\cdots+0\cdot\boldsymbol{\alpha}_{i-1}+1\cdot\boldsymbol{\alpha}_i+0\cdot\boldsymbol{\alpha}_{i+1}+\cdots+0\cdot\boldsymbol{\alpha}_m$.

对于线性方程组(3.3)，如果取$\boldsymbol{\alpha}_1=\begin{bmatrix}1\\2\\3\end{bmatrix},\boldsymbol{\alpha}_2=\begin{bmatrix}-1\\1\\4\end{bmatrix},\boldsymbol{\alpha}_3=\begin{bmatrix}3\\3\\2\end{bmatrix},\boldsymbol{\beta}=\begin{bmatrix}4\\5\\5\end{bmatrix}$，那么方程组(3.3)可以用向量的形式表示为

$$x_1\boldsymbol{\alpha}_1+x_2\boldsymbol{\alpha}_2+x_3\boldsymbol{\alpha}_3=\boldsymbol{\beta}.$$

若方程组(3.3)有解$x_i=k_i(i=1,2,3)$，则有$k_1\boldsymbol{\alpha}_1+k_2\boldsymbol{\alpha}_2+k_3\boldsymbol{\alpha}_3=\boldsymbol{\beta}$. 即向量$\boldsymbol{\beta}$可以由向量组$\boldsymbol{\alpha}_1,\boldsymbol{\alpha}_2,\boldsymbol{\alpha}_3$线性表出. 反之，若存在数$k_1,k_2,k_3$使得上式成立，则$x_i=k_i(i=1,2,3)$就是方程组(3.3)的一组解.

显然，上述分析完全适用于一般情形. 因此有

定理 3.3 向量$\boldsymbol{\beta}$可以由向量组$\boldsymbol{\alpha}_1,\boldsymbol{\alpha}_2,\cdots,\boldsymbol{\alpha}_m$线性表出的充分必要条件是以$\boldsymbol{\alpha}_1,\boldsymbol{\alpha}_2,\cdots,\boldsymbol{\alpha}_m$为系数列向量，以$\boldsymbol{\beta}$为常数项向量的线性方程组有解，并且该线性方程组的一组解就是线性组合的一组组合系数.

例 3.11 判断向量$\boldsymbol{\beta}=\begin{bmatrix}3\\4\\7\end{bmatrix}$能否由向量组$\boldsymbol{\alpha}_1=\begin{bmatrix}1\\1\\2\end{bmatrix},\boldsymbol{\alpha}_2=\begin{bmatrix}2\\3\\5\end{bmatrix},\boldsymbol{\alpha}_3=\begin{bmatrix}1\\-4\\-3\end{bmatrix}$线性表出，若能，求出一组组合系数.

解：考察以$\boldsymbol{\alpha}_1,\boldsymbol{\alpha}_2,\boldsymbol{\alpha}_3$为系数列向量，以$\boldsymbol{\beta}$为常数项向量的线性方程组：

$$x_1\boldsymbol{\alpha}_1+x_2\boldsymbol{\alpha}_2+x_3\boldsymbol{\alpha}_3=\boldsymbol{\beta}$$

即

$$\begin{cases} x_1 + 2x_2 + x_3 = 3 \\ x_1 + 3x_2 - 4x_3 = 4 \\ 2x_1 + 5x_2 - 3x_3 = 7 \end{cases}$$

对它的增广矩阵施行初等行变换，得

$$(\mathbf{A},\boldsymbol{\beta}) = (\boldsymbol{\alpha}_1,\boldsymbol{\alpha}_2,\boldsymbol{\alpha}_3,\boldsymbol{\beta}) = \begin{bmatrix} 1 & 2 & 1 & 3 \\ 1 & 3 & -4 & 4 \\ 2 & 5 & -3 & 7 \end{bmatrix} \to \begin{bmatrix} 1 & 2 & 1 & 3 \\ 0 & 1 & -5 & 1 \\ 0 & 1 & -5 & 1 \end{bmatrix}$$

$$\to \begin{bmatrix} 1 & 2 & 1 & 3 \\ 0 & 1 & -5 & 1 \\ 0 & 0 & 0 & 0 \end{bmatrix} \to \begin{bmatrix} 1 & 0 & 11 & 1 \\ 0 & 1 & -5 & 1 \\ 0 & 0 & 0 & 0 \end{bmatrix}$$

（由于 $r(\mathbf{A}) = r(\mathbf{A},\boldsymbol{\beta}) = 2 < n = 3$，故方程组有无穷多个解.）

于是原方程组的同解方程组的一般解为

$$\begin{cases} x_1 = -11x_3 + 1 \\ x_2 = 5x_3 + 1 \end{cases} \quad (x_3 \text{ 为自由元})$$

取 $x_3 = k$，则有 $\boldsymbol{\beta} = (-11k+1)\boldsymbol{\alpha}_1 + (5k+1)\boldsymbol{\alpha}_2 + k\boldsymbol{\alpha}_3$，其中 k 可任意取值.

这说明 $\boldsymbol{\beta}$ 用 $\boldsymbol{\alpha}_1,\boldsymbol{\alpha}_2,\boldsymbol{\alpha}_3$ 线性表出的方法有无穷多种. 如令 $k=1$，则原方程组的一组解为

$$x_1 = -10, x_2 = 6, x_3 = 1$$

所以

$$\boldsymbol{\beta} = -10\boldsymbol{\alpha}_1 + 6\boldsymbol{\alpha}_2 + \boldsymbol{\alpha}_3$$

例 3.12 判断向量 $\boldsymbol{\beta} = \begin{bmatrix} -1 \\ 1 \\ 5 \end{bmatrix}$ 能否由向量组 $\boldsymbol{\alpha}_1 = \begin{bmatrix} 1 \\ 2 \\ 3 \end{bmatrix}, \boldsymbol{\alpha}_2 = \begin{bmatrix} 0 \\ 1 \\ 4 \end{bmatrix}, \boldsymbol{\alpha}_3 = \begin{bmatrix} 2 \\ 3 \\ 6 \end{bmatrix}$ 线性表出，若能，写出它的一种表达式.

解：考察以 $\boldsymbol{\alpha}_1,\boldsymbol{\alpha}_2,\boldsymbol{\alpha}_3$ 为系数列向量，以 $\boldsymbol{\beta}$ 为常数项向量的线性方程组：

$$x_1\boldsymbol{\alpha}_1 + x_2\boldsymbol{\alpha}_2 + x_3\boldsymbol{\alpha}_3 = \boldsymbol{\beta}$$

对它的增广矩阵施行初等行变换，得

$$(\mathbf{A},\boldsymbol{\beta}) = (\boldsymbol{\alpha}_1,\boldsymbol{\alpha}_2,\boldsymbol{\alpha}_3,\boldsymbol{\beta}) = \begin{bmatrix} 1 & 0 & 2 & -1 \\ 2 & 1 & 3 & 1 \\ 3 & 4 & 6 & 5 \end{bmatrix} \to \begin{bmatrix} 1 & 0 & 2 & -1 \\ 0 & 1 & -1 & 3 \\ 0 & 4 & 0 & 8 \end{bmatrix} \to \begin{bmatrix} 1 & 0 & 2 & -1 \\ 0 & 1 & -1 & 3 \\ 0 & 1 & 0 & 2 \end{bmatrix}$$

$$\to \begin{bmatrix} 1 & 0 & 2 & -1 \\ 0 & 0 & -1 & 1 \\ 0 & 1 & 0 & 2 \end{bmatrix} \to \begin{bmatrix} 1 & 0 & 0 & 1 \\ 0 & 0 & 1 & -1 \\ 0 & 1 & 0 & 2 \end{bmatrix} \to \begin{bmatrix} 1 & 0 & 0 & 1 \\ 0 & 1 & 0 & 2 \\ 0 & 0 & 1 & -1 \end{bmatrix}$$

显然，$x_1\boldsymbol{\alpha}_1 + x_2\boldsymbol{\alpha}_2 + x_3\boldsymbol{\alpha}_3 = \boldsymbol{\beta}$ 有唯一解：$x_1 = 1, x_2 = 2, x_3 = -1$.

于是 $\boldsymbol{\beta}$ 可以唯一地表示成 $\boldsymbol{\alpha}_1,\boldsymbol{\alpha}_2,\boldsymbol{\alpha}_3$ 的线性组合，且 $\boldsymbol{\beta} = \boldsymbol{\alpha}_1 + 2\boldsymbol{\alpha}_2 - \boldsymbol{\alpha}_3$.

三、线性相关与线性无关

我们先考察两个平面向量：$\boldsymbol{\alpha} = (1,2), \boldsymbol{\beta} = (2,4)$，则由 $\boldsymbol{\beta} = 2\boldsymbol{\alpha}$ 可知 $\boldsymbol{\alpha}$ 与 $\boldsymbol{\beta}$ 共线. 这个

关系式可以改写成

$$2\boldsymbol{\alpha}+(-1)\boldsymbol{\beta}=0$$

即存在 2 个不全为零的数 $k_1=2, k_2=-1$，使得 $k_1\boldsymbol{\alpha}+k_2\boldsymbol{\beta}=0$. 而 $\boldsymbol{\alpha}=(1,2)$ 与 $\boldsymbol{\gamma}=(2,3)$ 不共线，这时只有 $k_1=k_2=0$ 时，才有 $k_1\boldsymbol{\alpha}+k_2\boldsymbol{\gamma}=0$. 这就是下面要讨论的向量组的线性相关与线性无关的问题.

定义 3.3 设有 m 个 n 维向量 $\boldsymbol{\alpha}_1, \boldsymbol{\alpha}_2, \cdots, \boldsymbol{\alpha}_m$，如果存在 m 个不全为零的数 $k_1, k_2, \cdots, k_m$，使得

$$k_1\boldsymbol{\alpha}_1+k_2\boldsymbol{\alpha}_2+\cdots+k_m\boldsymbol{\alpha}_m=0 \tag{3.5}$$

则称向量组 $\boldsymbol{\alpha}_1, \boldsymbol{\alpha}_2, \cdots, \boldsymbol{\alpha}_m$ 线性相关；如果仅当 $k_1, k_2, \cdots, k_m$ 都等于零时，才能使(3.5)成立，则称向量组 $\boldsymbol{\alpha}_1, \boldsymbol{\alpha}_2, \cdots, \boldsymbol{\alpha}_m$ 线性无关.

由向量组的线性相关性定义可得以下结论：

(1) 只有一个向量 $\boldsymbol{\alpha}$ 的向量组，当 $\boldsymbol{\alpha}$ 是零向量时线性相关，$\boldsymbol{\alpha}$ 是非零向量时线性无关.

(2) 两个 n 维向量线性相关的充分必要条件是它们的对应分量成比例.

(3) 包含零向量的向量组一定线性相关.

(4) 如果向量组中有一部分向量线性相关，则整个向量组必线性相关.

(5) 如果一个向量组线性无关，则向量组的任何一部分向量都线性无关.

例 3.13 证明单位向量组 $\boldsymbol{\varepsilon}_1=\begin{bmatrix}1\\0\\0\\0\end{bmatrix}, \boldsymbol{\varepsilon}_2=\begin{bmatrix}0\\1\\0\\0\end{bmatrix}, \boldsymbol{\varepsilon}_3=\begin{bmatrix}0\\0\\1\\0\end{bmatrix}, \boldsymbol{\varepsilon}_4=\begin{bmatrix}0\\0\\0\\1\end{bmatrix}$ 线性无关.

证明：设 $k_1\boldsymbol{\varepsilon}_1+k_2\boldsymbol{\varepsilon}_2+k_3\boldsymbol{\varepsilon}_3+k_4\boldsymbol{\varepsilon}_4=0$，即

$$k_1\begin{bmatrix}1\\0\\0\\0\end{bmatrix}+k_2\begin{bmatrix}0\\1\\0\\0\end{bmatrix}+k_3\begin{bmatrix}0\\0\\1\\0\end{bmatrix}+k_4\begin{bmatrix}0\\0\\0\\1\end{bmatrix}=\begin{bmatrix}0\\0\\0\\0\end{bmatrix},\quad \text{所以}\begin{bmatrix}k_1\\k_2\\k_3\\k_4\end{bmatrix}=\begin{bmatrix}0\\0\\0\\0\end{bmatrix}$$

于是上式有唯一解：$k_1=0, k_2=0, k_3=0, k_4=0$，根据定义 3.3，$\boldsymbol{\varepsilon}_1, \boldsymbol{\varepsilon}_2, \boldsymbol{\varepsilon}_3, \boldsymbol{\varepsilon}_4$ 线性无关.

例 3.14 证明：如果向量组 $\boldsymbol{\alpha}_1, \boldsymbol{\alpha}_2, \boldsymbol{\alpha}_3$ 线性无关，则向量组 $\boldsymbol{\alpha}_1+\boldsymbol{\alpha}_2, \boldsymbol{\alpha}_2+\boldsymbol{\alpha}_3, \boldsymbol{\alpha}_3+\boldsymbol{\alpha}_1$ 也线性无关.

证明：设 $k_1(\boldsymbol{\alpha}_1+\boldsymbol{\alpha}_2)+k_2(\boldsymbol{\alpha}_2+\boldsymbol{\alpha}_3)+k_3(\boldsymbol{\alpha}_3+\boldsymbol{\alpha}_1)=0$，

即 $$(k_1+k_3)\boldsymbol{\alpha}_1+(k_1+k_2)\boldsymbol{\alpha}_2+(k_2+k_3)\boldsymbol{\alpha}_3=0.$$

因为 $\alpha_1, \alpha_2, \alpha_3$ 线性无关，所以

$$\begin{cases}k_1+k_3=0\\k_1+k_2=0\\k_2+k_3=0\end{cases}$$

由于齐次线性方程组的系数行列式

$$\begin{vmatrix}1&0&1\\1&1&0\\0&1&1\end{vmatrix}=2\neq 0$$

于是，该齐次线性方程组只有零解

$$k_1=0,k_2=0,k_3=0$$

因此向量组$\boldsymbol{\alpha}_1+\boldsymbol{\alpha}_2,\boldsymbol{\alpha}_2+\boldsymbol{\alpha}_3,\boldsymbol{\alpha}_3+\boldsymbol{\alpha}_1$ 线性无关.

定理 3.4 对于向量组$\boldsymbol{\alpha}_1,\boldsymbol{\alpha}_2,\cdots,\boldsymbol{\alpha}_m$，如果齐次线性方程组

$$x_1\boldsymbol{\alpha}_1+x_2\boldsymbol{\alpha}_2+\cdots+x_m\boldsymbol{\alpha}_m=\mathbf{0} \tag{3.6}$$

有非零解，则向量组$\boldsymbol{\alpha}_1,\boldsymbol{\alpha}_2,\cdots,\boldsymbol{\alpha}_m$ 线性相关；如果齐次线性方程组(3.6)只有零解，则向量组$\boldsymbol{\alpha}_1,\boldsymbol{\alpha}_2,\cdots,\boldsymbol{\alpha}_m$ 线性无关.

定理 3.5 对于向量组$\boldsymbol{\alpha}_1,\boldsymbol{\alpha}_2,\cdots,\boldsymbol{\alpha}_m$，设矩阵$\mathbf{A}=(\boldsymbol{\alpha}_1,\boldsymbol{\alpha}_2,\cdots,\boldsymbol{\alpha}_m)$，若$r(\mathbf{A})<m$，则向量组$\boldsymbol{\alpha}_1,\boldsymbol{\alpha}_2,\cdots,\boldsymbol{\alpha}_m$ 线性相关；若$r(\mathbf{A})=m$，则向量组$\boldsymbol{\alpha}_1,\boldsymbol{\alpha}_2,\cdots,\boldsymbol{\alpha}_m$ 线性无关.

推论 1 n个n维向量$\boldsymbol{\alpha}_1,\boldsymbol{\alpha}_2,\cdots,\boldsymbol{\alpha}_n$ 线性相关的充分必要条件是矩阵$\mathbf{A}=(\boldsymbol{\alpha}_1,\boldsymbol{\alpha}_2,\cdots,\boldsymbol{\alpha}_n)$的行列式$|\mathbf{A}|=0$；$n$个$n$维向量$\boldsymbol{\alpha}_1,\boldsymbol{\alpha}_2,\cdots,\boldsymbol{\alpha}_n$ 线性无关的充分必要条件是矩阵$\mathbf{A}=(\boldsymbol{\alpha}_1,\boldsymbol{\alpha}_2,\cdots,\boldsymbol{\alpha}_n)$的行列式$|\mathbf{A}|\neq 0$.

推论 2 如果向量组中含有m个n维向量并且$m>n$，则向量组$\boldsymbol{\alpha}_1,\boldsymbol{\alpha}_2,\cdots,\boldsymbol{\alpha}_m$ 线性相关.

定理 3.6 向量组$\boldsymbol{\alpha}_1,\boldsymbol{\alpha}_2,\cdots,\boldsymbol{\alpha}_m(m>2)$线性相关的充分必要条件是：向量组$\boldsymbol{\alpha}_1,\boldsymbol{\alpha}_2,\cdots,\boldsymbol{\alpha}_m(m>2)$中至少有一个向量可以由其余向量线性表出.

推论 3 向量组$\boldsymbol{\alpha}_1,\boldsymbol{\alpha}_2,\cdots,\boldsymbol{\alpha}_m(m>2)$线性无关的充分必要条件是：向量组$\boldsymbol{\alpha}_1,\boldsymbol{\alpha}_2,\cdots,\boldsymbol{\alpha}_m(m>2)$中任何一个向量都不能由其余向量线性表出.

定理 3.7 若n维向量组$\boldsymbol{\alpha}_1,\boldsymbol{\alpha}_2,\cdots,\boldsymbol{\alpha}_m$ 线性无关，则在每个向量上添上t个分量，得到的$n+t$维向量组$\boldsymbol{\beta}_1,\boldsymbol{\beta}_2,\cdots,\boldsymbol{\beta}_m$ 也线性无关.

定理 3.8 若向量组$\boldsymbol{\alpha}_1,\boldsymbol{\alpha}_2,\cdots,\boldsymbol{\alpha}_m$ 线性无关，而向量组$\boldsymbol{\alpha}_1,\boldsymbol{\alpha}_2,\cdots,\boldsymbol{\alpha}_m,\boldsymbol{\beta}$线性相关，则向量$\boldsymbol{\beta}$一定可以由$\boldsymbol{\alpha}_1,\boldsymbol{\alpha}_2,\cdots,\boldsymbol{\alpha}_m$ 线性表出.

我们经常利用这些定理来判断向量组的线性相关性.

例 3.15 判断下列向量组的线性相关性：

(1) $\boldsymbol{\alpha}_1=\begin{bmatrix}2\\7\\-1\end{bmatrix},\quad \boldsymbol{\alpha}_2=\begin{bmatrix}1\\5\\4\end{bmatrix},\quad \boldsymbol{\alpha}_3=\begin{bmatrix}-1\\0\\2\end{bmatrix}$；

(2) $\boldsymbol{\alpha}_1=\begin{bmatrix}1\\0\\-5\\0\end{bmatrix},\quad \boldsymbol{\alpha}_2=\begin{bmatrix}0\\1\\-7\\0\end{bmatrix},\quad \boldsymbol{\alpha}_3=\begin{bmatrix}0\\0\\3\\1\end{bmatrix}$；

(3) $\boldsymbol{\alpha}_1=\begin{bmatrix}1\\2\\-1\\3\end{bmatrix},\quad \boldsymbol{\alpha}_2=\begin{bmatrix}-3\\4\\-7\\1\end{bmatrix},\quad \boldsymbol{\alpha}_3=\begin{bmatrix}2\\-1\\3\\1\end{bmatrix},\quad \boldsymbol{\alpha}_4=\begin{bmatrix}1\\-3\\4\\2\end{bmatrix}$；

(4) $\boldsymbol{\alpha}_1=\begin{bmatrix}3\\7\\-1\end{bmatrix},\quad \boldsymbol{\alpha}_2=\begin{bmatrix}1\\-2\\4\end{bmatrix},\boldsymbol{\alpha}_3=\begin{bmatrix}-1\\0\\2\end{bmatrix},\boldsymbol{\alpha}_4=\begin{bmatrix}2\\-3\\1\end{bmatrix}$.

解：(1) $\boldsymbol{A}=(\boldsymbol{\alpha}_1,\boldsymbol{\alpha}_2,\boldsymbol{\alpha}_3)$，因为

$$|\boldsymbol{A}|=\begin{vmatrix}2&1&-1\\2&5&0\\-1&4&2\end{vmatrix}=20-8-5-4=3\neq 0$$

所以$\boldsymbol{\alpha}_1,\boldsymbol{\alpha}_2,\boldsymbol{\alpha}_3$ 线性无关.

(2) 因为$\boldsymbol{\beta}_1=\begin{bmatrix}1\\0\\0\end{bmatrix}$，$\boldsymbol{\beta}_2=\begin{bmatrix}0\\1\\0\end{bmatrix}$，$\boldsymbol{\beta}_3=\begin{bmatrix}0\\0\\1\end{bmatrix}$，显然线性无关，

所以由定理 3.7 可知加长后的向量$\boldsymbol{\alpha}_1,\boldsymbol{\alpha}_2,\boldsymbol{\alpha}_3$ 也线性无关.

(3)

$$\boldsymbol{A}=(\boldsymbol{\alpha}_1,\boldsymbol{\alpha}_2,\boldsymbol{\alpha}_3,\boldsymbol{\alpha}_4)=\begin{bmatrix}1&-3&2&1\\2&4&-1&-3\\-1&-7&3&4\\3&1&1&2\end{bmatrix}\to\begin{bmatrix}1&-3&2&1\\0&10&-5&-5\\0&-10&5&5\\0&10&-5&-1\end{bmatrix}$$

$$\to\begin{bmatrix}1&-3&2&1\\0&10&-5&-5\\0&0&0&0\\0&0&0&4\end{bmatrix}\to\begin{bmatrix}1&-3&2&1\\0&10&-5&-5\\0&0&0&4\\0&0&0&0\end{bmatrix}$$

因为 $r(\boldsymbol{A})=3<4=m$，所以$\boldsymbol{\alpha}_1,\boldsymbol{\alpha}_2,\boldsymbol{\alpha}_3,\boldsymbol{\alpha}_4$ 线性相关.

(4) 向量的个数为 $m=4$，向量的维数 $n=3$

因为 $m>n$，所以$\boldsymbol{\alpha}_1,\boldsymbol{\alpha}_2,\boldsymbol{\alpha}_3,\boldsymbol{\alpha}_4$ 线性相关.

第三节

向量组的秩

一、极大无关组

对任意给定的一个 n 维向量组，在讨论其线性问题时，如何找出尽可能少的向量去表示全体向量组呢？这就是本节要讨论的问题.

定义 3.4 如果向量组$\boldsymbol{\alpha}_1,\boldsymbol{\alpha}_2,\cdots,\boldsymbol{\alpha}_m$ 中的部分向量组$\boldsymbol{\alpha}_1,\boldsymbol{\alpha}_2,\cdots,\boldsymbol{\alpha}_r$ $(r\leqslant m)$满足：

(1) $\boldsymbol{\alpha}_1,\boldsymbol{\alpha}_2,\cdots,\boldsymbol{\alpha}_r$ 线性无关；

(2) 向量组$\boldsymbol{\alpha}_1,\boldsymbol{\alpha}_2,\cdots,\boldsymbol{\alpha}_m$ 中的任一向量都可以由$\boldsymbol{\alpha}_1,\boldsymbol{\alpha}_2,\cdots,\boldsymbol{\alpha}_r$ 线性表出.

则称部分向量组$\boldsymbol{\alpha}_1,\boldsymbol{\alpha}_2,\cdots,\boldsymbol{\alpha}_r$ 为向量组$\boldsymbol{\alpha}_1,\boldsymbol{\alpha}_2,\cdots,\boldsymbol{\alpha}_m$ 的一个极大无关组.

例 3.16 对于向量组：$\boldsymbol{\alpha}_1=(1,1,3)$，$\boldsymbol{\alpha}_2=(-1,0,2)$，$\boldsymbol{\alpha}_3=(1,2,8)$.

由于 $2\boldsymbol{\alpha}_1+\boldsymbol{\alpha}_2-\boldsymbol{\alpha}_3=0$，因此$\boldsymbol{\alpha}_1,\boldsymbol{\alpha}_2,\boldsymbol{\alpha}_3$ 线性相关. 但其中部分向量组$\boldsymbol{\alpha}_1,\boldsymbol{\alpha}_2$ 线性无关，而

且$\boldsymbol{\alpha}_1,\boldsymbol{\alpha}_2,\boldsymbol{\alpha}_3$都可以由$\boldsymbol{\alpha}_1,\boldsymbol{\alpha}_2$线性表出：

$$\boldsymbol{\alpha}_1 = 1\boldsymbol{\alpha}_1 + 0\boldsymbol{\alpha}_2, \boldsymbol{\alpha}_2 = 0\boldsymbol{\alpha}_1 + 1\boldsymbol{\alpha}_2, \boldsymbol{\alpha}_3 = 2\boldsymbol{\alpha}_1 + 1\boldsymbol{\alpha}_2$$

所以$\boldsymbol{\alpha}_1,\boldsymbol{\alpha}_2$是$\boldsymbol{\alpha}_1,\boldsymbol{\alpha}_2,\boldsymbol{\alpha}_3$的一个极大无关组.同样可以验证部分向量组$\boldsymbol{\alpha}_1,\boldsymbol{\alpha}_3$；$\boldsymbol{\alpha}_2,\boldsymbol{\alpha}_3$也是$\boldsymbol{\alpha}_1,\boldsymbol{\alpha}_2,\boldsymbol{\alpha}_3$的极大无关组.

特别地，若向量组本身线性无关，则该向量组只有一个极大无关组，就是它本身.例如三维单位向量组$\boldsymbol{\varepsilon}_1,\boldsymbol{\varepsilon}_2,\boldsymbol{\varepsilon}_3$是极大无关组.

一般地，任何一个向量组$\boldsymbol{\alpha}_1,\boldsymbol{\alpha}_2,\cdots,\boldsymbol{\alpha}_m(m\geqslant 2)$只要含有非零向量，就一定有极大无关组，并且极大无关组往往不止一个.

定理 3.9 向量组中如果有多个极大无关组，那么它们所含向量的个数是相同的.

二、向量组的秩

定理 3.9 揭示了向量组本身的一个重要的内在性质，虽然一个向量组中各个极大无关组所含的向量可以不同，但是各极大无关组所含向量的个数是相同的.于是引入下述概念.

定义 3.5 向量组$\boldsymbol{\alpha}_1,\boldsymbol{\alpha}_2,\cdots,\boldsymbol{\alpha}_m$的极大无关组所含向量的个数称为向量组的秩.记作$r(\boldsymbol{\alpha}_1,\boldsymbol{\alpha}_2,\cdots,\boldsymbol{\alpha}_m)$.

如在例 3.16 中，向量组$\boldsymbol{\alpha}_1,\boldsymbol{\alpha}_2,\boldsymbol{\alpha}_3$的秩为$r(\boldsymbol{\alpha}_1,\boldsymbol{\alpha}_2,\boldsymbol{\alpha}_3)=2$；三维单位向量组$\boldsymbol{\varepsilon}_1,\boldsymbol{\varepsilon}_2,\boldsymbol{\varepsilon}_3$的秩为$r(\boldsymbol{\varepsilon}_1,\boldsymbol{\varepsilon}_2,\boldsymbol{\varepsilon}_3)=3$；若一个向量组中只含零向量，则规定它的秩为零；若一个向量组$\boldsymbol{\alpha}_1,\boldsymbol{\alpha}_2,\cdots,\boldsymbol{\alpha}_m$线性无关，则$r(\boldsymbol{\alpha}_1,\boldsymbol{\alpha}_2,\cdots,\boldsymbol{\alpha}_m)=m$；反之，若向量组$\boldsymbol{\alpha}_1,\boldsymbol{\alpha}_2,\cdots,\boldsymbol{\alpha}_m$的秩$r(\boldsymbol{\alpha}_1,\boldsymbol{\alpha}_2,\cdots,\boldsymbol{\alpha}_m)=m$，则向量组$\boldsymbol{\alpha}_1,\boldsymbol{\alpha}_2,\cdots,\boldsymbol{\alpha}_m$线性无关.

对于一个向量组$\boldsymbol{\alpha}_1,\boldsymbol{\alpha}_2,\cdots,\boldsymbol{\alpha}_m$，如何去求它的秩和极大无关组呢?

例 3.17 对于构成上三角矩阵

$$\mathbf{A} = \begin{bmatrix} a_{11} & a_{12} & \cdots & a_{1n} \\ 0 & a_{22} & \cdots & a_{2n} \\ \vdots & \vdots & & \vdots \\ 0 & 0 & \cdots & a_{nn} \end{bmatrix} \quad (a_{ii} \neq 0, i = 1,2,\cdots,n)$$

的n个列向量所构成的向量组.因为$r(\mathbf{A})=n$，所以这n个列向量是线性无关的，故这个向量组的秩也为n.

例 3.18 对于构成行阶梯形矩阵

$$\mathbf{A} = \begin{bmatrix} 2 & -1 & 3 & 1 & -2 \\ 0 & 1 & 5 & 3 & 0 \\ 0 & 0 & 0 & 4 & -1 \end{bmatrix}$$

的五个列向量，因为首非零元所在的第一、二、四列的列向量组是线性无关的，而若再加一个列向量就是线性相关的，所以这五个列向量构成的向量组的秩为 3，也就是矩阵的秩，而极大无关组就是首非零元所在列的列向量组.

例 3.18 的结论对于一般的行阶梯形矩阵都成立，即行阶梯形矩阵的列向量组的秩等于非零行的行数，等于矩阵的秩，而首非零元所在列的列向量就构成极大无关组.

当矩阵不是行阶梯形矩阵时，又如何求呢？我们知道任何一个矩阵都可以通过初等行变换化为行阶梯形矩阵. 因此有下列结论：

定理 3.10 列向量组通过初等行变换不改变其线性相关性.

至此，我们一方面知道用初等行变换求列向量组的秩和极大无关组，另一方面又对矩阵的秩有了新的了解，即矩阵的秩就是列向量组中极大无关组的个数. 又 $r(\boldsymbol{A})=r(\boldsymbol{A}^{\mathrm{T}})$，因此有下面的定理：

定理 3.11 矩阵 $\boldsymbol{A}$ 的秩＝矩阵 $\boldsymbol{A}$ 的列向量组的秩＝矩阵 $\boldsymbol{A}$ 的行向量组的秩.

总之，求一组向量的秩与极大无关组的方法是：先将这些向量作为矩阵的列构成一个矩阵，再用初等行变换将其化为行阶梯形矩阵，则行阶梯形矩阵中非零行的个数就是向量组的秩，首非零元所在列对应的原来向量组中的向量就是极大无关组.

另外，其余列向量都可由极大无关组线性表出，线性表示式的系数就是该向量对应于行简化阶梯形矩阵中列向量的分量.

例 3.19 设有向量组

$$\boldsymbol{\alpha}_1=\begin{bmatrix}1\\2\\1\\3\\4\end{bmatrix},\boldsymbol{\alpha}_2=\begin{bmatrix}-2\\1\\3\\-1\\-3\end{bmatrix},\boldsymbol{\alpha}_3=\begin{bmatrix}1\\-1\\-2\\0\\1\end{bmatrix},\boldsymbol{\alpha}_4=\begin{bmatrix}1\\-1\\-4\\0\\0\end{bmatrix},\boldsymbol{\alpha}_5=\begin{bmatrix}-1\\-1\\8\\-2\\1\end{bmatrix}.$$

求向量组的秩及其一个极大无关组.

解：设矩阵 $\boldsymbol{A}=(\boldsymbol{\alpha}_1,\boldsymbol{\alpha}_2,\boldsymbol{\alpha}_3,\boldsymbol{\alpha}_4,\boldsymbol{\alpha}_5)$，用初等行变换将 $\boldsymbol{A}$ 化为行阶梯形矩阵，即

$$\boldsymbol{A}=\begin{bmatrix}1&-2&1&1&-1\\2&1&-1&-1&-1\\1&3&-2&-4&8\\3&-1&0&0&-2\\4&-3&1&0&1\end{bmatrix}\rightarrow\begin{bmatrix}1&-2&1&1&-1\\0&5&-3&-3&1\\0&5&-3&-5&9\\0&5&-3&-3&1\\0&5&-3&-4&5\end{bmatrix}$$

$$\rightarrow\begin{bmatrix}1&-2&1&1&-1\\0&5&-3&-3&1\\0&0&0&-2&8\\0&0&0&0&0\\0&0&0&-1&4\end{bmatrix}\rightarrow\begin{bmatrix}1&-2&1&1&-1\\0&5&-3&-3&1\\0&0&0&-1&4\\0&0&0&0&0\\0&0&0&0&0\end{bmatrix}$$

所以 $r(\boldsymbol{\alpha}_1,\boldsymbol{\alpha}_2,\boldsymbol{\alpha}_3,\boldsymbol{\alpha}_4,\boldsymbol{\alpha}_5)=3$，且 $\boldsymbol{\alpha}_1,\boldsymbol{\alpha}_2,\boldsymbol{\alpha}_4$ 为其中的一个极大无关组.

例 3.20 设有向量组

$$\boldsymbol{\alpha}_1=\begin{bmatrix}-1\\2\\0\\0\end{bmatrix},\boldsymbol{\alpha}_2=\begin{bmatrix}1\\-1\\1\\-1\end{bmatrix},\boldsymbol{\alpha}_3=\begin{bmatrix}-1\\4\\2\\1\end{bmatrix},\boldsymbol{\alpha}_4=\begin{bmatrix}0\\1\\1\\-1\end{bmatrix},\boldsymbol{\alpha}_5=\begin{bmatrix}-2\\8\\4\\5\end{bmatrix}.$$

求向量组的秩及其一个极大无关组，并将其余向量用此极大无关组线性表出.

解：设矩阵 $\boldsymbol{A}=(\boldsymbol{\alpha}_1,\boldsymbol{\alpha}_2,\boldsymbol{\alpha}_3,\boldsymbol{\alpha}_4,\boldsymbol{\alpha}_5)$，用初等行变换将 $\boldsymbol{A}$ 化为行简化阶梯形矩阵，即

$$\boldsymbol{A}=\begin{bmatrix}-1 & 1 & -1 & 0 & -2\\ 2 & -1 & 4 & 1 & 8\\ 0 & 1 & 2 & 1 & 4\\ 0 & -1 & 1 & -1 & 5\end{bmatrix}\rightarrow\begin{bmatrix}-1 & 1 & -1 & 0 & -2\\ 0 & 1 & 2 & 1 & 4\\ 0 & 1 & 2 & 1 & 4\\ 0 & -1 & 1 & -1 & 5\end{bmatrix}\rightarrow\begin{bmatrix}-1 & 1 & -1 & 0 & -2\\ 0 & 1 & 2 & 1 & 4\\ 0 & 0 & 0 & 0 & 0\\ 0 & 0 & 3 & 0 & 9\end{bmatrix}$$

$$\rightarrow\begin{bmatrix}1 & -1 & 1 & 0 & 2\\ 0 & 1 & 2 & 1 & 4\\ 0 & 0 & 3 & 0 & 9\\ 0 & 0 & 0 & 0 & 0\end{bmatrix}\rightarrow\begin{bmatrix}1 & -1 & 0 & 0 & -1\\ 0 & 1 & 0 & 1 & -2\\ 0 & 0 & 1 & 0 & 3\\ 0 & 0 & 0 & 0 & 0\end{bmatrix}\rightarrow\begin{bmatrix}1 & 0 & 0 & 1 & -3\\ 0 & 1 & 0 & 1 & -2\\ 0 & 0 & 1 & 0 & 3\\ 0 & 0 & 0 & 0 & 0\end{bmatrix}$$

所以 $r(\boldsymbol{\alpha}_1,\boldsymbol{\alpha}_2,\boldsymbol{\alpha}_3,\boldsymbol{\alpha}_4,\boldsymbol{\alpha}_5)=3$，$\boldsymbol{\alpha}_1,\boldsymbol{\alpha}_2,\boldsymbol{\alpha}_3$ 就是原向量组的一个极大无关组且 $\boldsymbol{\alpha}_4=\boldsymbol{\alpha}_1+\boldsymbol{\alpha}_2$；$\boldsymbol{\alpha}_5=-3\boldsymbol{\alpha}_1-2\boldsymbol{\alpha}_2+3\boldsymbol{\alpha}_3$.

第四节

线性方程组解的结构

在第一节中，我们已经介绍了线性方程组解的存在性问题.在方程组有无穷多个解的情况下，如何利用初等行变换法去求这些解？这些解之间有何关系？如何去表示？这就是本节要讨论的方程组解的结构问题.

一、齐次线性方程组解的结构

齐次线性方程组

$$\begin{cases}a_{11}x_1+a_{12}x_2+\cdots+a_{1n}x_n=0\\ a_{21}x_1+a_{22}x_2+\cdots+a_{2n}x_n=0\\ \qquad\vdots\\ a_{m1}x_1+a_{m2}x_2+\cdots+a_{mn}x_n=0\end{cases}\tag{3.7}$$

的矩阵形式为

$$\boldsymbol{AX}=\boldsymbol{O}\tag{3.8}$$

齐次线性方程组的解有以下两个性质：

性质1 如果 ξ_1,ξ_2 是齐次线性方程组 $\boldsymbol{AX}=\boldsymbol{O}$ 的任意两个解，那么 $\xi_1+\xi_2$ 也是 $\boldsymbol{AX}=\boldsymbol{O}$ 的解.

性质2 如果 ξ 是齐次线性方程组 $\boldsymbol{AX}=\boldsymbol{O}$ 的任意一个解，k 是任意实数，那么 $k\xi$ 也是 $\boldsymbol{AX}=\boldsymbol{O}$ 的解.

由性质1、2可知，当 $\xi_1,\xi_2,\cdots,\xi_r$ 是 $\boldsymbol{AX}=\boldsymbol{O}$ 的 r 个解时，$k_1\xi_1+k_2\xi_2+\cdots+k_r\xi_r$ 也是 $\boldsymbol{AX}=\boldsymbol{O}$ 的解，其中 $k_1,k_2,\cdots,k_r$ 是任意实数.

方程组 $\boldsymbol{AX}=\boldsymbol{O}$ 的一个解可以看做一个 n 维向量，称为解向量. 如果齐次线性方程组 $\boldsymbol{AX}=\boldsymbol{O}$ 有非零解，则它就有无穷多个解，这无穷多个解就构成一个 n 维向量组. 如果我们能求出这个向量组的一个极大无关组 $\boldsymbol{\xi}_1,\boldsymbol{\xi}_2,\cdots,\boldsymbol{\xi}_r$，使得齐次线性方程组 $\boldsymbol{AX}=\boldsymbol{O}$ 的任意一个解都能由 $\boldsymbol{\xi}_1,\boldsymbol{\xi}_2,\cdots,\boldsymbol{\xi}_r$ 线性表出，那么齐次线性方程组 $\boldsymbol{AX}=\boldsymbol{O}$ 的全部解(称为通解)就是

$$k_1\boldsymbol{\xi}_1+k_2\boldsymbol{\xi}_2+\cdots+k_r\boldsymbol{\xi}_r$$

其中 $k_1,k_2,\cdots,k_r$ 是任意实数.

定义 3.6 如果 $\boldsymbol{\xi}_1,\boldsymbol{\xi}_2,\cdots,\boldsymbol{\xi}_r$ 是齐次线性方程组 $\boldsymbol{AX}=\boldsymbol{O}$ 的解向量组的一个极大无关组，那么 $\boldsymbol{\xi}_1,\boldsymbol{\xi}_2,\cdots,\boldsymbol{\xi}_r$ 称为方程组 $\boldsymbol{AX}=\boldsymbol{O}$ 的一个基础解系.

当方程组 $\boldsymbol{AX}=\boldsymbol{O}$ 的系数矩阵的秩 $r(\boldsymbol{A})=n$(未知量个数)时，方程组只有零解，因此方程组不存在基础解系. 而当 $r(\boldsymbol{A})=r<n$ 时，有下述定理：

定理 3.12 如果齐次线性方程组 $\boldsymbol{AX}=\boldsymbol{O}$ 的系数矩阵的秩 $r(\boldsymbol{A})=r<n$，那么方程组的基础解系一定存在，并且每个基础解系中都含有 $n-r$ 个解向量.

定理 3.13 如果齐次线性方程组 $\boldsymbol{AX}=\boldsymbol{O}$ 的一个基础解系为 $\boldsymbol{\xi}_1,\boldsymbol{\xi}_2,\cdots,\boldsymbol{\xi}_{n-r}$，那么该方程组的通解为 $k_1\boldsymbol{\xi}_1+k_2\boldsymbol{\xi}_2+\cdots+k_{n-r}\boldsymbol{\xi}_{n-r}$，其中 $k_1,k_2,\cdots,k_{n-r}$ 是任意实数.

例 3.21 求齐次线性方程组

$$\begin{cases}2x_1+x_2-2x_3+3x_4=0\\3x_1+2x_2-x_3+2x_4=0\\x_1+x_2+x_3-x_4=0\end{cases}$$

的一个基础解系.

解：首先求出齐次线性方程组的一般解，为此将方程组的系数矩阵化为行简化阶梯形矩阵：

$$\boldsymbol{A}=\begin{bmatrix}2&1&-2&3\\3&2&-1&2\\1&1&1&-1\end{bmatrix}\to\begin{bmatrix}1&1&1&-1\\3&2&-1&2\\2&1&-2&3\end{bmatrix}\to\begin{bmatrix}1&1&1&-1\\0&-1&-4&5\\0&-1&-4&5\end{bmatrix}$$

$$\to\begin{bmatrix}1&1&1&-1\\0&-1&-4&5\\0&0&0&0\end{bmatrix}\to\begin{bmatrix}1&0&-3&4\\0&1&4&-5\\0&0&0&0\end{bmatrix}$$

于是方程组的一般解为

$$\begin{cases}x_1=3x_3-4x_4\\x_2=-4x_3+5x_4\end{cases}\quad(x_3,x_4\text{ 为自由未知元})$$

然后求出齐次线性方程组的一个基础解系.

因为 $n-r(\boldsymbol{A})=4-2=2$，所以齐次线性方程组的基础解系中含有 2 个解向量.

给上面的自由未知元 x_3,x_4 取两组值：

$$\begin{bmatrix}x_3\\x_4\end{bmatrix}=\begin{bmatrix}1\\0\end{bmatrix},\quad\begin{bmatrix}0\\1\end{bmatrix}$$

得到齐次线性方程组的两个解：

$$\boldsymbol{\xi}_1=\begin{bmatrix}3\\-4\\1\\0\end{bmatrix},\quad \boldsymbol{\xi}_2=\begin{bmatrix}-4\\5\\0\\1\end{bmatrix}$$

可以断言：

$$\boldsymbol{\xi}_1=\begin{bmatrix}3\\-4\\1\\0\end{bmatrix},\quad \boldsymbol{\xi}_2=\begin{bmatrix}-4\\5\\0\\1\end{bmatrix}$$

就是齐次线性方程组的基础解系.

原因如下：

(1) 因为$\begin{bmatrix}1\\0\end{bmatrix}$,$\begin{bmatrix}0\\1\end{bmatrix}$是线性无关的，所以加长后的向量

$$\boldsymbol{\xi}_1=\begin{bmatrix}3\\-4\\1\\0\end{bmatrix},\quad \boldsymbol{\xi}_2=\begin{bmatrix}-4\\5\\0\\1\end{bmatrix}$$

也是线性无关的.

(2) 设 $\boldsymbol{X}=(c_1,c_2,c_3,c_4)^{\mathrm{T}}$ 是齐次线性方程组的任意一个解，则

$$c_1=3c_3-4c_4,\quad c_2=-4c_3+5c_4$$

于是

$$\boldsymbol{X}=\begin{bmatrix}3c_3-4c_4\\-4c_3+5c_4\\c_3\\c_4\end{bmatrix}=\begin{bmatrix}3c_3\\-4c_3\\c_3\\0\end{bmatrix}+\begin{bmatrix}-4c_4\\5c_4\\0\\c_4\end{bmatrix}=c_3\begin{bmatrix}3\\-4\\1\\0\end{bmatrix}+c_4\begin{bmatrix}-4\\5\\0\\1\end{bmatrix}=c_3\boldsymbol{\xi}_1+c_4\boldsymbol{\xi}_2$$

即齐次线性方程组的任意一个解可以由 ξ_1,ξ_2 线性表出，故

$$\boldsymbol{\xi}_1=\begin{bmatrix}3\\-4\\1\\0\end{bmatrix},\quad \boldsymbol{\xi}_2=\begin{bmatrix}-4\\5\\0\\1\end{bmatrix}$$

是方程组的解向量组的一个极大无关组.

需要说明的是：

(1) 齐次线性方程组 $\boldsymbol{AX}=\boldsymbol{O}$ 的基础解系不唯一，这是因为自由未知元的取值是任意的.

(2) 通常采用最简单的方法：让自由未知元中的一个为 1，其余全部为零的方法代入一般解中，求出 $n-r$ 个解向量$\boldsymbol{\xi}_1,\boldsymbol{\xi}_2,\cdots,\boldsymbol{\xi}_{n-r}$即为基础解系.

由例 3.21 归纳出求齐次线性方程组 $\boldsymbol{AX}=\boldsymbol{O}$ 的基础解系与通解的一般步骤：

(1) 把齐次线性方程组的系数矩阵 $\boldsymbol{A}$ 通过初等行变换化为行简化阶梯形矩阵.

(2) 把行简化阶梯形矩阵中不是首非零元所在列对应的未知元作为自由未知元，写出方程组的一般解。

(3) 用分别令自由未知元中的一个为 1，其余全部为零的方法求出 $n-r$ 个解向量 $\boldsymbol{\xi}_1$，$\boldsymbol{\xi}_2,\cdots,\boldsymbol{\xi}_{n-r}$ 即为基础解系.

(4) 写出通解 $\boldsymbol{X}=k_1\boldsymbol{\xi}_1+k_2\boldsymbol{\xi}_2+\cdots+k_{n-r}\boldsymbol{\xi}_{n-r}$，其中 $k_1,k_2,\cdots,k_{n-r}$ 是任意实数.

例 3.22 求齐次线性方程组

$$\begin{cases} x_1-2x_2+x_3-3x_4-x_5=0 \\ 3x_1-6x_2+2x_3-x_4+4x_5=0 \\ -3x_1+6x_2-x_3-7x_4-11x_5=0 \\ 5x_1-10x_2+3x_3+x_4+9x_5=0 \end{cases}$$

的基础解系和通解.

解：对系数矩阵 $\boldsymbol{A}$ 施以初等行变换，化为行简化阶梯形矩阵

$$\begin{bmatrix} 1 & -2 & 1 & -3 & -1 \\ 3 & -6 & 2 & -1 & 4 \\ -3 & 6 & -1 & -7 & -11 \\ 5 & -10 & 3 & 1 & 9 \end{bmatrix} \to \begin{bmatrix} 1 & -2 & 1 & -3 & -1 \\ 0 & 0 & -1 & 8 & 7 \\ 0 & 0 & 2 & -16 & -14 \\ 0 & 0 & -2 & 16 & 14 \end{bmatrix} \to \begin{bmatrix} 1 & -2 & 0 & 5 & 6 \\ 0 & 0 & 1 & -8 & -7 \\ 0 & 0 & 0 & 0 & 0 \\ 0 & 0 & 0 & 0 & 0 \end{bmatrix}$$

方程组的一般解为

$$\begin{cases} x_1=2x_2-5x_4-6x_5 \\ x_3=8x_4+7x_5 \end{cases} \quad \text{其中 } x_2,x_4,x_5 \text{ 为自由未知元.}$$

令

$$\begin{bmatrix} x_2 \\ x_4 \\ x_5 \end{bmatrix}=\begin{bmatrix} 1 \\ 0 \\ 0 \end{bmatrix},\begin{bmatrix} 0 \\ 1 \\ 0 \end{bmatrix},\begin{bmatrix} 0 \\ 0 \\ 1 \end{bmatrix}$$

得基础解系为

$$\boldsymbol{\xi}_1=\begin{bmatrix} 2 \\ 1 \\ 0 \\ 0 \\ 0 \end{bmatrix},\quad \boldsymbol{\xi}_2=\begin{bmatrix} -5 \\ 0 \\ 8 \\ 1 \\ 0 \end{bmatrix},\quad \boldsymbol{\xi}_3=\begin{bmatrix} -6 \\ 0 \\ 7 \\ 0 \\ 1 \end{bmatrix}$$

于是方程组的通解为

$$\boldsymbol{X}=k_1\boldsymbol{\xi}_1+k_2\boldsymbol{\xi}_2+k_3\boldsymbol{\xi}_3=k_1\begin{bmatrix} 2 \\ 1 \\ 0 \\ 0 \\ 0 \end{bmatrix}+k_2\begin{bmatrix} -5 \\ 0 \\ 8 \\ 1 \\ 0 \end{bmatrix}+k_3\begin{bmatrix} -6 \\ 0 \\ 7 \\ 0 \\ 1 \end{bmatrix}$$

其中 k_1,k_2,k_3 是任意实数.

二、非齐次线性方程组解的结构

非齐次线性方程组

$$\begin{cases} a_{11}x_1 + a_{12}x_2 + \cdots + a_{1n}x_n = b_1 \\ a_{21}x_1 + a_{22}x_2 + \cdots + a_{2n}x_n = b_2 \\ \qquad\vdots \\ a_{m1}x_1 + a_{m2}x_2 + \cdots + a_{mn}x_n = b_m \end{cases} \tag{3.9}$$

的矩阵形式为

$$\boldsymbol{AX} = \boldsymbol{B} \tag{3.10}$$

当 $\boldsymbol{B}=\boldsymbol{O}$ 时，对应的齐次线性方程组 $\boldsymbol{AX}=\boldsymbol{O}$ 称为非齐次线性方程组(3.9)的导出组. 如果方程组 $\boldsymbol{AX}=\boldsymbol{B}$ 有无穷多个解，那么它的解与其导出组 $\boldsymbol{AX}=\boldsymbol{O}$ 的解之间有着密切的联系，它们满足以下两个性质：

性质 3 如果 $\boldsymbol{\eta}_1, \boldsymbol{\eta}_2$ 是非齐次线性方程组 $\boldsymbol{AX}=\boldsymbol{B}$ 的任意两个解，那么 $\boldsymbol{\eta}_1-\boldsymbol{\eta}_2$ 是其导出组 $\boldsymbol{AX}=\boldsymbol{O}$ 的解.

性质 4 如果 $\boldsymbol{\eta}$ 是非齐次线性方程组 $\boldsymbol{AX}=\boldsymbol{B}$ 的解，ξ 是其导出组 $\boldsymbol{AX}=\boldsymbol{O}$ 的解，那么 $\boldsymbol{\eta}+\boldsymbol{\xi}$ 必为 $\boldsymbol{AX}=\boldsymbol{B}$ 的解.

根据性质 3、4 可得：

若 $\boldsymbol{X}$ 是非齐次线性方程组 $\boldsymbol{AX}=\boldsymbol{B}$ 的任一解，$\boldsymbol{\eta}$ 是非齐次线性方程组 $\boldsymbol{AX}=\boldsymbol{B}$ 的一个解(称为特解)，则 $\boldsymbol{X}-\boldsymbol{\eta}$ 是导出组 $\boldsymbol{AX}=\boldsymbol{O}$ 的解，于是 $\boldsymbol{X}-\boldsymbol{\eta}=k_1\boldsymbol{\xi}_1+k_2\boldsymbol{\xi}_2+\cdots+k_{n-r}\boldsymbol{\xi}_{n-r}$，其中 $\boldsymbol{\xi}_1, \boldsymbol{\xi}_2, \cdots, \boldsymbol{\xi}_{n-r}$ 是导出组 $\boldsymbol{AX}=\boldsymbol{O}$ 的基础解系，$k_1, k_2, \cdots, k_{n-r}$ 是任意实数. 于是就有了非齐次线性方程组 $\boldsymbol{AX}=\boldsymbol{B}$ 解的结构定理.

定理 3.14 如果 $\boldsymbol{\eta}$ 是非齐次线性方程组 $\boldsymbol{AX}=\boldsymbol{B}$ 的一个特解，$\boldsymbol{\xi}_1, \boldsymbol{\xi}_2, \cdots, \boldsymbol{\xi}_{n-r}$ 是导出组 $\boldsymbol{AX}=\boldsymbol{O}$ 的基础解系，那么非齐次线性方程组 $\boldsymbol{AX}=\boldsymbol{B}$ 的全部解为

$$\boldsymbol{X} = \boldsymbol{\eta} + k_1\boldsymbol{\xi}_1 + k_2\boldsymbol{\xi}_2 + \cdots + k_{n-r}\boldsymbol{\xi}_{n-r} \tag{3.11}$$

其中 $k_1, k_2, \cdots, k_{n-r}$ 是任意实数.

今后把(3.11)称为非齐次线性方程组 $\boldsymbol{AX}=\boldsymbol{B}$ 的通解. 简言之，非齐次线性方程组的一个特解加上相应的齐次线性方程组的通解即为非齐次线性方程组的通解.

求非齐次线性方程组 $\boldsymbol{AX}=\boldsymbol{B}$ 通解的一般步骤是：

(1) 把非齐次线性方程组的增广矩阵 $(\boldsymbol{A}, \boldsymbol{B})$ 通过初等行变换化为行简化阶梯形矩阵.

(2) 把行简化阶梯形矩阵中不是首非零元所在列对应的 $n-r$ 个未知元作为自由未知元，写出方程组 $\boldsymbol{AX}=\boldsymbol{B}$ 的一般解(其中 $r(\boldsymbol{A}, \boldsymbol{B})=r(\boldsymbol{A})=r<n$).

(3) 求出非齐次线性方程组 $\boldsymbol{AX}=\boldsymbol{B}$ 的一个特解. 一般令所有 $n-r$ 个自由未知元为零，就可以求得 $\boldsymbol{AX}=\boldsymbol{B}$ 的一个特解 $\boldsymbol{\eta}$.

(4) 求出相应的齐次线性方程组 $\boldsymbol{AX}=\boldsymbol{O}$ 的基础解系. 从行简化阶梯形矩阵中，不计增广矩阵最后一列，写出导出组 $\boldsymbol{AX}=\boldsymbol{O}$ 的一般解，一般地用分别令自由未知元中的一个为 1，其余全部为零的方法得到 $\boldsymbol{AX}=\boldsymbol{O}$ 的基础解系 $\boldsymbol{\xi}_1, \boldsymbol{\xi}_2, \cdots, \boldsymbol{\xi}_{n-r}$.

(5) 写出非齐次线性方程组 $\boldsymbol{AX}=\boldsymbol{B}$ 的通解

$$\boldsymbol{X}=\boldsymbol{\eta}+k_1\boldsymbol{\xi}_1+k_2\boldsymbol{\xi}_2+\cdots+k_{n-r}\boldsymbol{\xi}_{n-r}$$

其中 $k_1,k_2,\cdots,k_{n-r}$ 是任意实数.

例 3.23 求线性方程组的通解

$$\begin{cases}2x_1+x_2+3x_3+5x_4=5\\ x_1+x_2+\ \ x_3+4x_4=3\\ 3x_1+x_2+5x_3+6x_4=7\end{cases}$$

解:(1)利用初等行变换将方程组的增广矩阵$(\boldsymbol{A},\boldsymbol{B})$化为行简化阶梯形矩阵,即

$$(\boldsymbol{A},\boldsymbol{B})=\begin{bmatrix}2&1&3&5&5\\1&1&1&4&3\\3&1&5&6&7\end{bmatrix}\to\begin{bmatrix}1&1&1&4&3\\2&1&3&5&5\\3&1&5&6&7\end{bmatrix}\to\begin{bmatrix}1&1&1&4&3\\0&-1&1&-3&-1\\0&-2&2&-6&-2\end{bmatrix}$$

$$\to\begin{bmatrix}1&1&1&4&3\\0&-1&1&-3&-1\\0&0&0&0&0\end{bmatrix}\to\begin{bmatrix}1&0&2&1&2\\0&1&-1&3&1\\0&0&0&0&0\end{bmatrix}.$$

由于 $r(\boldsymbol{A},\boldsymbol{B})=r(\boldsymbol{A})=2<4$,故线性方程组有无穷多个解.

(2) 方程组的一般解为

$$\begin{cases}x_1=-2x_3-x_4+2\\ x_2=x_3-3x_4+1\end{cases}$$

其中 x_3,x_4 为自由未知元.

(3) 令 $x_3=x_4=0$,得方程组的一个特解

$$\boldsymbol{\eta}=(2,1,0,0)^{\mathrm{T}};$$

(4) 方程组的导出组的一般解为

$$\begin{cases}x_1=-2x_3-x_4\\ x_2=x_3-3x_4\end{cases}$$

其中 x_3,x_4 为自由未知元.

令

$$\begin{bmatrix}x_3\\x_4\end{bmatrix}=\begin{bmatrix}1\\0\end{bmatrix},\ \begin{bmatrix}0\\1\end{bmatrix}$$

得导出组的基础解系为

$$\boldsymbol{\xi}_1=\begin{bmatrix}-2\\1\\1\\0\end{bmatrix},\quad \boldsymbol{\xi}_2=\begin{bmatrix}-1\\-3\\0\\1\end{bmatrix}.$$

(5) 于是方程组的通解为

$$\boldsymbol{X}=\boldsymbol{\eta}+k_1\boldsymbol{\xi}_1+k_2\boldsymbol{\xi}_2=\begin{bmatrix}2\\1\\0\\0\end{bmatrix}+k_1\begin{bmatrix}-2\\1\\1\\0\end{bmatrix}+k_2\begin{bmatrix}-1\\-3\\0\\1\end{bmatrix}$$

其中 k_1, k_2 是任意实数.

例 3.24 讨论 p, q 为何值时，下列线性方程组有解、无解，有解时求出它的通解.

$$\begin{cases} x_1 + x_2 + x_3 + x_4 + x_5 = 1 \\ 3x_1 + 2x_2 + x_3 + x_4 - 3x_5 = p \\ x_2 + 2x_3 + 2x_4 + 6x_5 = 3 \\ 5x_1 + 4x_2 + 3x_3 + 3x_4 - x_5 = q \end{cases}$$

解：用初等行变换将方程组的增广矩阵 $(\boldsymbol{A}, \boldsymbol{B})$ 化为行阶梯形矩阵，即

$$(\boldsymbol{A}, \boldsymbol{B}) = \left[\begin{array}{ccccc:c} 1 & 1 & 1 & 1 & 1 & 1 \\ 3 & 2 & 1 & 1 & -3 & p \\ 0 & 1 & 2 & 2 & 6 & 3 \\ 5 & 4 & 3 & 3 & -1 & q \end{array}\right] \to \left[\begin{array}{ccccc:c} 1 & 1 & 1 & 1 & 1 & 1 \\ 0 & -1 & -2 & -2 & -6 & p-3 \\ 0 & 1 & 2 & 2 & 6 & 3 \\ 0 & -1 & -2 & -2 & -6 & q-5 \end{array}\right]$$

$$\to \left[\begin{array}{ccccc:c} 1 & 1 & 1 & 1 & 1 & 1 \\ 0 & -1 & -2 & -2 & -6 & p-3 \\ 0 & 0 & 0 & 0 & 0 & p \\ 0 & 0 & 0 & 0 & 0 & q-p-2 \end{array}\right]$$

(1) 当 $p \neq 0$ 或 $q-p-2 \neq 0$ 时，从阶梯形矩阵可知，$r(\boldsymbol{A}, \boldsymbol{B}) = 3 \neq 2 = r(\boldsymbol{A})$，故方程组无解.

(2) 当 $p=0$ 且 $q=2$ 时，阶梯形矩阵化为如下形式：

$$(\boldsymbol{A}, \boldsymbol{B}) = \left[\begin{array}{ccccc:c} 1 & 1 & 1 & 1 & 1 & 1 \\ 0 & -1 & -2 & -2 & -6 & -3 \\ 0 & 0 & 0 & 0 & 0 & 0 \\ 0 & 0 & 0 & 0 & 0 & 0 \end{array}\right] \to \left[\begin{array}{ccccc:c} 1 & 0 & -1 & -1 & -5 & -2 \\ 0 & 1 & 2 & 2 & 6 & 3 \\ 0 & 0 & 0 & 0 & 0 & 0 \\ 0 & 0 & 0 & 0 & 0 & 0 \end{array}\right]$$

从行简化阶梯形矩阵可知，$r(\boldsymbol{A}, \boldsymbol{B}) = r(\boldsymbol{A}) = r = 2 < 5 = n$，故方程组有解并且有无穷多个解；行简化阶梯形矩阵所对应的方程组为

$$\begin{cases} x_1 - x_3 - x_4 - 5x_5 = -2 \\ x_2 + 2x_3 + 2x_4 + 6x_5 = 3 \end{cases}$$

于是方程组的一般解为

$$\begin{cases} x_1 = x_3 + x_4 + 5x_5 - 2 \\ x_2 = -2x_3 - 2x_4 - 6x_5 + 3 \end{cases} \tag{3.12}$$

其中 x_3, x_4, x_5 为自由未知元.

在式(3.12)中，令 $x_3 = x_4 = x_5 = 0$，解得 $x_1 = -2, x_2 = 3$，于是方程组的一个特解为

$$\boldsymbol{\eta} = (-2, 3, 0, 0, 0)^{\mathrm{T}}$$

从行简化阶梯形矩阵中，不计最后一列，得出方程组的导出组的一般解为

$$\begin{cases} x_1 = x_3 + x_4 + 5x_5 \\ x_2 = -2x_3 - 2x_4 - 6x_5 \end{cases} \tag{3.13}$$

其中 x_3, x_4, x_5 为自由未知元.

在式(3.13)中,分别令 $\begin{bmatrix} x_3 \\ x_4 \\ x_5 \end{bmatrix} = \begin{bmatrix} 1 \\ 0 \\ 0 \end{bmatrix}, \begin{bmatrix} 0 \\ 1 \\ 0 \end{bmatrix}, \begin{bmatrix} 0 \\ 0 \\ 1 \end{bmatrix}$

则得到方程组的导出组的基础解系为

$$\boldsymbol{\xi}_1 = \begin{bmatrix} 1 \\ -2 \\ 1 \\ 0 \\ 0 \end{bmatrix}, \quad \boldsymbol{\xi}_2 = \begin{bmatrix} 1 \\ -2 \\ 0 \\ 1 \\ 0 \end{bmatrix}, \quad \boldsymbol{\xi}_3 = \begin{bmatrix} 5 \\ -6 \\ 0 \\ 0 \\ 1 \end{bmatrix}.$$

利用非齐次线性方程组的解的结构,得到方程组的通解为

$$\boldsymbol{X} = \boldsymbol{\eta} + k_1\boldsymbol{\xi}_1 + k_2\boldsymbol{\xi}_2 + k_3\boldsymbol{\xi}_3 = \begin{bmatrix} -2 \\ 3 \\ 0 \\ 0 \\ 0 \end{bmatrix} + k_1 \begin{bmatrix} 1 \\ -2 \\ 1 \\ 0 \\ 0 \end{bmatrix} + k_2 \begin{bmatrix} 1 \\ -2 \\ 0 \\ 1 \\ 0 \end{bmatrix} + k_3 \begin{bmatrix} 5 \\ -6 \\ 0 \\ 0 \\ 1 \end{bmatrix}$$

其中 k_1, k_2, k_3 是任意实数.

总之,当 $p\neq 0$ 或 $q-p-2\neq 0$ 时,线性方程组无解;当 $p=0$ 且 $q=2$ 时,线性方程组有无穷多个解,其通解为 $\boldsymbol{X}=\boldsymbol{\eta}+k_1\boldsymbol{\xi}_1+k_2\boldsymbol{\xi}_2+k_3\boldsymbol{\xi}_3$.

本 章 小 结

本章主要介绍了求解线性方程组的消元法,线性方程组解的情况的判定,n 维向量及其线性关系,向量组的极大无关组与秩,两种线性方程组解的结构. 重点内容是:

1. 求齐次线性方程组 $\boldsymbol{AX}=\boldsymbol{O}$ 的基础解系及通解的方法

(1) 用初等行变换将方程组的系数矩阵 $\boldsymbol{A}$ 化为行简化阶梯形矩阵,不妨设 $r(\boldsymbol{A})=r<n$.

(2) 把行简化阶梯形矩阵中不是首非零元所在列对应的 $n-r$ 未知元作为自由未知元,写出方程组的一般解.

(3) 分别令自由未知元中的一个为 1,其余全部为零的方法,求出 $n-r$ 个解向量$\boldsymbol{\xi}_1$, $\boldsymbol{\xi}_2,\cdots,\boldsymbol{\xi}_{n-r}$即为基础解系.

(4) 方程组的通解为 $\boldsymbol{X}=k_1\boldsymbol{\xi}_1+k_2\boldsymbol{\xi}_2+\cdots+k_{n-r}\boldsymbol{\xi}_{n-r}$,其中 $k_1,k_2,\cdots,k_{n-r}$是任意实数.

基础解系的含义是:当 $r(\boldsymbol{A})=r<n$ 时,$\boldsymbol{AX}=\boldsymbol{O}$ 有无穷多个非零解,这些非零解可以用 $n-r$ 个解向量线性表出. 即基础解系中的解向量是方程组 $\boldsymbol{AX}=\boldsymbol{O}$ 的全体解向量的一个极大无关组.

2. 求非齐次线性方程组通解的方法

(1) 把非齐次线性方程组的增广矩阵$(\boldsymbol{A},\boldsymbol{B})$通过初等行变换化为行简化阶梯形矩阵.

(2) 把行简化阶梯形矩阵中不是首非零元所在列对应的 $n-r$ 个(其中 $r(\boldsymbol{A},\boldsymbol{B})=r(\boldsymbol{A})=r<n$)未知元作为自由未知元,写出方程组 $\boldsymbol{AX}=\boldsymbol{B}$ 的一般解.

(3) 求出非齐次线性方程组 $\boldsymbol{AX}=\boldsymbol{B}$ 的一个特解. 一般令所有 $n-r$ 个自由未知元为零,就可以求得 $\boldsymbol{AX}=\boldsymbol{B}$ 的一个特解 $\boldsymbol{\eta}$.

(4) 求出相应的齐次线性方程组 $\boldsymbol{AX}=\boldsymbol{O}$ 的基础解系. 从行简化阶梯形矩阵中,不计增广矩阵最后一列,写出导出组 $\boldsymbol{AX}=\boldsymbol{O}$ 的一般解,一般地用分别令自由未知元中的一个为1,其余全部为零的方法得到 $\boldsymbol{AX}=\boldsymbol{O}$ 的基础解系 $\boldsymbol{\xi}_1,\boldsymbol{\xi}_2,\cdots,\boldsymbol{\xi}_{n-r}$.

(5) 写出非齐次线性方程组 $\boldsymbol{AX}=\boldsymbol{B}$ 的通解

$$\boldsymbol{X}=\boldsymbol{\eta}+k_1\boldsymbol{\xi}_1+k_2\boldsymbol{\xi}_2+\cdots+k_{n-r}\boldsymbol{\xi}_{n-r}\quad(\text{其中 } k_1,k_2,\cdots,k_{n-r} \text{ 是任意实数}).$$

基 本 概 念

线性方程组增广矩阵　自由未知元　基本未知元　n 维向量　线性组合　线性表出　组合系数　线性相关　线性无关　极大无关组　向量组的秩　解向量　基础解系　齐次线性方程组的通解　非齐次线性方程组的特解与通解

思考与训练(三)

思考题

1. 一个非零向量是否线性相关?

2. 如果有全为零的数 $k_1,k_2,\cdots,k_r$,使 $k_1\boldsymbol{\alpha}_1+k_2\boldsymbol{\alpha}_2+\cdots+k_r\boldsymbol{\alpha}_r=O$,那么 $\boldsymbol{\alpha}_1,\boldsymbol{\alpha}_2,\cdots,\boldsymbol{\alpha}_r$ 是否线性相关?

3. 如果有一组不全为零的数 $k_1,k_2,\cdots,k_r$,使 $k_1\boldsymbol{\alpha}_1+k_2\boldsymbol{\alpha}_2+\cdots+k_r\boldsymbol{\alpha}_r\neq O$,那么 $\boldsymbol{\alpha}_1,\boldsymbol{\alpha}_2,\cdots,\boldsymbol{\alpha}_r$ 是否线性无关?

4. 向量组 $\boldsymbol{\alpha}_1,\boldsymbol{\alpha}_2,\cdots,\boldsymbol{\alpha}_r$ 线性相关,则其中每一个向量是否都可以由其余向量线性表出?

5. 如果 $\boldsymbol{\alpha}_1,\boldsymbol{\alpha}_2,\cdots,\boldsymbol{\alpha}_s$ 线性无关,$\boldsymbol{\beta}_1,\boldsymbol{\beta}_2,\cdots,\boldsymbol{\beta}_s$ 也线性无关,那么 $\boldsymbol{\alpha}_1,\boldsymbol{\alpha}_2,\cdots,\boldsymbol{\alpha}_s,\boldsymbol{\beta}_1,\boldsymbol{\beta}_2,\cdots,\boldsymbol{\beta}_s$ 是否线性无关?

6. 当线性方程组的方程个数小于未知量个数时,线性方程组是否有解?

7. 如果齐次线性方程组 $\boldsymbol{AX}=\boldsymbol{O}$ 有非零解,则它的基础解系是否存在? 如果存在的话,那么它的基础解系中含有几个解向量?

8. 线性相(无)关的判定与线性方程组之间有什么关系?

练习题

1. 填空题

(1) 若向量组 $\boldsymbol{\alpha}_1,\boldsymbol{\alpha}_2,\boldsymbol{\alpha}_3$ 线性无关,则 $\boldsymbol{\alpha}_1-2\boldsymbol{\alpha}_2+\boldsymbol{\alpha}_3$ ________ 0.

(2) $n+1$ 个 n 维向量构成的向量组一定是线性________的.

(3) 若 $m\times n$ 矩阵 $\boldsymbol{A}$ 的秩为 $r<n$,则 $\boldsymbol{AX}=\boldsymbol{O}$ 的任一基础解系中都含有________个解向量.

(4) 若 $m\times n$ 矩阵 $\boldsymbol{A}$ 的秩为 r,则 $\boldsymbol{AX}=\boldsymbol{O}$ 有非零解的充分必要条件是________; $\boldsymbol{AX}=\boldsymbol{B}$ 有解的充分必要条件是________.

(5) 若非齐次线性方程组 $\boldsymbol{AX}=\boldsymbol{B}$ 有唯一解，则齐次线性方程组 $\boldsymbol{AX}=\boldsymbol{O}$ ________.

2. 单项选择题

(1) 设 $\boldsymbol{\alpha}_1=\begin{bmatrix}1\\2\\0\end{bmatrix}$， $\boldsymbol{\alpha}_2=\begin{bmatrix}0\\0\\0\end{bmatrix}$，则(　　)

A. $\boldsymbol{\alpha}_1$ 线性相关　　B. $\boldsymbol{\alpha}_1,\boldsymbol{\alpha}_2$ 线性相关

C. $\boldsymbol{\alpha}_2$ 线性无关　　D. $\boldsymbol{\alpha}_1,\boldsymbol{\alpha}_2$ 线性无关

(2) 设有 4 维向量组 $\boldsymbol{\alpha}_1,\boldsymbol{\alpha}_2,\boldsymbol{\alpha}_3,\boldsymbol{\alpha}_4,\boldsymbol{\alpha}_5,\boldsymbol{\alpha}_6$，则(　　)

A. $\boldsymbol{\alpha}_1,\boldsymbol{\alpha}_2,\boldsymbol{\alpha}_3,\boldsymbol{\alpha}_4,\boldsymbol{\alpha}_5,\boldsymbol{\alpha}_6$ 中至少有 2 个向量能由其余向量线性表出

B. $\boldsymbol{\alpha}_1,\boldsymbol{\alpha}_2,\boldsymbol{\alpha}_3,\boldsymbol{\alpha}_4,\boldsymbol{\alpha}_5,\boldsymbol{\alpha}_6$ 线性无关

C. $\boldsymbol{\alpha}_1,\boldsymbol{\alpha}_2,\boldsymbol{\alpha}_3,\boldsymbol{\alpha}_4,\boldsymbol{\alpha}_5,\boldsymbol{\alpha}_6$ 的秩为 2

D. $\boldsymbol{\alpha}_1,\boldsymbol{\alpha}_2,\boldsymbol{\alpha}_3,\boldsymbol{\alpha}_4$ 一定线性相关

(3) 向量组 $\boldsymbol{\alpha}_1=\begin{bmatrix}2\\3\\0\\0\end{bmatrix}$， $\boldsymbol{\alpha}_2=\begin{bmatrix}1\\4\\-5\\0\end{bmatrix}$， $\boldsymbol{\alpha}_3=\begin{bmatrix}3\\0\\0\\0\end{bmatrix}$， $\boldsymbol{\alpha}_4=\begin{bmatrix}5\\-7\\0\\0\end{bmatrix}$ 的极大无关组为(　　)

A. $\boldsymbol{\alpha}_1$　　B. $\boldsymbol{\alpha}_1,\boldsymbol{\alpha}_2$　　C. $\boldsymbol{\alpha}_1,\boldsymbol{\alpha}_2,\boldsymbol{\alpha}_3$　　D. $\boldsymbol{\alpha}_1,\boldsymbol{\alpha}_2,\boldsymbol{\alpha}_3,\boldsymbol{\alpha}_4$

(4) 方程组 $\begin{cases}x_1+x_2+x_3=2\\ x_1-2x_2=-1\\ 3x_1-6x_2=3\end{cases}$ 一定(　　)

A. 有无穷多个解　B. 有唯一解　　C. 无解　　D. 以上都不对

(5) 若 $\boldsymbol{AX}=\boldsymbol{B}$ 的一般解为 $\begin{cases}x_1=2x_3-1\\ x_2=3x_3+2\end{cases}$ (其中 x_3 为自由元)，则(　　)

A. 令 $x_3=0$，得特解 $\boldsymbol{\eta}=\begin{bmatrix}-1\\2\end{bmatrix}$　　B. 只有令 $x_3=0$，才能求得 $\boldsymbol{AX}=\boldsymbol{B}$ 的特解

C. 令 $x_3=1$，得特解 $\boldsymbol{\eta}=\begin{bmatrix}1\\5\end{bmatrix}$　　D. 令 $x_3=1$，得特解 $\boldsymbol{\eta}=\begin{bmatrix}1\\5\\1\end{bmatrix}$

3. 将下列矩阵化成行简化阶梯形矩阵：

(1) $\begin{bmatrix}1&1&1&4&-3\\1&-1&3&-2&-1\\2&1&3&5&-5\\3&1&5&6&-7\end{bmatrix}$；　(2) $\begin{bmatrix}1&1&1&-1&-1&-2\\1&1&0&2&-3&-1\\0&2&1&-3&2&-1\\2&0&1&1&-4&-3\end{bmatrix}$.

4. 用消元法解下列线性方程组：

(1) $\begin{cases}x_1+2x_2-x_3=-3\\ -x_1+x_2+2x_3=3\\ 2x_1+x_3=7\end{cases}$；　(2) $\begin{cases}x_1+2x_2-x_3-x_4=0\\ x_1+2x_2+x_4=4\\ -x_1-2x_2+2x_3+4x_4=5\end{cases}$

(3) $\begin{cases} x_1+2x_2+4x_3=31 \\ 5x_1+x_2+2x_3=29 \\ 3x_1-x_2-2x_3=2 \end{cases}$; $\begin{cases} x_1-x_2-x_3+x_4=0 \\ x_1-x_2+x_3-3x_4=0 \\ x_1-x_2-2x_3+3x_4=0 \end{cases}$.

5. 设向量$\boldsymbol{\alpha}_1=\begin{bmatrix}1\\2\\3\end{bmatrix}$，$\boldsymbol{\alpha}_2=\begin{bmatrix}0\\1\\-1\end{bmatrix}$，$\boldsymbol{\alpha}_3=\begin{bmatrix}-3\\2\\5\end{bmatrix}$,求 $3\boldsymbol{\alpha}_1+4\boldsymbol{\alpha}_2-2\boldsymbol{\alpha}_3$.

6. 判断向量$\boldsymbol{\beta}$能否由向量组线性表出,若能,写出它的一种表出方式.

(1) $\boldsymbol{\beta}=\begin{bmatrix}8\\16\\32\end{bmatrix}$，$\boldsymbol{\alpha}_1=\begin{bmatrix}1\\2\\3\end{bmatrix}$，$\boldsymbol{\alpha}_2=\begin{bmatrix}2\\5\\-4\end{bmatrix}$，$\boldsymbol{\alpha}_3=\begin{bmatrix}3\\9\\-13\end{bmatrix}$；

(2) $\boldsymbol{\beta}=\begin{bmatrix}6\\1\\27\end{bmatrix}$，$\boldsymbol{\alpha}_1=\begin{bmatrix}2\\3\\5\end{bmatrix}$，$\boldsymbol{\alpha}_2=\begin{bmatrix}1\\2\\3\end{bmatrix}$，$\boldsymbol{\alpha}_3=\begin{bmatrix}3\\1\\4\end{bmatrix}$；

(3) $\boldsymbol{\beta}=\begin{bmatrix}5\\2\\-1\\-1\end{bmatrix}$，$\boldsymbol{\alpha}_1=\begin{bmatrix}1\\2\\3\\1\end{bmatrix}$，$\boldsymbol{\alpha}_2=\begin{bmatrix}-2\\1\\4\\3\end{bmatrix}$，$\boldsymbol{\alpha}_3=\begin{bmatrix}1\\-1\\-3\\0\end{bmatrix}$，$\boldsymbol{\alpha}_4=\begin{bmatrix}3\\1\\-1\\-2\end{bmatrix}$.

7. 设向量组$\boldsymbol{\alpha}_1,\boldsymbol{\alpha}_2,\boldsymbol{\alpha}_3$ 线性无关,试证明$\boldsymbol{\beta}_1=\boldsymbol{\alpha}_1,\boldsymbol{\beta}_2=\boldsymbol{\alpha}_1+\boldsymbol{\alpha}_2,\boldsymbol{\beta}_3=\boldsymbol{\alpha}_1+\boldsymbol{\alpha}_2+\boldsymbol{\alpha}_3$ 也线性无关.

8. 判断下列向量组的线性相关性：

(1) $\boldsymbol{\alpha}_1=\begin{bmatrix}1\\2\\3\end{bmatrix}$，$\boldsymbol{\alpha}_2=\begin{bmatrix}1\\0\\-1\end{bmatrix}$，$\boldsymbol{\alpha}_3=\begin{bmatrix}-3\\2\\1\end{bmatrix}$；

(2) $\boldsymbol{\alpha}_1=\begin{bmatrix}2\\3\\5\end{bmatrix}$，$\boldsymbol{\alpha}_2=\begin{bmatrix}1\\2\\3\end{bmatrix}$，$\boldsymbol{\alpha}_3=\begin{bmatrix}3\\1\\4\end{bmatrix}$，$\boldsymbol{\alpha}_4=\begin{bmatrix}-1\\0\\2\end{bmatrix}$；

(3) $\boldsymbol{\alpha}_1=\begin{bmatrix}1\\3\\-2\\3\end{bmatrix}$，$\boldsymbol{\alpha}_2=\begin{bmatrix}2\\-1\\4\\9\end{bmatrix}$，$\boldsymbol{\alpha}_3=\begin{bmatrix}-4\\2\\-1\\-7\end{bmatrix}$，$\boldsymbol{\alpha}_4=\begin{bmatrix}2\\-1\\3\\6\end{bmatrix}$；

(4) $\boldsymbol{\alpha}_1=\begin{bmatrix}1\\2\\3\\1\end{bmatrix}$，$\boldsymbol{\alpha}_2=\begin{bmatrix}-2\\1\\4\\3\end{bmatrix}$，$\boldsymbol{\alpha}_3=\begin{bmatrix}1\\-1\\-3\\0\end{bmatrix}$，$\boldsymbol{\alpha}_4=\begin{bmatrix}3\\1\\-1\\-2\end{bmatrix}$.

9. 求下列向量组的秩与一个极大无关组,并将其余向量用极大无关组线性表出.

(1) $\boldsymbol{\alpha}_1=\begin{bmatrix}1\\2\\3\\1\end{bmatrix}$，$\boldsymbol{\alpha}_2=\begin{bmatrix}-2\\1\\4\\3\end{bmatrix}$，$\boldsymbol{\alpha}_3=\begin{bmatrix}3\\1\\-1\\-2\end{bmatrix}$，$\boldsymbol{\alpha}_4=\begin{bmatrix}5\\0\\-5\\-5\end{bmatrix}$；

(2) $\boldsymbol{\alpha}_1=\begin{bmatrix}1\\1\\1\\1\end{bmatrix}$, $\boldsymbol{\alpha}_2=\begin{bmatrix}1\\2\\3\\4\end{bmatrix}$, $\boldsymbol{\alpha}_3=\begin{bmatrix}1\\4\\9\\16\end{bmatrix}$, $\boldsymbol{\alpha}_4=\begin{bmatrix}1\\3\\7\\13\end{bmatrix}$, $\boldsymbol{\alpha}_5=\begin{bmatrix}1\\2\\5\\10\end{bmatrix}$.

10. 设$\boldsymbol{\alpha}_1,\boldsymbol{\alpha}_2,\boldsymbol{\alpha}_3$是某个齐次线性方程组$\boldsymbol{AX}=\boldsymbol{O}$的基础解系,证明:$\boldsymbol{\beta}_1=\boldsymbol{\alpha}_2+\boldsymbol{\alpha}_3,\boldsymbol{\beta}_2=\boldsymbol{\alpha}_1+\boldsymbol{\alpha}_3,\boldsymbol{\beta}_3=\boldsymbol{\alpha}_1+\boldsymbol{\alpha}_2$一定是$\boldsymbol{AX}=\boldsymbol{O}$的基础解系.

11. 求下列齐次线性方程组的一个基础解系和通解:

(1) $\begin{cases}x_1-2x_2+2x_3+3x_4=0\\ 3x_2-4x_3+2x_4=0\\ x_1-x_2+x_3+4x_4=0\end{cases}$;　　(2) $\begin{cases}x_1+x_2+x_3+4x_4-3x_5=0\\ x_1-x_2+3x_3-2x_4-x_5=0\\ 2x_1+x_2+3x_3+5x_4-5x_5=0\\ 3x_1+x_2+5x_3+6x_4-7x_5=0\end{cases}$.

12. 求下列非齐次线性方程组的通解:

(1) $\begin{cases}x_1-x_2+x_3-x_4=0\\ 2x_1-x_2+3x_3-2x_4=-1\\ 3x_1-2x_2-x_3+2x_4=4\end{cases}$;　　(2) $\begin{cases}x_1+5x_2-x_3-x_4=-1\\ x_1+7x_2+x_3+3x_4=3\\ 3x_1+17x_2-x_3+x_4=1\\ x_1+3x_2-3x_3-5x_4=-5\end{cases}$.

13. 当λ为何值时,下列方程组有解?有解时,求出解.

$$\begin{cases}x_1-x_2-5x_3+4x_4=2\\ 2x_1-x_2+3x_3-x_4=1\\ 3x_1-2x_2-2x_3+3x_4=3\\ 7x_1-5x_2-9x_3+10x_4=\lambda\end{cases}$$

第四章

投入产出数学模型

第一节

投入产出模型

投入产出是分析研究经济系统各个部分(作为生产单位或消费单位的产业部门、行业、产品等)之间表现为投入和产出的相互依存关系的一种经济数量分析方法.美国经济学家里昂惕夫1933年提出,投入产出分析的理论基础是一般均衡理论.投入产出分析从一般均衡理论中吸收了有关经济活动的相互依存性的观点,并用代数联立方程体系来描述这种相互依存关系.其特点是:在考察部门间错综复杂的投入产出关系时,能够发现任何局部的最初变化对经济体系各个部分的影响.

一、投入产出平衡表

编制投入产出表是进行投入产出分析的前提.目前,投入产出分析已经拓展到经济研究领域的各个方面.在以下几方面其作用尤为巨大:①为编制经济计划,特别是为编制中、长期计划提供依据.②分析经济结构,进行经济预测.③研究经济政策对经济生活的影响.④研究某些专门的社会问题,如污染、人口、就业以及收入分配等问题.投入产出表又称里昂惕夫表、产业联系表或部门联系平衡表.反映国民经济各部门间投入与产出关系的平衡表.国民经济每个部门既是生产产品(产出)的部门,又是消耗产品(投入)的部门.投入产出表是以所有部门的产出去向为行、投入来源为列而组成的棋盘式表格,主要说明两个基本关系.一个关系是,每一部门的总产出等于它所生产的中间产品与最终产品之和,中间产品应能满足各部门投入的需要,最终产品应能满足积累和消费的需要.另一个关系是,每一部门的投入就是它生产中直接需要消耗的各部门的中间产品,在生产技术条件不变的前提下,投入决定于它的总产出.投入产出表按计量单位可分为实物型和价值型两种,实物型是以实物量单位编制的,价值型是以货币单位编制的.我们这里只研究价值型投入产出表(如表4-1所示).

表 4-1 投入产出平衡表(价值型)

部门		消耗部门				最终产品				总产品
		1	2	…	n	消费	积累	出口	合计	
生产部门	1	x_{11}	x_{12}	…	x_{1n}				y_1	x_1
	2	x_{21}	x_{22}	…	x_{2n}				y_2	x_2
	⋮	⋮	⋮		⋮				⋮	⋮
	n	x_{n1}	x_{n2}	…	x_{nn}				y_n	x_n
净产品价值	劳动报酬	v_1	v_2	…	v_n					
	纯收入	m_1	m_2	…	m_n					
	合计	z_1	z_2	…	z_n					
总产品价值		x_1	x_2	…	x_n					

其中

$x_i(i=1,2,\cdots,n)$表示第 i 个部门的总产品；

$y_i(i=1,2,\cdots,n)$表示第 i 个部门的最终产品；

$x_{ij}(i,j=1,2,\cdots,n)$表示第 i 个部门分配给第 j 个部门的产品量或第 j 个部门消耗第 i 个部门的产品量；

$z_j(j=1,2,\cdots,n)$表示第 j 个部门新创造的价值；

$v_j(j=1,2,\cdots,n)$表示第 j 个部门的劳动报酬；

$m_j(j=1,2,\cdots,n)$表示第 j 个部门创造的纯收入.

二、投入产出平衡方程组

通过投入产出表里的两个基本关系我们可以得到两个平衡方程组如下：

1. 产品分配平衡方程组

$$\begin{cases} x_1 = x_{11} + x_{12} + \cdots + x_{1n} + y_1 \\ x_2 = x_{21} + x_{22} + \cdots + x_{2n} + y_2 \\ \quad\vdots \\ x_n = x_{n1} + x_{n2} + \cdots + x_{nn} + y_n \end{cases} \tag{4.1}$$

即

$$x_i = \sum_{j=1}^{n} x_{ij} + y_i \quad (i = 1,2,\cdots,n)$$

其中，$\sum_{j=1}^{n} x_{ij}$ 表示第 i 个部门提供给各部门生产性消耗的总产品量.

2. 产品消耗平衡方程组

$$\begin{cases} x_1 = x_{11} + x_{21} + \cdots + x_{n1} + z_1 \\ x_2 = x_{12} + x_{22} + \cdots + x_{n2} + z_2 \\ \quad\vdots \\ x_n = x_{1n} + x_{2n} + \cdots + x_{nn} + z_n \end{cases} \tag{4.2}$$

即

$$x_j = \sum_{i=1}^{n} x_{ij} + z_j \quad (j = 1,2,\cdots,n)$$

其中，$\sum_{i=1}^{n} x_{ij}$ 表示第 j 个部门消耗各部门的总产品量.

第二节

直接消耗系数

定义 4.1 第 j 个部门生产单位产品消耗第 i 个部门的产品量，称为第 j 个部门对第 i 个部门的直接消耗系数，记为 a_{ij}，即 $a_{ij}=\frac{x_{ij}}{x_j}(i,j=1,2,\cdots,n)$，$n$ 阶矩阵

$$A = \begin{bmatrix} a_{11} & a_{12} & \cdots & a_{1n} \\ a_{21} & a_{22} & \cdots & a_{2n} \\ \vdots & \vdots & & \vdots \\ a_{n1} & a_{n2} & \cdots & a_{nn} \end{bmatrix}$$

称为直接消耗系数矩阵.

直接消耗系数是经济系统中生产一种产品对另一种产品的消耗定额(或称单耗)，它是由生产技术及管理技术条件决定的，因此也称为技术系数. 直接消耗系数充分反映了各部门之间在生产技术上的数量依存关系. 当生产及管理技术无显著变化时，直接消耗系数是不会改变的.

由 $a_{ij}=\frac{x_{ij}}{x_j}$ 得 $x_{ij}=a_{ij}x_j$，将其代入产品分配平衡方程组得

$$\begin{cases} x_1 = a_{11}x_1 + a_{12}x_2 + \cdots + a_{1n}x_n + y_1 \\ x_2 = a_{21}x_1 + a_{22}x_2 + \cdots + a_{2n}x_n + y_2 \\ \qquad\vdots \\ x_n = a_{n1}x_1 + a_{n2}x_2 + \cdots + a_{nn}x_n + y_n \end{cases} \tag{4.3}$$

令 $\boldsymbol{X}=(x_1,x_2,\cdots,x_n)^{\mathrm{T}}$，$\boldsymbol{Y}=(y_1,y_2,\cdots,y_n)^{\mathrm{T}}$，则(4.3)可化为矩阵方程

$$\boldsymbol{X} = \boldsymbol{AX} + \boldsymbol{Y} \text{ 或} (\boldsymbol{E} - \boldsymbol{A})\boldsymbol{X} = \boldsymbol{Y}$$

将 $x_{ij}=a_{ij}x_j$ 代入产品消耗平衡方程组得

$$\begin{cases} x_1 = a_{11}x_1 + a_{21}x_1 + \cdots + a_{n1}x_1 + z_1 \\ x_2 = a_{12}x_2 + a_{22}x_2 + \cdots + a_{n2}x_2 + z_2 \\ \qquad\vdots \\ x_n = a_{1n}x_n + a_{2n}x_n + \cdots + a_{nn}x_n + z_n \end{cases} \tag{4.4}$$

令

$$D=\begin{bmatrix} \sum_{i=1}^{n} a_{i1} & & & \\ & \sum_{i=1}^{n} a_{i2} & & \\ & & \ddots & \\ & & & \sum_{i=1}^{n} a_{in} \end{bmatrix}, \quad Z=(z_1,z_2,\cdots,z_n)^{\mathrm{T}}$$

则方程组(4.4)可化为矩阵方程 $X=DX+Z$ 或 $(E-D)X=Z$.

直接消耗系数的性质

(1) $0\leqslant a_{ij}<1(i,j=1,2,\cdots,n)$.

证明：由 $x_{ij}>0,x_j>0$，且 $x_{ij}<x_j$，以及 $a_{ij}=\dfrac{x_{ij}}{x_j}(i,j=1,2,\cdots,n)$

可得

$$0\leqslant a_{ij}<1(i,j=1,2,\cdots,n).$$

(2) $\sum_{i=1}^{n}|a_{ij}|<1,\quad (j=1,2,\cdots,n)$.

证明：将消耗平衡方程组

$$x_j=\sum_{i=1}^{n}x_{ij}+z_j\quad (j=1,2,\cdots,n)$$

变形得

$$\left(1-\sum_{i=1}^{n}a_{ij}\right)x_j=z_j\quad (j=1,2,\cdots n),$$

由于 $x_j>0,z_j>0$，从而

$$1-\sum_{i=1}^{n}a_{ij}>0,\quad 即\quad \sum_{i=1}^{n}a_{ij}<1$$

又由性质 1 有

$$\sum_{i=1}^{n}|a_{ij}|<1,\quad (j=1,2,\cdots,n).$$

第三节

平衡方程组的解法

一、产品分配平衡方程组的解法

定理 4.1 设 A 为直接消耗系数矩阵，则$[E-A]$非奇异.

定理 4.2 若 n 阶矩阵 $A=(a_{ij})$满足

(1) $0 \leqslant a_{ij} < 1(i,j=1,2,\cdots,n)$;

(2) $\sum_{i=1}^{n} | a_{ij} | < 1(j = 1,2,\cdots,n)$.

则方程组$[\boldsymbol{E}-\boldsymbol{A}]\boldsymbol{X}=\boldsymbol{Y}$当$y$非负时存在非负解.

直接消耗系数矩阵$\boldsymbol{A}$为已知的情况下：

(1) 若各部门的总产品量$\boldsymbol{X}=(x_1,x_2,\cdots,x_n)^{\mathrm{T}}$为已知,则各部门的最终产品量$\boldsymbol{Y}=(y_1,y_2,\cdots,y_n)^{\mathrm{T}}$可由$\boldsymbol{Y}=(\boldsymbol{E}-\boldsymbol{A})\boldsymbol{X}$求得.

(2) 若各部门的最终产品量$\boldsymbol{Y}=(y_1,y_2,\cdots,y_n)^{\mathrm{T}}$为已知,则总产品量$\boldsymbol{X}=(x_1,x_2,\cdots,x_n)^{\mathrm{T}}$可由$\boldsymbol{X}=[\boldsymbol{E}-\boldsymbol{A}]^{-1}\boldsymbol{Y}$求得.

二、消耗平衡方程组的解法

1. 在消耗平衡方程$x_j = \sum_{i=1}^{n} a_{ij}x_j + z_j(j = 1,2,\cdots,n)$中,如果已知$a_{ij}(i,j = 1,2,\cdots,n)$,则每个方程中只有两个未知量$x_j$和$z_j$,若其中一个为已知时,即可求出另一个.

(1) 设已知x_j,那么$z_j = \left(1 - \sum_{i=1}^{n} a_{ij}\right)x_j \quad (j = 1,2,\cdots,n)$;

(2) 设已知z_j,那么$x_j = \dfrac{z_j}{1 - \sum_{i=1}^{n} a_{ij}} \quad (j = 1,2,\cdots,n)$.

2. 用矩阵求解：$\boldsymbol{X} = [\boldsymbol{E} - \boldsymbol{D}]^{-1}\boldsymbol{Z}$或$\boldsymbol{Z} = [\boldsymbol{E} - \boldsymbol{D}]\boldsymbol{X}$.

例 4.1 设某经济系统包括三个部门,在一个生产周期内各部门间的直接消耗系数及最终产品量列表如表 4-2,

表 4-2 直接消耗系数与最终产品量

生产部门	消耗部门			最终产品
	1	2	3	
1	0.25	0.1	0.1	245
2	0.2	0.2	0.1	90
3	0.1	0.1	0.2	175

求各部门总产品量,各部门间流量及净产品价值.

解：$\boldsymbol{A}=\begin{bmatrix} 0.25 & 0.1 & 0.1 \\ 0.2 & 0.2 & 0.1 \\ 0.1 & 0.1 & 0.2 \end{bmatrix}$,$\boldsymbol{Y}=\begin{bmatrix} 245 \\ 90 \\ 175 \end{bmatrix}$,$(\boldsymbol{E}-\boldsymbol{A})=\begin{bmatrix} 0.75 & -0.1 & -0.1 \\ -0.2 & 0.8 & -0.1 \\ -0.1 & -0.1 & 0.8 \end{bmatrix}$

$(\boldsymbol{E}-\boldsymbol{A} \vdots \boldsymbol{E}) =$

$$\left[\begin{array}{ccc:ccc} 0.75 & -0.1 & -0.1 & 1 & 0 & 0 \\ -0.2 & 0.8 & -0.1 & 0 & 1 & 0 \\ -0.1 & -0.1 & 0.8 & 0 & 0 & 1 \end{array}\right] \to \left[\begin{array}{ccc:ccc} 75 & -10 & -10 & 100 & 0 & 0 \\ -2 & 8 & -1 & 0 & 10 & 0 \\ -1 & -1 & 8 & 0 & 0 & 10 \end{array}\right]$$

$$\rightarrow\left[\begin{array}{ccc:ccc}1 & 1 & -8 & 0 & 0 & -10\\ -2 & 8 & -1 & 0 & 10 & 0\\ 75 & -10 & -10 & 100 & 0 & 0\end{array}\right]\rightarrow\left[\begin{array}{ccc:ccc}1 & 1 & -8 & 0 & 0 & -10\\ 0 & 10 & -17 & 0 & 10 & -20\\ 0 & -85 & 590 & 100 & 0 & 750\end{array}\right]$$

$$\rightarrow\left[\begin{array}{ccc:ccc}1 & 1 & -8 & 0 & 0 & -10\\ 0 & 1 & -1.7 & 0 & 1 & -2\\ 0 & -17 & 118 & 20 & 0 & 150\end{array}\right]\rightarrow\left[\begin{array}{ccc:ccc}1 & 1 & -8 & 0 & 0 & -10\\ 0 & 1 & -1.7 & 0 & 1 & -2\\ 0 & 0 & 89.1 & 20 & 17 & 116\end{array}\right]$$

$$\rightarrow\left[\begin{array}{ccc:ccc}1 & 1 & -8 & 0 & 0 & -10\\ 0 & 1 & -1.7 & 0 & 1 & -2\\ 0 & 0 & 1 & \frac{200}{891} & \frac{170}{891} & \frac{1160}{891}\end{array}\right]\rightarrow\left[\begin{array}{ccc:ccc}1 & 1 & 0 & \frac{1600}{891} & \frac{1360}{891} & \frac{370}{891}\\ 0 & 1 & 0 & \frac{340}{891} & \frac{1180}{891} & \frac{190}{891}\\ 0 & 0 & 1 & \frac{200}{891} & \frac{170}{891} & \frac{1160}{891}\end{array}\right]$$

$$\rightarrow\left[\begin{array}{ccc:ccc}1 & 0 & 0 & \frac{1260}{891} & \frac{180}{891} & \frac{180}{891}\\ 0 & 1 & 0 & \frac{340}{891} & \frac{1180}{891} & \frac{190}{891}\\ 0 & 0 & 1 & \frac{200}{891} & \frac{170}{891} & \frac{1160}{891}\end{array}\right]$$

所以

$$(\boldsymbol{E}-\boldsymbol{A})^{-1}=\frac{10}{891}\begin{bmatrix}126 & 18 & 18\\ 34 & 118 & 19\\ 20 & 17 & 116\end{bmatrix}$$

于是得

$$\boldsymbol{X}=(\boldsymbol{E}-\boldsymbol{A})^{-1}\boldsymbol{Y}=\begin{bmatrix}126 & 18 & 18\\ 34 & 118 & 19\\ 20 & 17 & 116\end{bmatrix}\begin{bmatrix}245\\ 90\\ 175\end{bmatrix}=\frac{10}{891}\begin{bmatrix}30\,870+1620+3150\\ 8330+10\,620+3325\\ 4900+1530+20\,300\end{bmatrix}$$

$$=\frac{10}{891}\begin{bmatrix}35\,640\\ 22\,275\\ 26\,730\end{bmatrix}=\begin{bmatrix}400\\ 250\\ 300\end{bmatrix}.$$

因为 $a_{ij}=\frac{x_{ij}}{x_j}$,所以 $x_{ij}=a_{ij}x_j$,于是得

$x_{11}=a_{11}x_1=0.25\times400=100, x_{12}=a_{12}x_2=0.1\times250=25, x_{13}=a_{13}x_3=0.1\times300=30$

$x_{21}=a_{21}x_1=0.2\times400=80, x_{22}=a_{22}x_2=0.2\times250=50, x_{23}=a_{23}x_3=0.1\times300=30$

$x_{31}=a_{31}x_1=0.1\times400=40, x_{32}=a_{32}x_2=0.1\times250=25, x_{33}=a_{33}x_3=0.2\times300=60$

由

$$z_j=\left(1-\sum_{i=1}^{3}a_{ij}\right)x_j\ (j=1,2,3)$$

得

$$z_1=\left(1-\sum_{i=1}^{3}a_{i1}\right)x_1=(1-0.55)\times400=0.45\times400=180$$

$$z_2 = \left(1 - \sum_{i=1}^{3} a_{i2}\right) x_2 = (1 - 0.4) \times 250 = 0.6 \times 250 = 150$$

$$z_3 = \left(1 - \sum_{i=1}^{3} a_{i3}\right) x_3 = (1 - 0.4) \times 300 = 0.6 \times 300 = 180$$

即三个部门在一个生产周期内的净产品价值分别为 180,150,180,最后可得这个经济系统的投入产出表如表 4-3 所示.

表 4-3　例 4.1 三个部门的投入产出表

部门		消耗部门 x_j			最终产品	总产品
		1	2	3	y_i	x_i
生产部门	1	100	25	30	245	400
	2	80	50	30	90	250
	3	40	25	60	175	300
净产品价值 z_j		180	150	180		
总产品价值 x_j		400	250	300		

第四节

完全消耗系数

直接消耗系数 a_{ij} 是第 j 个部门生产单位产品时直接消耗第 i 个部门的产品量. 但是第 j 个部门生产产品时除直接消耗第 i 个部门的产品外,还通过其他部门间接消耗第 i 个部门的产品. 例如煤炭部门采煤对电力部门的消耗:

采煤要消耗电力,这是煤炭部门对电力部门的直接消耗;

采煤还要消耗机械设备、钢材、坑木等,而机械设备、钢材、坑木等的生产也要消耗电力,这是煤炭部门通过机械设备、钢材、坑木等中间环节对电力部门的一次间接消耗;

生产采煤机械设备,也要消耗钢材,生产这些钢材还要消耗电力,这是煤炭部门通过机械设备——钢材对电力部门的二次间接消耗;

类推下去,还会有三次性、四次性……间接消耗,形成一个无穷的连锁反应.

我们把第 j 个部门生产产品时直接消耗第 i 个部门的产品量称为对第 i 个部门的直接消耗,第 j 个部门生产产品时通过其他部门间接消耗第 i 个部门的产品量称为第 j 个部门对第 i 个部门的间接消耗,把上述直接消耗与间接消耗的和称为第 j 个部门对第 i 个部门的完全消耗.

完全消耗系数从数量上更全面、更深刻地反映了各部门产品之间的联系,准确地掌握完全消耗情况是保持部门间比例,搞好综合平衡,实行计划管理的必要条件. 为了更全面、更深刻、更本质地刻画经济系统中各部门之间的相互关系,需要引进完全消耗系数的概念.

定义 4.2 第 j 个部门生产单位产品所需的第 i 个部门的产品的完全消耗量，称为第 j 个部门对第 i 个部门的完全消耗系数，记作 c_{ij}. 即

$$c_{ij} = a_{ij} + c_{i1}a_{1j} + c_{i2}a_{2j} + \cdots + c_{in}a_{nj} = a_{ij} + \sum_{k=1}^{n} c_{ik}a_{kj} \quad (i,j = 1,2,\cdots,n) \tag{4.5}$$

式中：a_{ij} 为第 j 个部门单位产品对第 i 个部门产品量的直接消耗；

$c_{ik}a_{kj}(k=1,2,\cdots,n)$ 为第 j 个部门单位产品对第 k 个部门的直接消耗 a_{kj} 与第 k 个部门单位产品对第 i 个部门的完全消耗 c_{ik} 的乘积. 这个乘积便是第 j 个部门的单位产品通过第 k 个部门对第 i 个部门的间接消耗，$\sum\limits_{k=1}^{n} c_{ik}a_{kj}$ 便是第 j 个部门对第 i 个部门的间接消耗的总和.

定义 4.3 各部门的完全消耗系数构成的 n 阶方阵

$$\boldsymbol{C} = \begin{bmatrix} c_{11} & c_{12} & \cdots & c_{1n} \\ c_{21} & c_{22} & \cdots & c_{2n} \\ \vdots & \vdots & & \vdots \\ c_{n1} & c_{n2} & \cdots & c_{nn} \end{bmatrix}$$

称为完全消耗系数矩阵.

为便于计算，我们考察 $\boldsymbol{A}$、$\boldsymbol{C}$ 间的关系，由式(4.5)可得

$$\boldsymbol{C} = \boldsymbol{A} + \boldsymbol{CA} \tag{4.6}$$

式(4.6)也可以写成 $\boldsymbol{C}(\boldsymbol{E}-\boldsymbol{A})=\boldsymbol{A}$，因$(\boldsymbol{E}-\boldsymbol{A})$可逆，故 $\boldsymbol{C}=\boldsymbol{A}(\boldsymbol{E}-\boldsymbol{A})^{-1}$，

又因

$$\boldsymbol{A} = \boldsymbol{E} - (\boldsymbol{E} - \boldsymbol{A}),$$

故

$$\boldsymbol{C} = [\boldsymbol{E} - (\boldsymbol{E} - \boldsymbol{A})](\boldsymbol{E} - \boldsymbol{A})^{-1},$$

即

$$\boldsymbol{C} = (\boldsymbol{E} - \boldsymbol{A})^{-1} - \boldsymbol{E} \tag{4.7}$$

式(4.7)表明，完全消耗系数可由直接消耗系数表示.

完全消耗系数也是技术系数，具有相对稳定性. 因此它是国家经济结构分析及经济预测的重要参考，也是投入产出理论的使用价值所在.

例 4.2 设某经济系统的直接消耗系数矩阵为

$$\boldsymbol{A} = \begin{bmatrix} 0.2 & 0.3 & 0.2 \\ 0.4 & 0.1 & 0.2 \\ 0.1 & 0.3 & 0.2 \end{bmatrix}$$

求该系统的完全消耗系数矩阵.

解：根据 $\boldsymbol{A}$、$\boldsymbol{C}$ 之间的关系式(4.7)，只要求出$(\boldsymbol{E}-\boldsymbol{A})^{-1}$即可

$$\boldsymbol{E} - \boldsymbol{A} = \begin{bmatrix} 0.8 & -0.3 & -0.2 \\ -0.4 & 0.9 & -0.2 \\ -0.1 & -0.3 & 0.8 \end{bmatrix}$$

$$(\boldsymbol{E}-\boldsymbol{A})^{-1}=\frac{1}{0.384}\begin{bmatrix}0.66 & 0.30 & 0.24\\0.34 & 0.62 & 0.24\\0.21 & 0.27 & 0.60\end{bmatrix}=\begin{bmatrix}1.7188 & 0.7813 & 0.6250\\0.8854 & 1.6146 & 0.6250\\0.5469 & 0.7031 & 1.5625\end{bmatrix}$$

$$\boldsymbol{C}=(\boldsymbol{E}-\boldsymbol{A})^{-1}-\boldsymbol{E}=\begin{bmatrix}0.7188 & 0.7813 & 0.6250\\0.8854 & 0.6146 & 0.6250\\0.5469 & 0.7031 & 0.5625\end{bmatrix}.$$

例 4.3 设整个国民经济分为农业、工业和其他三个部门，根据统计资料编出了简化的部门间联系平衡表如表 4-4 所示，试求该经济系统的完全消耗系数矩阵.

表 4-4 例 4.3 简化的三部门间生产消耗平衡表

部门		消耗部门			最终产品	总产品
		农业	工业	其他		
生产部门	农业	60	190	30	320	600
	工业	90	1520	180	2010	3800
	其他	30	95	60	415	600
新创造价值		420	1995	330		
总产品价值		600	3800	600		

解：由 $a_{ij}=\dfrac{x_{ij}}{x_j}$ 容易计算直接消耗系数矩阵

$$\boldsymbol{A}=\begin{bmatrix}0.10 & 0.05 & 0.05\\0.15 & 0.40 & 0.30\\0.05 & 0.025 & 0.10\end{bmatrix}$$

$$\boldsymbol{E}-\boldsymbol{A}=\begin{bmatrix}0.90 & -0.05 & -0.05\\-0.15 & 0.60 & -0.30\\-0.05 & -0.025 & 0.90\end{bmatrix},(\boldsymbol{E}-\boldsymbol{A})^{-1}=\begin{bmatrix}1.1329 & 0.0984 & 0.0957\\0.3191 & 1.7180 & 0.5904\\0.0718 & 0.0532 & 1.1329\end{bmatrix}$$

故完全消耗系数矩阵

$$\boldsymbol{C}=(\boldsymbol{E}-\boldsymbol{A})^{-1}-\boldsymbol{E}=\begin{bmatrix}0.1329 & 0.0984 & 0.0957\\0.3191 & 0.7180 & 0.5904\\0.0718 & 0.0532 & 0.1329\end{bmatrix}.$$

引入完全消耗系数矩阵 $\boldsymbol{C}$，分配平衡方程组将化为

$$\boldsymbol{X}=(\boldsymbol{C}+\boldsymbol{E})\boldsymbol{Y},$$

即

$$\begin{bmatrix}x_1\\x_2\\\vdots\\x_n\end{bmatrix}=\begin{bmatrix}c_{11}+1 & c_{12} & \cdots & c_{1n}\\c_{21} & c_{22}+1 & \cdots & c_{2n}\\\vdots & \vdots & & \vdots\\c_{n1} & c_{n2} & \cdots & c_{nn}+1\end{bmatrix}\begin{bmatrix}y_1\\y_2\\\vdots\\y_n\end{bmatrix}$$

从而 $$x_i=c_{i1}y_1+c_{i2}y_2+\cdots+(c_{ii}+1)y_i+\cdots+c_{in}y_n\quad(i=1,2,\cdots,n)\tag{4.8}$$

式(4.8)说明，第 i 个部门的总产品量是各部门最终产品的加权和，除本部门最终产品量 y_i 的权重是 $c_{ii}+1$ 外，其他各部门最终产品量的权重都取完全消耗系数.

至此，我们可以利用过去若干周期所提供的数据首先计算出直接消耗系数，进而计算出完全消耗系数. 当各部门最终产品量按社会需求给出预测值时，就可以利用式(4.8)计算各部门适应这一社会需求水平的总产品量计划值，从而编制出下一生产周期的投入产出综合平衡表.

如果某个部门最终产品量，即对该部门产品的需求量发生变化，就需要全面重新计算各部门的总产品量.

如设 y_j 改变为 $y_j+\Delta y_j$，其余不变，这时假定 x_i 变为 $x_i+\Delta x_i$. 根据式(4.8)，有

$$\begin{aligned}x_i+\Delta x_i &= c_{i1}y_1+c_{i2}y_2+\cdots+c_{ij}(y_j+\Delta y_j)+\cdots+c_{in}y_n\\ &= c_{i1}y_1+c_{i2}y_2+\cdots+c_{ij}y_j+\cdots+c_{in}y_n+c_{ij}\Delta y_j\\ &= x_i+c_{ij}\Delta y_j\end{aligned}$$

于是，得到

$$\Delta x_i = c_{ij}\Delta y_j \tag{4.9}$$

$i=j$ 时，应为

$$\Delta x_j = c_{jj}\Delta y_j+\Delta y_j$$

式(4.9)表明，当第 j 个部门最终产品有改变量 Δy_j 时，相应的各部门总产品量的改变量 Δx_i 等于完全消耗系数与最终产品量的改变量之积. 利用式(4.9)，可以计算出

$$\Delta x_1 = c_{1j}\Delta y_j,\Delta x_2 = c_{2j}\Delta y_j,\cdots,\Delta x_j = (c_{jj}+1)\Delta y_j,\cdots,\Delta x_n = c_{nj}\Delta y_j$$

然后把它们分别加到原来的 $x_1,x_2,\cdots,x_i,\cdots,x_n$ 上，就可得到相应的改变的各部门新的总产品量.

例 4.4 设某经济系统三部门间的完全消耗系数如表 4-5 所示：

表 4-5 例 4-4 三部门间的完全消耗系统 c_{ij}

部门	1	2	3
1	0.384	0.367	0.31
2	1.2994	0.9774	0.904
3	1.158	1.328	0.893

下一周期三部门产品社会需求量预测为 90，70，160，试求三部门总产品量的计划值.

解：根据式(4.8)得

$$x_1 = (c_{11}+1)y_1+c_{12}y_2+c_{13}y_3 = (0.384+1)\times 90+0.367\times 70+0.31\times 160 = 200$$
$$x_2 = c_{21}y_1+(c_{22}+1)y_2+c_{23}y_3 = 1.2994\times 90+(0.9774+1)\times 70+0.904\times 160 = 400$$
$$x_3 = c_{31}y_1+c_{32}y_2+(c_{33}+1)y_3 = 1.158\times 90+1.328\times 70+(0.893+1)\times 160 = 500$$

例 4.5 在例 4.4 中，若第一部门产品需求量预测值改变为 100，求各部门总产量.

解：根据式(4.9)，有

$$\Delta x_1 = (c_{11}+1)\Delta y_1 = (0.384+1)\times(100-90) = 13.84$$
$$\Delta x_2 = c_{21}\Delta y_1 = 1.2994\times(100-90) = 12.994$$

$$\Delta x_3 = c_{31}\Delta y_1 = 1.158\times(100-90) = 11.58$$

故各部门经调整的总产品量为

$$x_1 = 200 + 13.84 = 213.84$$

$$x_2 = 400 + 12.994 = 412.994$$

$$x_3 = 500 + 11.58 = 511.58$$

本章小结

本章主要介绍了投入产出数学模型的建立和应用，重点是两个平衡方程组即产品分配平衡方程组和消耗平衡方程组. 然后引入了直接消耗系数 $a_{ij}=\dfrac{x_{ij}}{x_j}$，直接消耗系数充分反映了各部门之间在生产技术上的数量依存关系，将直接消耗系数代入产品分配平衡方程组便可以得到方程组矩阵形式 $\boldsymbol{X}=\boldsymbol{AX}+\boldsymbol{Y}$ 或 $(\boldsymbol{E}-\boldsymbol{A})\boldsymbol{X}=\boldsymbol{Y}$，带入消耗平衡方程组便可以得到方程组矩阵形式 $\boldsymbol{X}=\boldsymbol{DX}+\boldsymbol{Z}$ 或 $(\boldsymbol{E}-\boldsymbol{D})\boldsymbol{X}=\boldsymbol{Z}$. 若消耗系数已知，则通过各部门的总产品就可以求各部门的最终产品或新创造的价值，反过来，通过各部门的最终产品或新创造的价值也可以求各部门的总产品. 为了更全面、更深刻、更本质地刻画经济系统中各部门之间的相互关系，需要引进完全消耗系数

$$c_{ij} = a_{ij} + c_{i1}a_{1j} + c_{i2}a_{2j} + \cdots + c_{in}a_{nj} = a_{ij} + \sum_{k=1}^{n} c_{ik}a_{kj} \quad (i,j=1,2,\cdots,n)$$

完全消耗系数也是技术系数，具有相对稳定性. 因此它是国家经济结构分析及经济预测的重要参考，也是投入产出理论的使用价值所在.

基本概念

直接消耗系数　完全消耗系数

思考与训练(四)

1. 设某经济系统包括三个部门，其直接消耗系数及各部门总产品如下表所示：

生产部门	消耗部门			总产品
	1	2	3	
1	0.25	0.1	0.1	20
2	0.2	0.2	0.1	30
3	0.1	0.1	0.2	10

求各部门的最终产品.

2. 设某经济系统包括三个部门，其直接消耗系数及各部门最终产品如下表所示：

生产部门	消耗部门			最终产品
	1	2	3	
1	0.10	0.05	0.05	320
2	0.15	0.40	0.30	2010
3	0.05	0.025	0.10	415

求各部门的总产品.

3. 设某经济系统包括三个部门,其完全消耗系数矩阵为

$$\boldsymbol{C}=\begin{pmatrix}0.2 & 0.2 & 0.5\\0.3 & 0.4 & 0.4\\0.1 & 0.3 & 0.1\end{pmatrix}$$

若计划$\boldsymbol{Y}=(20,30,10)^{\mathrm{T}}$,问$\boldsymbol{X}$应为多少?

第五章

线性规划问题

线性规划是运筹学中研究较早、发展较快、比较成熟、应用最广泛的一个分支.它最早的工作始于20世纪30年代,随着科学技术的发展,计算机的普及,线性规划已广泛应用到工农业生产、经济管理和交通运输等各项活动中.

线性规划研究的问题主要有两大类.第一类是:在现有的人、财、物资源这一客观条件下,如何去组织安排,使完成的任务最多,收到的效益最高;第二类是:当任务确定以后,如何统筹安排,使用最少的人、财、物资源,去完成该项任务.以上两大类问题,是一个问题的两个方面.实质上就是如何进行有效的经营管理和合理的经济分析工作,以达到良好经济效果的问题.

第一节 线性规划问题的概念

本节结合实例说明什么是线性规划问题.

例 5.1 生产计划问题

某工厂拟用甲乙两台设备生产 A、B 两种产品,已知生产一件 A 产品所消耗甲、乙设备的生产时间分别为 2h 和 3h,生产一件 B 产品所消耗甲、乙设备的生产时间分别为 4h 和 2h.而甲、乙两台设备每月可用于生产 A、B 产品的生产时间分别为 180h 和 150h,如果每件 A 产品的利润为 400 元,每件 B 产品的利润为 600 元.工厂应该如何制订 A、B 产品的生产计划,使其在现有条件下获得的利润最大?

为用数学语言来描述这个问题,我们假设在计划期内 A、B 两种产品的生产量分别为 x_1、x_2 件.由于甲设备用于生产 A、B 两种产品的生产时间只有 180h,因此,确定 A、B 产品的生产量时,必须保证它们所需要的甲设备生产时间不超过甲设备的可用生产时间.上述关系用不等式表示成:

$$2x_1 + 4x_2 \leqslant 180$$

对于乙设备同样可建立下述不等式:

$$3x_1 + 2x_2 \leqslant 150$$

而 A、B 两种产品的生产量不能为负值,所以又有

$$x_1 \geqslant 0, x_2 \geqslant 0$$

目标是使获得的利润 $S=400x_1+600x_2$ 最大.

这里变量 x_1、x_2 的取值,就是工厂要确定的生产计划. 因此称 x_1、x_2 为决策变量. 这两个变量受到一定的约束,这些约束一方面由甲、乙设备可用生产时间($2x_1+4x_2 \leqslant 180$,$3x_1+2x_2 \leqslant 150$)决定;另一方面由产量不可能为负数,即由非负条件($x_1 \geqslant 0$,$x_2 \geqslant 0$)决定. 这些约束条件对于 x_1、x_2 都是线性的. 计划的目标是求利润函数 $S=400x_1+600x_2$ 的最大值,一般称这种函数为目标函数. 目标函数也是 x_1、x_2 的线性函数. 因此称它为一个线性规划问题.

例 5.2 某造纸公司下属甲乙两个生产厂都生产 A、B、C 三种规格的纸,已知如表 5-1 列出的生产速率:

表 5-1 例 5.1 造纸厂生产速率

生产厂	产品			成本/(元/h)
	A/(t/h)	B/(t/h)	C/(t/h)	
甲	5	3	5	200
乙	3	5	4	150
需求/(t/d)	95	70	100	

试问每个厂各应开工生产几个小时,才能满足供应需求而又使成本最小?

这也是一个生产计划问题.

设生产厂甲和乙分别开工生产 x_1、x_2 小时,则 $x_1 \geqslant 0$,$x_2 \geqslant 0$,由三种规格纸的需求量,可知:

$$5x_1+3x_2 \geqslant 95$$
$$3x_1+5x_2 \geqslant 70$$
$$5x_1+4x_2 \geqslant 100$$

目标是使成本 $S=200x_1+150x_2$ 最小.

例 5.3 配料问题

设用 3 种原料 B_1,B_2,B_3 配制成 2 种含有特定营养成分的食品 A_1,A_2,要求在 A_1 中所含营养成分的数量不低于 5 个单位,而在 A_2 中所含营养成分的数量不低于 4 个单位,各单位原料所含的营养成分量及单价见表 5-2,问应如何配料才能使产品成本最低?

表 5-2 各单位原料所含的营养成分量及单价

食品	单位原料所含营养成分量			食品中要求的营养成分量(单位)
	原料 B_1	原料 B_2	原料 B_3	
A_1	2	0	4	≥5
A_2	2	3	1	≥4
原料单价	4	2	3	

解:设配制食品 A_1 和 A_2 共用去原料 B_1,B_2,B_3 的数量分别为 x_1,x_2,x_3,那么成本就是 $S=4x_1+2x_2+3x_3$. 配制者希望它越小越好. 很明显,当 $x_1=x_2=x_3=0$ 时,成本最小,但这时什么也没配制,这种情况是没有实际意义的.

由于 A_1 中所含营养成分不低于 5 个单位，即

$$2x_1+4x_3\geqslant 5$$

A_2 中所含营养成分不低于 4 个单位，即

$$2x_1+3x_2+x_3\geqslant 4$$

又因原料的数量必是非负数，即

$$x_1\geqslant 0, x_2\geqslant 0, x_3\geqslant 0$$

所以，这一问题就是求一组变量：x_1, x_2, x_3 的值，使目标函数 $S=4x_1+2x_2+3x_3$ 的值最小，并满足如下约束条件：

$$\begin{cases}2x_1+4x_3\geqslant 5\\2x_1+3x_2+x_3\geqslant 4\\x_1, x_2, x_3\geqslant 0\end{cases}$$

例 5-2、例 5-3 与例 1 不一样，它们的目的是求成本函数的极小值，而前者是求利润函数的极大值；约束条件后者是下限，不等式用"≥"的形式，前者是上限，不等式用"≤"的形式.

以上我们讨论了 3 个经济问题，这些问题都是线性规划问题，这些经济问题尽管含义不同，但有很多共同之处.

第一，这些经济问题的研究和解决，都必须满足一定的条件，并且这些约束条件都可写为线性不等式或线性等式的形式.

第二，这些经济问题中的变量都有非负的要求. 这是因为在一般情况下，变量取负值没有实际意义.

第三，解决这些经济问题的方法都有许多不同的方案可供选择，也就是说满足约束条件的方案有许多个.

我们的目标是要从可供选择的方案中选出一个最优的方案，这里有一个衡量标准问题，即根据什么数量标准来评定一个方案是最优的. 这个数量标准我们称之为目标函数. 目标函数是根据经济问题的性质和要求确定的，有的目标函数是要求极大值，有的要求极小值.

如果抽去它们的经济意义，可以看出这是一个求线性函数满足一组线性等式或线性不等式的条件极值问题.

这样，线性规划就可以定义为：具有一组线性等式或线性不等式约束的线性函数的极值问题，其变量恒要求为非负.

第二节

线性规划问题的数学模型

线性规划属于应用较广泛的应用数学学科，所以利用线性规划去解决实际问题，首先就要将实际问题进行抽象地概括，转化为数学形式，即建立数学模型. 数学模型就是描述

实际问题共性的抽象的数学形式.

第一节我们已通过3个经济实例说明了什么是线性规划,可以看到,每个问题都有一个数量的描述,也就是数学模型.下面根据定义给出一般线性规划的数学模型.

一、线性规划数学模型的一般形式

线性规划数学模型的一般形式是:

求一组变量 $x_j(j=1,2,\cdots,n)$ 的值,使其满足:

$$\text{约束条件}\begin{cases}a_{11}x_1+a_{12}x_2+\cdots+a_{1n}x_n\leqslant(\text{或}=,\geqslant)b_1\\a_{21}x_1+a_{22}x_2+\cdots+a_{2n}x_n\leqslant(\text{或}=,\geqslant)b_2\\\qquad\vdots\\a_{m1}x_1+a_{m2}x_2+\cdots+a_{mn}x_n\leqslant(\text{或}=,\geqslant)b_m\\x_1,x_2,\cdots,x_n\geqslant 0\end{cases}$$

并使目标函数 $S=c_1x_1+c_2x_2+\cdots+c_nx_n$ 的值最大(或最小).

采用连加号 Σ,把上述模型简记为

$$\max\ (\text{或}\ \min\ )S=\sum_{j=1}^{n}c_jx_j$$

$$\text{s. t.}\begin{cases}\sum a_{ij}x_j\leqslant(\text{或}=,\geqslant)b_i & i=1,\cdots,m\\x_j\geqslant 0 & j=1,\cdots,n\end{cases}$$

若令 $\boldsymbol{A}=\begin{bmatrix}a_{11}&a_{12}&\cdots&a_{1n}\\a_{21}&a_{22}&\cdots&a_{2n}\\\vdots&\vdots&&\vdots\\a_{m1}&a_{m2}&\cdots&a_{mn}\end{bmatrix}$, $\boldsymbol{X}=\begin{bmatrix}x_1\\x_2\\\vdots\\x_n\end{bmatrix}$, $\boldsymbol{b}=\begin{bmatrix}b_1\\b_2\\\vdots\\b_m\end{bmatrix}$, $\boldsymbol{C}=(c_1,c_2,\cdots,c_n)$

则利用矩阵的知识,可将该模型表为:

$$\max\ (\text{或}\ \min)S=\boldsymbol{CX}$$

$$\text{s. t.}\begin{cases}\boldsymbol{AX}\leqslant b(\text{或}\geqslant b\ \text{或}=b)\\x\geqslant 0\end{cases}$$

称为线性规划模型的矩阵表示式,其中 $\boldsymbol{A}$ 为约束条件的 $m\times n$ 系数矩阵,b 为限定向量,$\boldsymbol{C}$ 为价值向量,x 为决策变量向量.

其中,"s. t."为英文"subject to"表示"受约束于".

这样,第一节例1生产计划问题的数学模型为

$$\max S=400x_1+600x_2$$

$$\text{s. t.}\begin{cases}2x_1+4x_2\leqslant 180\\3x_1+2x_2\leqslant 150\\x_1,x_2\geqslant 0\end{cases}$$

第一节例2问题的数学模型为

$$\min S=200x_1+150x_2$$

$$\text{s.t.}\begin{cases}5x_1+3x_2\geqslant 95\\3x_1+5x_2\geqslant 70\\5x_1+4x_2\geqslant 100\\x_1,x_2\geqslant 0\end{cases}$$

第一节例 3 食品配料问题的数学模型为

$$\min S=4x_1+2x_2+3x_3$$

$$\text{s.t.}\begin{cases}2x_1+4x_3\geqslant 5\\2x_1+3x_2+x_3\geqslant 4\\x_1,x_2,x_3\geqslant 0\end{cases}$$

二、建立线性规划问题的数学模型的一般步骤

一个线性规划问题的数学模型由下面 3 个要素组成：

(1) 决策变量，指问题中要确定的未知量.

(2) 约束条件，指决策变量取值时应满足的一些限制条件，表示为含决策变量的线性等式或线性不等式.

(3) 目标函数，指问题要求达到的目标要求，表示为决策变量的线性函数.

如果一个经济问题是线性规划问题，那么依照上述 3 个要素可写出数学模型，其步骤为：

第一步，根据经济要求设立适当的决策变量；

第二步，根据决策变量取值的限制写出约束条件；

第三步，写出目标函数式；

第四步，综合上述三步，写出数学模型.

例 5.4 下料问题

某车间有一批长度为 7.4m 的同型钢管，因生产需要，需将其截成长 2.9m、2.1m 和 1.5m 三种不同长度的管料. 若三种管料各需 100 根，问应如何下料，可使用料最省？

分析此问题，可知有多种下料方式. 其中最简单的方式是在每根 7.4m 钢管上截取 2.9m、2.1m 和 1.5m 管料各一件，可剩料头 0.9m. 这样就需钢管 100 根，料头总长达 90m. 显然这不是节省的方案. 为使用料最省，则必须考虑如何进行合理的套裁. 假如已有下列 5 种较好的方案，如表 5-3 所示：

表 5-3 例 5.4 下料方案

规格/m	方案				
	Ⅰ	Ⅱ	Ⅲ	Ⅳ	Ⅴ
2.9	1	2	0	1	0
2.1	0	0	2	2	1
1.5	3	1	2	0	3
合计/m	7.4	7.3	7.2	7.1	6.6
料头/m	0	0.1	0.2	0.3	0.8

现在的问题是，用这五种方案各截多少根钢管配成100套管料，并使花费的钢管总数最少？

设第 j 种截法用钢管根数为 $x_j(j=1,2,\cdots,5)$，则总共截得2.9m管料数必须满足需要数100根，即

$$x_1+2x_2+x_4\geqslant 100$$

同样，截得的2.1m和1.5m管料的数量也必须满足需要数100根，则有

$$2x_3+2x_4+x_5\geqslant 100$$
$$3x_1+x_2+2x_3+3x_5\geqslant 100$$

当然，各种截法用的钢管根数不能为负，即

$$x_1\geqslant 0,x_2\geqslant 0,x_3\geqslant 0,x_4\geqslant 0,x_5\geqslant 0$$

目标是使总用料根数

$$x_1+x_2+x_3+x_4+x_5$$

最少.

所以，此问题的数学模型为

$$\min S=x_1+x_2+x_3+x_4+x_5$$
$$\text{s.t.}\begin{cases}x_1+2x_2+x_4\geqslant 100\\2x_3+2x_4+x_5\geqslant 100\\3x_1+x_2+2x_3+3x_5\geqslant 100\\x_1,x_2,\cdots,x_5\geqslant 0\end{cases}$$

线性规划问题的数学模型是前面所述的两类实际问题的抽象的数学形式，它反映了客观事物数量的本质规律. 在该问题中，满足所有约束条件的解称为线性规划问题的可行解(在实际决策问题中称为可行方案). 全部可行解的集合称为可行解集(可行域). 在可行解中，使目标函数取得最大值或最小值的解，称为最优解(在实际问题中称为最佳方案). 在实际建模过程中，要根据实际问题，抓住最本质因素，剔除次要因素，建立一个既简单而又比较真实反映问题本质规律的模型.

第三节

两个变量线性规划问题的图解法

为了对后面讨论的线性规划问题的基本理论有一个直观的认识，我们在本节通过具体例子介绍两个变量线性规划问题的图解法，并以此为基础，说明一般线性规划问题可能存在的几种解的情况.

一、图解法的步骤

图解法就是利用坐标图去解线性规划模型的方法，我们首先复习一下解析几何中的有关内容.

线性等式：$Ax+By+C=0 \overset{对应}{\leftrightarrow}$ 平面上的一条直线

而线性不等式：$Ax+By+C\leqslant 0(\geqslant 0) \overset{对应}{\leftrightarrow}$ 坐标平面上的一个半平面

那么如何判别一个线性不等式所描述的平面在平面坐标系的位置呢？

例 5.5　不等式 $x-2y\leqslant 2$ 表示哪半个平面？

解：先作直线 $x-2y=2$，将点(0,0)代入得 $0\leqslant 2$，所以满足不等式 $x-2y\leqslant 2$ 的点在如图 5-1 阴影部分所示的半平面上.

例 5.6　不等式 $x-y\leqslant 0$ 表示哪半个平面？

解：先作直线 $x-y=0$，将点(2,1)代入 $x-y$ 得 $1\geqslant 0$，所以满足不等式 $x-y\leqslant 0$ 的点在如图 5-2 阴影部分所示的半平面上.

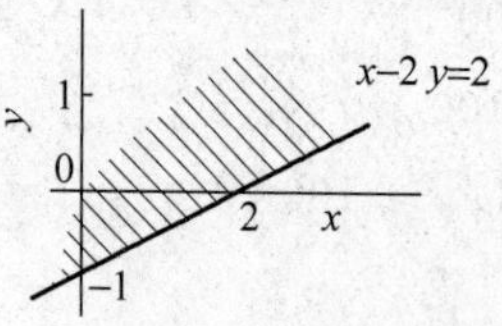

图　5-1

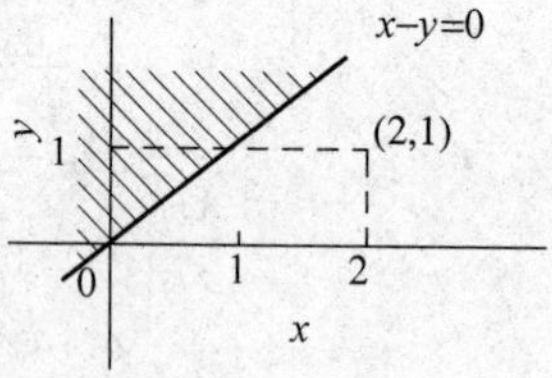

图　5-2

如上节所述，线性规划的数学模型，不论是约束条件还是目标函数，它们的表达式都是线性的.而当决策变量仅两个时，线性等式表现为平面图上的一条直线，线性不等式则表现为平面图上的半个平面.因此，两个决策变量的线性规划的目标函数及约束条件都可以在平面直角坐标系中表示出来，然后通过观察得到最优解.

例 5.7　求解本章第一节的例 1，其数学模型为

$$\max S = 400x_1 + 600x_2$$

$$\text{s. t.}\begin{cases}2x_1 + 4x_2 \leqslant 180\\ 3x_1 + 2x_2 \leqslant 150\\ x_1, x_2 \geqslant 0\end{cases}$$

(1) 先分析约束条件在平面上应如何表示.

在以 x_1 和 x_2 为坐标轴作的直角坐标系中，非负条件 $x_1\geqslant 0$，表示包括 x_2 轴和它的右侧的半平面；非负条件 $x_2\geqslant 0$，表示包括 x_1 轴和它的上面的半平面，这两个条件同时成立时，是指第一象限(包括 x_1，x_2 轴的正半轴及原点).

甲设备的约束条件：$2x_1+4x_2\leqslant 180$

如果我们暂时忽略不等式这种实际情况，而假设它是一个等式，即 $2x_1+4x_2=180$.我们就可以很容易地任意选择满足上述方程式的两个点，且把这两点用一条直线连结起

来，这条直线描述了 $2x_1+4x_2=180$ 这种关系. 如令 $x_1=0$，则 $x_2=45$；令 $x_2=0$，则 $x_1=90$. 这样的两个点(耗费甲设备生产时间为 180 的两组方案)分别为图 5-3 中的 M 点和 N 点. 但甲设备的约束条件是不等式，而不是等式. 所以只要甲设备的生产时间为 180 或小于 180，就满足此约束条件. 因此 MN 线上及其左下方的点所表示的方案都能满足甲设备的约束条件，而 MN 线右边的任何点都不能满足此条件. 在图 5-3 中，把 MN 线左边的区域画成阴影，以表示在该区域内的任何点的坐标所代表的生产计划均满足甲设备的约束条件.

同样可把 $3x_1+2x_2\leqslant150$ 所示乙设备的约束条件描述成图 5-4 的阴影区域，它表示 EF 线上及其左下方的任何点的坐标所代表的生产计划均满足乙设备的约束条件.

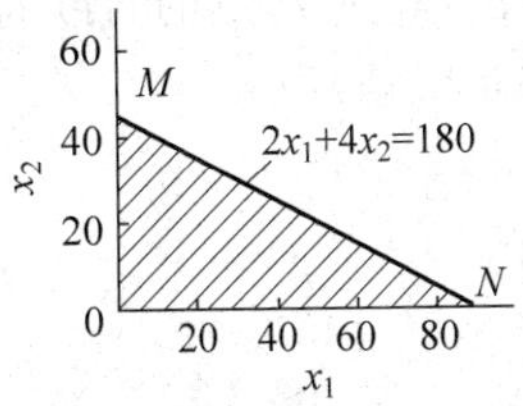

图 5-3

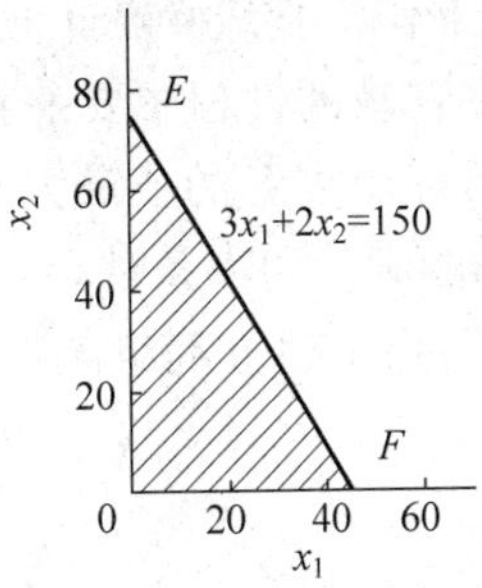

图 5-4

如果把问题的所有约束条件都画在一个图上，则如图 5-5 所示. 由于线性规划问题的解，必须满足所有的约束条件，因此在图 5-5 阴影区域内所有点的坐标所代表的方案均是满足全部约束条件的生产计划. 这样凸多边形 $MPFO$ 所形成的区域(可行域)就是满足此线性规划约束条件的解的集合. 需要解决的是在这个解集内的无穷多组可行解中，找到一组能使目标函数达到最大值的解，即求出最优解.

(2) 再讨论目标函数如何表示

在目标函数 $S=400x_1+600x_2$ 中，S 是待定的利润值.

如果我们取 $S=0$，12 000，20 000，30 000，40 000，…，将得到一组斜率同为 $-\dfrac{2}{3}$ 的平行线，如图 5-6 所示. 位于同一条直线上的所有点具有相同的目标函数值，因而称其为等值线. 如通过(0，20)和(30，0)的直线上的所有点都具有相同的目标函数值. 此时，目标函数值为 $400x_1+600x_2=12\,000$，即这条直线在约束集合内的所有点所代表的生产方案都能创造 12 000 元的利润. 由于通过原点的等值线的利润为 0，因此，等值线应按其法线方向尽量向上方移动，距离原点越远，其利润值越大. 但对于通过点(40，40)的直线 L，利润值虽然为 40 000 元，但在这条直线上却没有一点在可行域内. 也就是说，不存在一个创造 40 000 元利润的生产计划. 因此，一方面要使目标函数值尽可能地大，另一方面目标函数直线上至少要有一点位于多边形 $MPFO$ 内或边界上.

(3) 确定最优解

最优解就是满足约束条件并使目标函数达到最优值(极大值或极小值)的 x_1 及 x_2 的值. 最优解必是可行解，因此最优解应在可行域上去寻找，寻找方法如下.

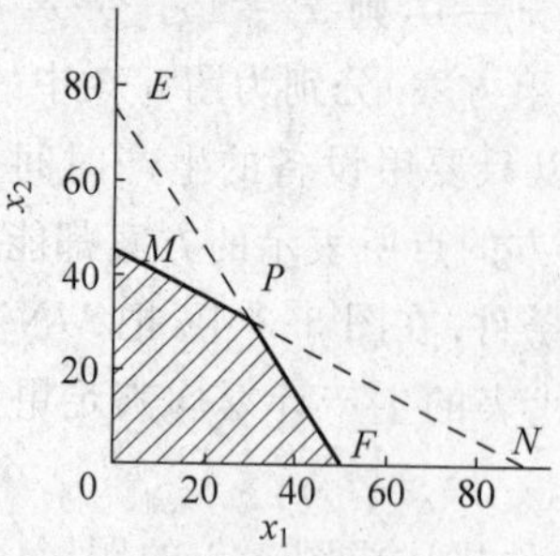

图 5-5

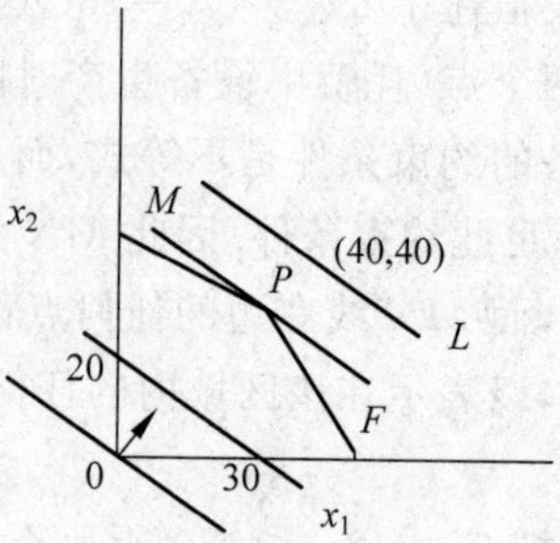

图 5-6

在图 5-6 上作出直线 $400x_1+600x_2=0$，然后让此直线离开 O 点向等值线增值的方向移动. 注意在移动的过程中要一直保持直线与可行域相交，从中找到一条离原点最远的直线(相应的目标函数 S 的值最大). 从图 5-6 可以看出，经过 P 点的直线符合这一要求，即 P 点坐标既能满足约束条件，又能使目标函数取得最大值.

P 点坐标可由下述方程组解得：

$$\begin{cases}2x_1+4x_2=180\\3x_1+2x_2=150\end{cases}$$

解得：$x_1=30, x_2=30$

将其代入目标函数得极大值为 $S=400\times30+600\times30=30\,000$

于是，得到计划期内的最优生产计划是生产 A 产品 30 件，生产 B 产品 30 件，得到最大利润为 30 000 元.

例 5.8 求解本章第一节的例 2，其数学模型为

$$\min S=200x_1+150x_2$$

$$\text{s.t.}\begin{cases}5x_1+3x_2\geqslant95\\3x_1+5x_2\geqslant70\\5x_1+4x_2\geqslant100\\x_1\geqslant0, x_2\geqslant0\end{cases}$$

解：画出可行区域，如图 5-7 所示的阴影部分，它是一个无界区域，任作一目标函数的等值线 $200x_1+150x_2=7000$，当等值线平行向左下方移动时，目标函数值下降，由此可知 Q 点是最优点，其坐标可由方程组 $\begin{cases}5x_1+3x_2=95\\5x_1+4x_2=100\end{cases}$ 求得.

解得 $x_1=16, x_2=5$，最优值为 $S=3950$.

即甲厂开工 16h，乙厂开工 5h，使成本最小为 3950 元.

从上面的例题可知，用图解法求解线性规划问题，其步骤如下：

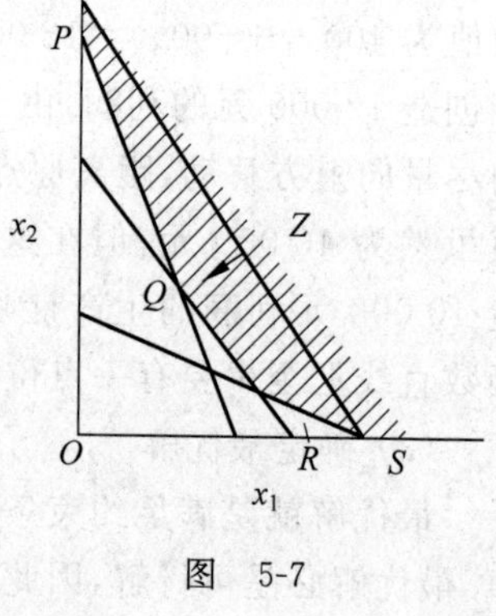

图 5-7

(1) 建立直角坐标系，并通过作图寻找可行解域.

(2) 绘出目标函数等值线.

(3) 平移等值线. 对极大化问题,从经过可行解域的等值线中找出离开原点最远的一条等值线;对极小化问题,从经过可行解域的等值线中找出离开原点最近的一条等值线. 这条等值线与可行解域的交点坐标就是最优解.

(4) 求出最优解和最优值.

不论是求最大值问题还是最小值问题,确定最优解,都必须先作一条适当的等值线,然后平移等值线,使其离开原点最远或最近,但同时还须保证解的可行性.

二、线性规划问题解的几种情况

(一) 有唯一最优解

这是一般情况,最优解在可行域的某个顶点处达到,如本节例 7、例 8 所示.

(二) 有无穷多组最优解

若将例 7 的目标函数改为 $\max S=400x_1+800x_2$(即每件 B 产品的利润为 800 元),此时目标函数的等值线平行于 MN 边,MN 线段上的全部点都是最优解,所以最优解有无穷多个,出现多重最优解.

(三) 有可行解无最优解

例 5.9 用图解法解下述线性规划问题

$$\max S = x_1 + 2x_2$$

$$\text{s. t.}\begin{cases} x_1 \leqslant 4 \\ -x_1 + x_2 \geqslant 1 \\ x_1, x_2 \geqslant 0 \end{cases}$$

解:绘出可行解域如图 5-8 所示.

从图 5-8 可以看到,可行解域是一个无界的多边形. 等值线离开原点可以无限向上平移,也就是 Z 的值趋向于无穷大,所以在这种情况下,目标函数无上界,显然也没有最优解.

在实际问题中,这种情况的发生可能是在建立数学模型中舍弃了必要的约束条件而造成的. 不过,如果这个问题是求目标函数极小值,则极小值可以在(0,1)点得到.

(四) 无可行解

例 5.10 用图解法解下述线性规划问题

$$\max S = 2x_1 + 3x_2$$

$$\text{s. t.}\begin{cases} x_1 + x_2 \leqslant 1 \\ -x_1 + x_2 \geqslant 2 \\ x_1, x_2 \geqslant 0 \end{cases}$$

解:如图 5-9 所示,在第一象限中作出满足 $x_1+x_2\leqslant 1$ 和 $-x_1+x_2\geqslant 2$ 的区域.

从图 5-9 中可以看到,作出的两个区域没有公共部分,因此,没有满足约束条件的可行解,所以也无最优解.

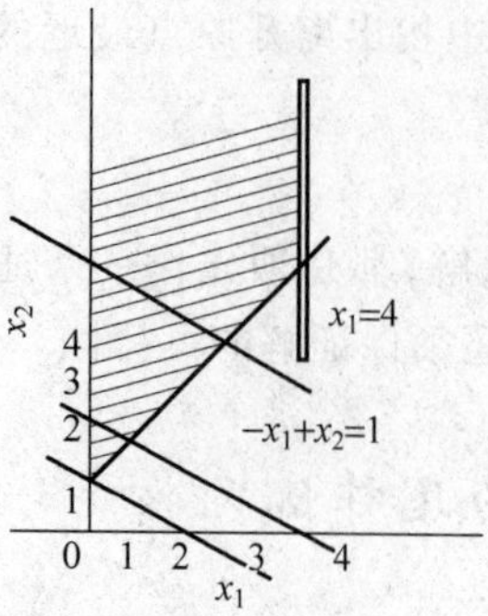

图 5-8

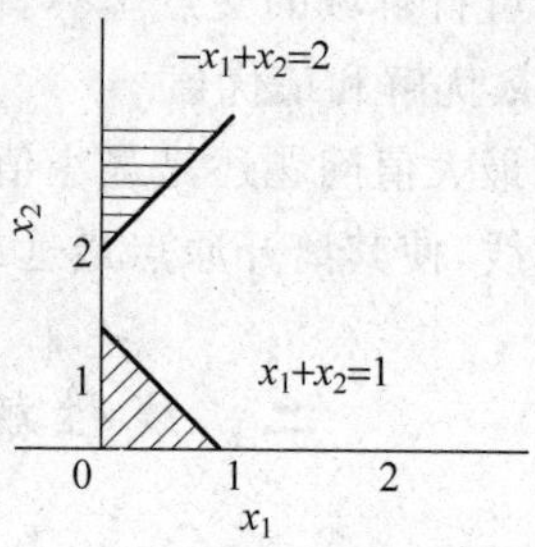

图 5-9

一个实际的线性规划问题如果无可行解,可能是在建立数学模型时,对约束条件考虑有错误造成的. 遇到这种情况,应重新考虑实际问题的各种限制条件,重新建立数学模型.

由图解法知道,两个变量的线性规划问题的所有可行解构成的可行解集合一般是凸多边形(有时可行域是无界的);若存在最优解,则它一定在可行域的某个顶点上达到;若在两个顶点上同时取得最优解,则在这两个顶点连线上的任一点也都是最优解;若可行域无界,则也可能会发生最优解无界的情况(这时称最优解不存在,或无最优解). 这也就是说,线性规划问题可以没有解,可以有唯一解,也可以有无穷多个解,即

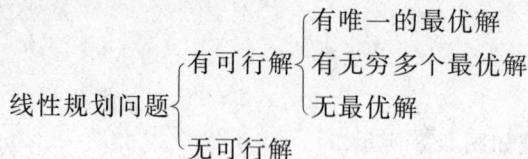

线性规划问题
- 有可行解
  - 有唯一的最优解
  - 有无穷多个最优解
  - 无最优解
- 无可行解

本章小结

一、线性规划

线性规划主要研究以下两类问题:一类是给定一定的资源,研究如何运用这些资源更好地完成任务;另一类问题是如何统筹安排,尽量以最少的资源去完成既定的任务,事实上这是一个问题的两个方面.

线性规划是对一个线性的目标函数在若干个线性约束条件下进行的最优化处理,即在一定的约束条件下,对一定的目标函数求得最好的结果.

二、线性规划数学模型

(一) 线性规划模型的基本特征

1. 每一个问题都用一组决策变量($x_1,x_2,\cdots,x_n$)来表示某个方案;其值代表一个具体方案,一般这些变量的取值是非负的,即

$$x_j \geqslant 0 (j=1,2,\cdots,n)$$

2. 每个问题都存在一组约束条件,这些约束条件可以用一组线性等式或线性不等式

来表示.

3. 每个问题都有一个明确的目标,此目标是以一组决策变量($x_1,x_2,\cdots,x_n$)的线性函数来表示;按问题的不同,可以使目标函数达到极大值,也可以使其达到极小值.

(二) 线性规划模型的一般形式为

$$\max(\text{或}\ \min)z = c_1x_1 + c_2x_2 + \cdots + c_nx_n$$

$$\text{s.t.}\begin{cases} a_{11}x_1 + a_{12}x_2 + \cdots + a_{1n}x_n \leqslant (=,\geqslant) b_1 \\ a_{21}x_1 + a_{22}x_2 + \cdots + a_{2n}x_n \leqslant (=,\geqslant) b_2 \\ \qquad\vdots \\ a_{m1}x_1 + a_{m2}x_2 + \cdots + a_{mn}x_n \leqslant (=,\geqslant) b_m \\ x_1,x_2,\cdots,x_n \geqslant 0 \end{cases}$$

三、线性规划的图解法

图解法简单直观,求解线性规划问题时不需将数学模型化为标准型,可以直接在平面上作图,但此法只适用于二维问题,故有一定局限性.

用图解法求解,有助于了解线性规划问题求解的基本原理,它可以直接看出线性规划问题解的几种情况:

1. 有唯一最优解;
2. 有无穷多组最优解;
3. 无可行解;
4. 无有限最优解(即为无界解).

基 本 概 念

线性规划　可行解　可行域　最优解　最优值

思考与训练(五)

思考题

1. 线性规划方法用于解决什么类型的问题?
2. 线性规划问题的数学模型由哪几部分构成?
3. 线性规划问题的最优解与最优值有何关系?
4. 线性规划问题的最优解只能在可行域的边界上取得吗?

练习题

1. 建立下列问题的数学模型

(1) 一个企业需要使用同一种原材料生产甲、乙两种产品,它们的单位产品所需原材料的数量及所耗费的加工时间各不相同,从而所获利润也不相同.上述资料数据,以及该企业可利用的资源总量均由下表所示:

资源	单位产品所需资源		可利用的资源总量
	产品甲	产品乙	
原材料/t	2	3	100
加工时间/h	4	2	120
单位利润/元	600	400	

那么，该企业应如何安排产品计划，才能使获得的利润达到最大？

(2) 某企业生产 500g 重瓶装涂料，由 A、B 两种原料混合而成. 工艺规定 A 种原料最多不能超过 350g，B 种原料不能少于 200g. 已知原料成本 A 种 4 元/g;，B 种 7 元/g，求每瓶中两种原料各用多少，才能使成本最小？

(3) 用长度为 500cm 的条材，截成长度分别为 98cm 和 78cm 两种毛坯，要求共截出长 98cm 的毛坯 10 000 根，78cm 的 20 000 根，问怎样截取，才能使所用的原材料最少？

(4) 某班有男同学 35 人，女同学 15 人，星期天准备去植树. 根据经验，男同学一天平均每人挖坑 20 个，或栽树 30 棵，或给 25 棵树浇水，女同学一天平均每人挖坑 10 个，或栽树 20 棵，或给 15 棵树浇水. 问怎样安排，才使植树最多？

2. 用图解法求下列线性规划问题

(1) $\min z=2x_1+3x_2$

$$\text{s. t.}\begin{cases}x_1-x_2\geqslant 0\\x_1\geqslant 2\\x_2\geqslant 0\end{cases}$$

(2) $\max z=x_1+3x_2$

$$\text{s. t.}\begin{cases}5x_1+10x_2\leqslant 50\\x_1+x_2\geqslant 1\\x_2\leqslant 4\\x_1,x_2\geqslant 0\end{cases}$$

(3) $\max z=4x_1+3x_2$

$$\text{s. t.}\begin{cases}x_1+2x_2\leqslant 4\\2x_1+x_2\leqslant 5\\x_1,x_2\geqslant 0\end{cases}$$

(4) $\min z=2x_1+x_2$

$$\text{s. t.}\begin{cases}x_1+x_2\leqslant 2\\x_1-x_2\geqslant 4\\x_1,x_2\geqslant 0\end{cases}$$

(5) $\max z=2x_1+5x_2$

$$\text{s. t.}\begin{cases}x_1\leqslant 4\\x_2\leqslant 3\\x_1+2x_2\leqslant 8\\x_1,x_2\geqslant 0\end{cases}$$

3. 用图解法求解下面实际问题

(1) 某工厂生产 A、B 两种产品，每件 A 产品要耗用钢材 2kg，煤 2kg，其产值为 20 元，每件 B 产品，要耗钢材 3kg，煤 1kg，其产值为 15 元. 该厂现有钢材和煤分别为 600kg 和 400kg，试问 A、B 产品各生产多少件，才能使该厂的总产值最大？

(2) 某工厂要制造 A 种电子装置 45 台，B 种电子装置 55 台，为了给每台装配一个外壳，要在两种不同规格的薄钢板上截取，已知甲种薄钢板每张面积为 2m^2，可做 A 的外壳 3 个和 B 的外壳 5 个，乙种钢板为每张 3m^2，可做 A 和 B 的外壳各 6 个，问用甲、乙两种薄钢板各多少张，才能使总的用料面积最小？

第六章

单纯形解法和对偶问题

单纯形解法是解标准线性规划问题的行之有效的方法. 而对偶线性规划问题与线性规划问题是紧密相关的，对偶线性规划是从另一个角度来研究和分析线性规划问题，因此在理论和方法上具有重要的意义. 本章将扼要、浅显地讲述其基本原理和经济意义.

第一节

线性规划问题的标准形式

由于对目标的追求和约束形式的不同，线性规划模型的具体形式是多种多样的. 为了讨论和计算方便，我们要在这众多的形式中规定一种形式，将其称为线性规划模型的标准型. 线性规划模型的标准型为：

$$\max S = c_1x_1 + c_2x_2 + \cdots + c_nx_n \tag{1}$$

$$\text{s.t.}\begin{cases} a_{11}x_1 + a_{12}x_2 + \cdots + a_{1n}x_n = b_1 \\ a_{21}x_1 + a_{22}x_2 + \cdots + a_{2n}x_n = b_2 \\ \qquad\qquad\vdots \\ a_{m1}x_1 + a_{m2}x_2 + \cdots + a_{mn}x_n = b_m \\ x_1, x_2, \cdots, x_n \geqslant 0 \end{cases} \tag{2}$$

其中 $a_{ij}, b_i, c_j\,(i=1,2,\cdots,m;\ j=1,2,\cdots,n)$都是已知常数，且 $b_i \geqslant 0$，$x_j\,(j=1,2,\cdots,n)$为未知量，$c_j\,(j=1,2,\cdots,n)$为价值系数.

线性规划的标准形式应满足：

(1) 求目标函数的最大值；

(2) 约束条件都是等式；

(3) 所有变量非负；

(4) 常数项非负.

线性规划问题标准形式的缩写形式：

$$\max S = \sum_{j=1}^{n} c_j x_j$$

$$\text{s. t.} \begin{cases} \sum_{j=1}^{n} a_{ij} x_j = b_i & (i = 1,2,\cdots,m) \\ x_j \geqslant 0 & (j = 1,2,\cdots,n) \end{cases} \tag{3}$$

线性规划问题的标准形式的向量形式为：

$$\max S = \boldsymbol{CX}$$

$$\text{s. t.} \begin{cases} \sum_{j=1}^{n} \boldsymbol{p}_j x_j = \boldsymbol{b} \\ x_j \geqslant 0 \end{cases} \quad (j = 1,2,\cdots,n)$$

其中 $\boldsymbol{C}=(c_1,c_2,\cdots,c_n)$称为价值向量.

$$\boldsymbol{p}_j = \begin{bmatrix} a_{1j} \\ a_{2j} \\ \vdots \\ a_{mj} \end{bmatrix}, \boldsymbol{b} = \begin{bmatrix} b_1 \\ b_2 \\ \vdots \\ b_m \end{bmatrix}, \boldsymbol{X} = \begin{bmatrix} x_1 \\ x_2 \\ \vdots \\ x_n \end{bmatrix}.$$

向量 $\boldsymbol{p}_j$ 是变量 x_j 对应的约束条件中的系数列向量.

线性规划问题的标准形式的矩阵形式为：

$$\max S = \boldsymbol{CX}$$

$$\text{s. t.} \begin{cases} \boldsymbol{AX} = \boldsymbol{b} \\ \boldsymbol{X} \geqslant 0 \end{cases} \tag{4}$$

其中 $\boldsymbol{C}$ 为价值向量,其他同上.

$$\boldsymbol{A} = \begin{bmatrix} a_{11} & a_{12} & \cdots & a_{1n} \\ a_{21} & a_{22} & \cdots & a_{2n} \\ \vdots & \vdots & & \vdots \\ a_{m1} & a_{m2} & \cdots & a_{mn} \end{bmatrix} = (\boldsymbol{p}_1, \boldsymbol{p}_2, \cdots, \boldsymbol{p}_n)$$

为约束方程的系数矩阵.

任何形式的线性规划问题均可化为标准形式.下面介绍将一般形式化为标准形式的方法.

(1) 对于目标函数是求最小值的线性规划问题,只要将目标函数的系数反符号,即可化为等价的最大值问题.

(2) 约束条件为“⩽”(“⩾”)类型的线性规划问题,可在不等式左边加上或者减去一个非负的新变量,即可化为等式.这个新增的非负变量称为松弛变量.在目标函数中一般认为新增的松弛变量的系数为零.

(3) 如果在一个线性规划问题中,某个变量 x_k 无非负限制,可令变量 $x_k = x_k' - x_k''$,且有 $x_k' \geqslant 0, x_k'' \geqslant 0$.通常将这样的 x_k 称为自由变量.

(4) 当常数项 b_i 为负值时,可在该约束条件的两边分别乘以 -1 即可.

例 6.1 将下面的数学模型化为标准形式.

$$\max S = 6x_1 + 4x_2$$

$$\text{s.t.}\begin{cases}2x_1 + 3x_2 \leqslant 100 \\ 4x_1 + 2x_2 \leqslant 120 \\ x_1 = 14 \\ x_2 \geqslant 22 \\ x_1 \geqslant 0, x_2 \geqslant 0.\end{cases}$$

解:在各不等式的左边分别加上松弛变量 x_3, x_4, x_5,使不等式成为等式,从而得到标准形式:

$$\max S = 6x_1 + 4x_2,$$

$$\text{s.t.}\begin{cases}2x_1 + 3x_2 + x_3 = 100 \\ 4x_1 + 2x_2 + x_4 = 120 \\ x_1 = 14 \\ x_2 - x_5 = 22 \\ x_1, x_2, x_3, x_4, x_5 \geqslant 0.\end{cases}$$

例 6.2 将下列线性规划模型化成标准形式.

$$\min S = 3x_1 - x_2 + 3x_3$$

$$\text{s.t.}\begin{cases}x_1 + x_2 + x_3 \leqslant 6 \\ x_1 + x_2 - x_3 \geqslant 2 \\ -3x_1 + 2x_2 + x_3 = 5 \\ x_1 \geqslant 0, x_2 \geqslant 0\end{cases}$$

解:通过以下 4 个步骤:

(1) 目标函数两边乘上 -1 化为求最大值.

(2) 以 $x_3 = x_3' - x_3''$ 代入目标函数和所有的约束条件中,其中 $x_3' \geqslant 0, x_3'' \geqslant 0$.

(3) 在第一个约束条件的左边加上松弛变量 x_4.

(4) 在第二个约束条件的左边减去剩余变量 x_5.

于是得到该线性规划模型的标准形式为:

$$\max(-S) = -3x_1 + x_2 - 3x'_3 + 3x''_3,$$

$$\text{s.t.}\begin{cases}x_1 + x_2 + x_3' - x_3'' + x_4 = 6 \\ x_1 + x_2 - x_3' + x_3'' - x_5 = 2 \\ -3x_1 + 2x_2 + x_3' - x_3'' = 5 \\ x_1, x_2, x'_3, x''_3, x_4, x_5 \geqslant 0\end{cases}$$

第二节

单纯形解法的原理

一、基本概念

设线性规划问题

$$\max S = c_1x_1 + c_2x_2 + \cdots + c_nx_n \tag{1}$$

$$\text{s.t.}\begin{cases} a_{11}x_1 + a_{12}x_2 + \cdots + a_{1n}x_n = b_1 \\ a_{21}x_1 + a_{22}x_2 + \cdots + a_{2n}x_n = b_2 \\ \quad\vdots \\ a_{m1}x_1 + a_{m2}x_2 + \cdots + a_{mn}x_n = b_m \\ x_1, x_2, \cdots, x_n \geqslant 0 \end{cases} \tag{2}$$

1. 可行解

满足线性规划约束条件(2)的解 $\boldsymbol{X}=(x_1,x_2,\cdots,x_n)^{\mathrm{T}}$ 称为线性规划问题的可行解.所有可行解的集合称为可行域或可行解集.

2. 最优解

使线性规划的目标函数(1)式达到最大的可行解称为线性规划的最优解.

3. 基本解

设 $\boldsymbol{A}$ 是约束方程组(2)的$(m\times n)$阶的系数矩阵$(m<n)$,其秩为 m,则 $\boldsymbol{A}$ 中任意 m 个线性无关的列向量构成的$(m\times m)$阶子矩阵称为线性规划的一个基矩阵或简称为一个基,记为 $\boldsymbol{B}$.

$$\boldsymbol{B} = \begin{bmatrix} a_{11} & a_{12} & \cdots & a_{1m} \\ a_{21} & a_{22} & \cdots & a_{2m} \\ \vdots & \vdots & & \vdots \\ a_{m1} & a_{m2} & \cdots & a_{mm} \end{bmatrix} = (\boldsymbol{p}_1, \boldsymbol{p}_2, \cdots, \boldsymbol{p}_m)$$

显然,$\boldsymbol{B}$ 为非奇异矩阵,即$|\boldsymbol{B}|\neq 0$,称 $\boldsymbol{p}_j(j=1,2,\cdots,m)$为基向量,与基向量相对应的变量 $x_j(j=1,2,\cdots,m)$称为基变量;其余 $n-m$ 个向量称为非基向量,与非基向量相对应的变量 $x_j(j=m+1,m+2,\cdots,n)$就称为非基变量.

对应于基 $\boldsymbol{B}$,若用非基变量表示基变量,这时方程组 $\boldsymbol{AX}=\boldsymbol{b}$ 具有形式:

$$\sum_{j=1}^{m} x_j\boldsymbol{p}_j = \boldsymbol{b} - \sum_{j=m+1}^{n} x_j\boldsymbol{p}_j$$

若令非基变量 $x_{m+1}=x_{m+2}=\cdots=x_n=0$,则方程组(2)有唯一的一组解:

$$X=(x_1^0,x_2^0,\cdots,x_m^0,\underbrace{0,0,\cdots,0}_{n-m个})^{\mathrm T}$$

称 $\boldsymbol{X}$ 为对应于基 $\boldsymbol{B}$ 的基本解. 基本解的个数总是小于等于 C_n^m 的.

4. 基本可行解

若基本解所有变量的值均非负,就称为基本可行解. 对应于基本可行解的基称为可行基. 显然,基本可行解既是基本解,又是可行解.

例 6.3 对线性规划问题:

求 $\max S=3x_1+4x_2-x_3+x_4-x_6$,

满足

$$\begin{cases} x_1+x_4-x_5+x_6=4 \\ x_2+2x_4+x_5-x_6=6 \\ x_3+3x_4-x_5+4x_6=7 \\ x_1,x_2,x_3,x_4,x_5,x_6\geqslant 0 \end{cases}$$

(1) 写出它的矩阵形式;

(2) 求出它的一个基和该基对应的基变量;

(3) 在约束方程中,用非基变量表示基变量;

(4) 求出它的一个基本解,是否为基本可行解.

解:(1) 问题已是标准形式,写成矩阵形式为:

$$\max S=\boldsymbol{CX}$$

$$满足\begin{cases}\boldsymbol{AX}=\boldsymbol{b}\\ \boldsymbol{X}\geqslant 0\end{cases}$$

其中 $\boldsymbol{C}=(3,4,-1,1,0,-1)$,$\boldsymbol{X}=(x_1,x_2,x_3,x_4,x_5,x_6)^{\mathrm T}$

$$\boldsymbol{A}=\begin{pmatrix}1&0&0&1&-1&1\\0&1&0&2&1&-1\\0&0&1&3&-1&4\end{pmatrix},\boldsymbol{b}=\begin{pmatrix}4\\6\\7\end{pmatrix}$$

(2) 在系数矩阵 $\boldsymbol{A}$ 中,$\boldsymbol{B}=\begin{pmatrix}1&0&0\\0&1&0\\0&0&1\end{pmatrix}=(\boldsymbol{p}_1,\boldsymbol{p}_2,\boldsymbol{p}_3)=\boldsymbol{E}$.

显然是非奇异子矩阵,因此 $\boldsymbol{B}$ 是该问题的一个基,对应的基变量为 x_1,x_2,x_3,记为 $\boldsymbol{X}_B=(x_1,x_2,x_3)^{\mathrm T}$. 相应的非基变量为 x_4,x_5,x_6,记为 $\boldsymbol{X}_N=(x_4,x_5,x_6)^{\mathrm T}$.

显然 $$\boldsymbol{X}=(\boldsymbol{X}_B,\boldsymbol{X}_N)^{\mathrm T}$$

(3) 对于系数矩阵 $\boldsymbol{A}$,若记 $\boldsymbol{B}_N=\begin{pmatrix}1&-1&1\\2&1&-1\\3&-1&4\end{pmatrix}$ 就有 $\boldsymbol{A}=(\boldsymbol{B},\boldsymbol{B}_N)$,

约束方程 $\boldsymbol{AX}=\boldsymbol{b}$ 可表示为$(\boldsymbol{B},\boldsymbol{B}_N)\begin{pmatrix}\boldsymbol{X}_B\\ \boldsymbol{X}_N\end{pmatrix}=\boldsymbol{b}$.

即 $$\boldsymbol{BX}_B+\boldsymbol{B}_N\boldsymbol{X}_N=\boldsymbol{b},从而\ \boldsymbol{BX}_B=\boldsymbol{b}-\boldsymbol{B}_N\boldsymbol{X}_N,$$

即 $\begin{pmatrix}1&0&0\\0&1&0\\0&0&1\end{pmatrix}\begin{pmatrix}x_1\\x_2\\x_3\end{pmatrix}=\begin{pmatrix}4\\6\\7\end{pmatrix}-\begin{pmatrix}1&-1&1\\2&1&-1\\3&-1&4\end{pmatrix}\begin{pmatrix}x_4\\x_5\\x_6\end{pmatrix}$

故用非基变量 $\boldsymbol{X}_N$ 表示基变量 $\boldsymbol{X}_B$ 的表达式为

$$\begin{pmatrix}x_1\\x_2\\x_3\end{pmatrix}=\begin{pmatrix}4\\6\\7\end{pmatrix}-\begin{pmatrix}1&-1&1\\2&1&-1\\3&-1&4\end{pmatrix}\begin{pmatrix}x_4\\x_5\\x_6\end{pmatrix}$$

(4) 令非基变量 $x_4=x_5=x_6=0$,得$(x_1,x_2,x_3)^{\mathrm{T}}=(4,6,7)^{\mathrm{T}}$,所以 $\boldsymbol{X}=(4,6,7,0,0,0)^{\mathrm{T}}$ 是对应于 $\boldsymbol{B}$ 的基本解,显然也是基本可行解.

二、单纯形解法的原理

1. 单纯形解法的基本原理

给出线性规划问题的标准形式:

$$\max S = \boldsymbol{CX}$$
$$\text{满足}\begin{cases}\boldsymbol{AX}=\boldsymbol{b}\\ \boldsymbol{X}\geqslant 0\end{cases}\quad(\boldsymbol{b}\geqslant 0)\tag{1}$$

设 $\boldsymbol{A}=(a_{ij})_{m\times n}$,$r(\boldsymbol{A})=m$,基 $\boldsymbol{B}$ 是 m 阶单位矩阵.不失一般性,可设 $\boldsymbol{B}$ 位于系数矩阵 $\boldsymbol{A}$ 的前 m 列,则约束方程组 $\boldsymbol{AX}=\boldsymbol{b}$ 具有形式:

$$\begin{cases}x_1+a_{1m+1}x_{m+1}+\cdots+a_{1n}x_n=b_1\\x_2+a_{2m+1}x_{m+1}+\cdots+a_{2n}x_n=b_2\\ \qquad\qquad\vdots\\x_m+a_{mn+1}x_{m+1}+\cdots+a_{mn}x_n=b_m\\x_j\geqslant 0,j=1,2,\cdots,n\end{cases}$$

基 $\boldsymbol{B}=(\boldsymbol{P}_1,\boldsymbol{P}_2,\cdots,\boldsymbol{P}_m)=\boldsymbol{E}$,基变量为 $x_1,x_2,\cdots,x_m$.

令 $\boldsymbol{A}=(\boldsymbol{B},\boldsymbol{N})$,$\boldsymbol{X}=(\boldsymbol{X}_B,\boldsymbol{X}_N)^{\mathrm{T}}$,$\boldsymbol{C}=(\boldsymbol{C}_B,\boldsymbol{C}_N)$.

其中

$$\boldsymbol{N}=(\boldsymbol{P}_{m+1},\boldsymbol{P}_{m+2},\cdots,\boldsymbol{P}_n),\boldsymbol{X}_B=(x_1,x_2,\cdots x_m)^{\mathrm{T}},$$
$$\boldsymbol{C}_B=(c_1,c_2,\cdots,c_m),\boldsymbol{C}_N=(c_{m+1},c_{m+2},\cdots,c_n)$$

于是

$$\boldsymbol{AX}=(\boldsymbol{B},\boldsymbol{N})\begin{pmatrix}\boldsymbol{X}_B\\\boldsymbol{X}_N\end{pmatrix}=\boldsymbol{BX}_B+\boldsymbol{NX}_N=\boldsymbol{b}$$

$$(\boldsymbol{C}_B,\boldsymbol{C}_N)\begin{pmatrix}\boldsymbol{X}_B\\\boldsymbol{X}_N\end{pmatrix}=\boldsymbol{C}_B\boldsymbol{X}_B+\boldsymbol{C}_N\boldsymbol{X}_N$$

这时式(1)变为:

$$\max S=\boldsymbol{C}_B\boldsymbol{X}_B+\boldsymbol{C}_N\boldsymbol{X}_N$$
$$\text{满足}\begin{cases}\boldsymbol{BX}_B+\boldsymbol{NX}_N=\boldsymbol{b}\\\boldsymbol{X}_B,\boldsymbol{X}_N\geqslant 0\end{cases}\tag{2}$$

用 $\boldsymbol{B}^{-1}$ 左乘 $\boldsymbol{B}\boldsymbol{X}_B+\boldsymbol{N}\boldsymbol{X}_N=\boldsymbol{b}$ 的两边，得

$$\boldsymbol{X}_B=\boldsymbol{B}^{-1}\boldsymbol{b}-\boldsymbol{B}^{-1}\boldsymbol{N}\boldsymbol{X}_N \tag{3}$$

这就是非基变量 $\boldsymbol{X}_N$ 表示基变量 $\boldsymbol{X}_B$ 的矩阵形式.

将式(3)代入目标函数，得

$$\begin{aligned} S=\boldsymbol{C}\boldsymbol{X}=(\boldsymbol{C}_B,\boldsymbol{C}_N)\begin{pmatrix}\boldsymbol{X}_B\\ \boldsymbol{X}_N\end{pmatrix}&=\boldsymbol{C}_B\boldsymbol{X}_B+\boldsymbol{C}_N\boldsymbol{X}_N\\ &=\boldsymbol{C}_B(\boldsymbol{B}^{-1}\boldsymbol{b}-\boldsymbol{B}^{-1}\boldsymbol{N}\boldsymbol{X}_N)+\boldsymbol{C}_N\boldsymbol{X}_N\\ &=\boldsymbol{C}_B\boldsymbol{B}^{-1}\boldsymbol{b}-(\boldsymbol{C}_B\boldsymbol{B}^{-1}\boldsymbol{N}-\boldsymbol{C}_N)\boldsymbol{X}_N \end{aligned} \tag{4}$$

若令非基变量 $\boldsymbol{X}_N=0$，则得对应于基 $\boldsymbol{B}$ 的基本解 $\boldsymbol{X}=(\boldsymbol{B}^{-1}\boldsymbol{b},0)^{\mathrm{T}}$，相应的目标函数值为

$$S=\boldsymbol{C}_B\boldsymbol{B}^{-1}\boldsymbol{b}.$$

若解 $\boldsymbol{B}^{-1}\boldsymbol{b}\geqslant 0$，则 $\boldsymbol{X}=(\boldsymbol{B}^{-1}\boldsymbol{b},0)^{\mathrm{T}}$ 为线性规划问题的基本可行解. 这时的基 $\boldsymbol{B}$ 为可行基. 对于可行基 $\boldsymbol{B}$，若进一步满足 $\boldsymbol{C}_B\boldsymbol{B}^{-1}\boldsymbol{N}-\boldsymbol{C}_N\geqslant 0$，则由式(4)有

$$S=\boldsymbol{C}_B\boldsymbol{B}^{-1}\boldsymbol{b}-(\boldsymbol{C}_B\boldsymbol{B}^{-1}\boldsymbol{N}-\boldsymbol{C}_N)\boldsymbol{X}_N\leqslant\boldsymbol{C}_B\boldsymbol{B}^{-1}\boldsymbol{b}, \tag{5}$$

这说明对于基 $\boldsymbol{B}$ 的基本可行解可使目标函数取得最大值. 此时的基本可行解就是最优解，相应的基就是最优基.

我们称 $\boldsymbol{C}_B\boldsymbol{B}^{-1}\boldsymbol{N}-\boldsymbol{C}_N$ 为基本可行解的检验数向量.

由于

$$\begin{aligned} \boldsymbol{C}_B\boldsymbol{B}^{-1}\boldsymbol{A}-\boldsymbol{C}&=\boldsymbol{C}_B\boldsymbol{B}^{-1}(\boldsymbol{B},\boldsymbol{N})-(\boldsymbol{C}_B,\boldsymbol{C}_N)=(\boldsymbol{C}_B,\boldsymbol{C}_B\boldsymbol{B}^{-1}\boldsymbol{N})-(\boldsymbol{C}_B,\boldsymbol{C}_N)\\ &=(0,\boldsymbol{C}_B\boldsymbol{B}^{-1}\boldsymbol{N}-\boldsymbol{C}_N) \end{aligned} \tag{6}$$

所以 $\boldsymbol{C}_B\boldsymbol{B}^{-1}\boldsymbol{N}-\boldsymbol{C}_N\geqslant 0$ 与 $\boldsymbol{C}_B\boldsymbol{B}^{-1}\boldsymbol{A}-\boldsymbol{C}\geqslant 0$ 等价，因此也称 $\boldsymbol{C}_B\boldsymbol{B}^{-1}\boldsymbol{A}-\boldsymbol{C}$ 为检验数向量，称其分量($\boldsymbol{C}_B\boldsymbol{B}^{-1}\boldsymbol{P}_j-\boldsymbol{c}_j$)称为检验数.

若 $\boldsymbol{B}^{-1}\boldsymbol{b}\geqslant 0$，且 $\boldsymbol{C}_B\boldsymbol{B}^{-1}\boldsymbol{A}-\boldsymbol{C}\geqslant 0$，则对应于基 $\boldsymbol{B}$ 的基本可行解为最优解.

对 $\boldsymbol{A}\boldsymbol{X}=\boldsymbol{b}$ 两边左乘 $\boldsymbol{B}^{-1}$，得：

$$\boldsymbol{B}^{-1}\boldsymbol{A}\boldsymbol{X}=\boldsymbol{B}^{-1}\boldsymbol{b} \tag{7}$$

由式(6)得

$$\begin{aligned} (\boldsymbol{C}_B\boldsymbol{B}^{-1}\boldsymbol{A}-\boldsymbol{C})\boldsymbol{X}&=(0,\boldsymbol{C}_B\boldsymbol{B}^{-1}\boldsymbol{N}-\boldsymbol{C}_N)\boldsymbol{X}=(0,\boldsymbol{C}_B\boldsymbol{B}^{-1}\boldsymbol{N}-\boldsymbol{C}_N)\begin{pmatrix}\boldsymbol{X}_B\\ \boldsymbol{X}_N\end{pmatrix}\\ &=(\boldsymbol{C}_B\boldsymbol{B}^{-1}\boldsymbol{N}-\boldsymbol{C}_N)\boldsymbol{X}_N \end{aligned}$$

于是(5)即为 $S=\boldsymbol{C}_B\boldsymbol{B}^{-1}\boldsymbol{b}-(\boldsymbol{C}_B\boldsymbol{B}^{-1}\boldsymbol{A}-\boldsymbol{C})\boldsymbol{X}$，移项得

$$S+(\boldsymbol{C}_B\boldsymbol{B}^{-1}\boldsymbol{A}-\boldsymbol{C})\boldsymbol{X}=\boldsymbol{C}_B\boldsymbol{B}^{-1}\boldsymbol{b} \tag{8}$$

将式(7)与(8)写在一起，可得：

$$\begin{pmatrix}0 & \boldsymbol{B}^{-1}\boldsymbol{A}\\ 1 & \boldsymbol{C}_B\boldsymbol{B}^{-1}\boldsymbol{A}-\boldsymbol{C}\end{pmatrix}\begin{pmatrix}S\\ \boldsymbol{X}\end{pmatrix}=\begin{pmatrix}\boldsymbol{B}^{-1}\boldsymbol{b}\\ \boldsymbol{C}_B\boldsymbol{B}^{-1}\boldsymbol{b}\end{pmatrix}$$

称矩阵

$$\begin{bmatrix}\boldsymbol{B}^{-1}\boldsymbol{A} & \boldsymbol{B}^{-1}\boldsymbol{b}\\ \boldsymbol{C}_B\boldsymbol{B}^{-1}\boldsymbol{A}-\boldsymbol{C} & \boldsymbol{C}_B\boldsymbol{B}^{-1}\boldsymbol{b}\end{bmatrix}$$

为对于基 $\boldsymbol{B}$ 的单纯形表，记为 $T(\boldsymbol{B})$.

单纯形表 $T(\boldsymbol{B})$ 的表格如表 6-1 所示.

表 6-1　单纯形表 $T(\boldsymbol{B})$

轮次	$c_j \rightarrow$		c_1	c_2	…	c_n	常数 $\boldsymbol{b}$	θ_i
	$\boldsymbol{C}_B$	$\boldsymbol{X}_B$	x_1	x_2	…	x_n		
初始栏	c_1 c_2 ⋮ c_m	x_1 x_2 ⋮ x_m	$\boldsymbol{B}^{-1}\boldsymbol{A}$				$\boldsymbol{B}^{-1}\boldsymbol{b}$	
	$-\bar{c}_j$		$\boldsymbol{C}_B\boldsymbol{B}^{-1}\boldsymbol{A}-\boldsymbol{C}$				$\boldsymbol{C}_B\boldsymbol{B}^{-1}\boldsymbol{b}$	

具体说明如下：

$\boldsymbol{X}_B$——基变量列；

$\boldsymbol{C}_B$——基变量的价值系数列；

c_j——变量 $x_j(j=1,2,\cdots,n)$ 的价值系数行；

$\boldsymbol{b}$——约束方程组的常数列；

$-\bar{c}_j$——检验数行. $-\bar{c}_j$ 依下面公式计算：$-\bar{c}_j=\boldsymbol{C}_B\boldsymbol{B}^{-1}\boldsymbol{P}_j-c_j(j=1,2,\cdots,n)$；

θ_i——常数列与主元列对应正数的比值.

由以上可知，如果已知线性规划的一个可行基 $\boldsymbol{B}$，就可以求得对应于基 $\boldsymbol{B}$ 的单纯形表，根据表中检验数的情况即可判定基本可行解是否为最优解.

对于线性规划问题，若 $\boldsymbol{B}^{-1}\boldsymbol{b}\geqslant 0$，那么

(1) 在 $T(\boldsymbol{B})$ 中，如果检验数全部非负，则 $\boldsymbol{B}$ 是最优基，对应于基可行解为最优解.

(2) 在 $T(\boldsymbol{B})$ 中，如果一负检验数所对应的列向量的分量全部非正，则原问题无最优解.

(3) 在 $T(\boldsymbol{B})$ 中，如果有负检验数，该负检验数对应的列向量中有正分量，则通过换基迭代，重复上述判定，一定可以求出原问题的最优解或判定原问题无解.

2. 单纯形法迭代步骤

单纯形法的运算是利用单纯形表来进行的. 其具体运算步骤如下：

(1) 找出初始基本可行解，建立初始单纯形表.

(2) 检验非基变量 x_j 的检验数 $-\bar{c}_j$. 若所有的检验数 $-\bar{c}_j\geqslant 0$，则已得到最优解，停止运算. 否则转入步骤(3).

(3) 确定进基变量，在所有负检验数中选择绝对值最大的那个所对应的非基变量为进基变量，即 $\max\{|-\bar{c}_j| \mid -\bar{c}_j<0\}=-\bar{c}_k$，确定 x_k 为进基变量，作进基标记"↓".

(4) 确定出基变量 x_l. 由最小比值原理

$$\theta=\min\left\{\frac{b_i}{a_{ik}}\middle| a_{ik}>0\right\}=\frac{b_l}{a_{lk}},$$

确定 x_l 为出基变量，作出基标记"←". 作主元标记 $[a_{lk}]$.

(5) 利用初等变换，将主元化为 1，主元列的其他元素都化为零. 将 X_B 列中的 x_l 换为 x_k，对应的价值系数填入 $\boldsymbol{C}_B$ 列，得迭代一栏. 若所有的检验数 $-\bar{c}_j\geqslant 0$，则已得到最优解，停止运算. 否则转入步骤(3)，重新进行判别运算，直到取得最优解或判定无解为止.

例 6.4　求解线性规划问题

$$\max S=3x_1+4x_2$$

$$\text{s. t.}\begin{cases} x_1 + x_2 \leqslant 6 \\ x_1 + 2x_2 \leqslant 8 \\ x_2 \leqslant 3 \\ x_1, x_2 \geqslant 0 \end{cases}$$

解：首先化原问题为标准形式. 引入松弛变量 x_3, x_4, x_5 得：

$$\max S = 3x_1 + 4x_2 + 0x_3 + 0x_4 + 0x_5$$

$$\text{s. t.}\begin{cases} x_1 + x_2 + x_3 = 6 \\ x_1 + 2x_2 + x_4 = 8 \\ x_2 + x_5 = 3 \\ x_j \geqslant 0 (j = 1,2,3,4,5) \end{cases}$$

第一步：确定初始可行基、基变量，建立初始单纯形表.

取基 $\boldsymbol{B}_0 = (\boldsymbol{P}_3, \boldsymbol{P}_4, \boldsymbol{P}_5) = \boldsymbol{E}$ 作为初始可行基，x_3, x_4, x_5 为基变量，得到一个初始可行解

$$\boldsymbol{X}^{(0)} = (0,0,6,8,3)^{\mathrm{T}}$$

根据约束方程组的增广矩阵，建立初始单纯形表，如表 6-2 的初始栏所示.

表 6-2　初始单纯形表

轮次	$c_j \to$		3	4	0	0	0	常数 $\boldsymbol{b}$	θ_i
	$\boldsymbol{C}_B$	$\boldsymbol{X}_B$	x_1	x_2	x_3	x_4	x_5		
初始栏	0	x_3	1	1	1	0	0	6	6/1
	0	x_4	1	2	0	1	0	8	8/2
	0	$\leftarrow x_5$	0	[1]↓	0	0	1	3	3/1
	$-\bar{c}_j$		−3	−4	0	0	0	$S_0=0$	
迭代一	0	x_3	1	0	1	0	−1	3	3/1
	0	$\leftarrow x_4$	[1]↓	0	0	1	−2	2	2/1
	4	x_2	0	1	0	0	1	3	—
	$-\bar{c}_j$		−3	0	0	0	4	$S_1=12$	
迭代二	0	$\leftarrow x_3$	0	0	1	−1	[1]↓	1	1/1
	3	x_1	1	0	0	1	−2	2	—
	4	x_2	0	1	0	0	1	3	3/1
	$-\bar{c}_j$		0	0	0	3	−2	$S_2=18$	
迭代三	0	x_5	0	0	1	−1	1	1	
	3	x_1	1	0	2	−1	0	4	
	4	x_2	0	1	−1	1	0	2	
	$-\bar{c}_j$		0	0	2	1	0	$S_3=20$	

第二步：最优性检验.

因为检验数 $-\bar{c}_1 = -3, -\bar{c}_2 = -4$，都是负数，故 $\boldsymbol{X}^{(0)}$ 不是最优解.

第三步：求主元素.

(1) 确定进基变量. 根据 $\max\{|-3|, |-4|\} = 4$，确定 $-\bar{c}_2 = -4$ 所在的列对应的非基变量 x_2 进基，作标记"↓"，$\boldsymbol{P}_1$ 为主元列.

(2) 确定出基变量. 用常数列 $(6,8,3)^{\mathrm{T}}$ 除以主元列 $(1,2,1)^{\mathrm{T}}$ 对应元素，将所得的商

填入 θ_i 列(在求比值 θ_i 时，主元列中的零和负数应略去，不参与比较，在 θ_i 列中填"—".取 $\theta=\min\left\{\frac{b_i}{a_{i2}}\middle| a_{i2}>0\right\}=\min\left\{\frac{6}{1},\frac{8}{2},\frac{3}{1}\right\}=\frac{3}{1}$，由最小值原理，最小比值 $\theta=3$ 所在的行对应的基变量 x_5 出基，x_5 所在的行为主元行，作标记"←".主元行和主元列的交叉元素就是主元素，标记[ ]号.

第四步：换基迭代.

非基变量 x_2 与基变量 x_5 互换，新基变量 x_3,x_4,x_2 填入表 6-2 迭代一栏的 $\boldsymbol{X}_B$ 列，对应的价值系数(0,0,4)填入 $\boldsymbol{C}_B$ 列.

对初始栏进行初等行变换，把主元素变成 1(本例中主元素已是 1)，主元列的其他元素化为零，其结果填入迭代一栏.

由迭代一栏，得基可行解 $\boldsymbol{X}^{(1)}=(0,3,3,2,0)^{\mathrm{T}}$，目标函数值 $S_1=12$.

下面的过程是对第二至第四步的重复.

重复第二步，进行最优检验，检验数 $-\bar{c}_1=-3<0$，故 $\boldsymbol{X}^{(1)}=(0,3,3,2,0)^{\mathrm{T}}$ 不是最优解.

重复第三步，确定主元素 $a_{21}=1$.

重复第四步，对迭代一栏进行换基迭代，其结果填入迭代二栏.

由迭代二栏，得到基可行解 $\boldsymbol{X}^{(2)}=(2,3,1,0,0)^{\mathrm{T}}$ 不是最优解.

同样对第二至第四步的重复.显然，在迭代三栏中，检验数已全部非负，故基可行解 $\boldsymbol{X}^{(3)}=(4,2,0,0,1)^{\mathrm{T}}$ 是最优解，目标函数取得最优值 $S_3=20$.去掉松弛变量 x_3,x_4,x_5，得原问题最优解 $\boldsymbol{X}=(4,2)^{\mathrm{T}}$.

例 6.5 求解线性规划问题

$$\min S=-x_1-2x_2$$

$$\text{s. t.}\begin{cases}x_1\leqslant 4\\x_2\leqslant 3\\x_1+2x_2\leqslant 8\\x_1,x_2\geqslant 0\end{cases}$$

解：首先化原问题为标准形式.引入松弛变量 x_3,x_4,x_5 得：

$$\max(-S)=x_1+2x_2+0x_3+0x_4+0x_5$$

$$\text{s. t.}\begin{cases}x_1+x_3=4\\x_2+x_4=3\\x_1+2x_2+x_5=3\\x_j\geqslant 0(j=1,2,3,4,5)\end{cases}$$

用单纯形方法计算，见表 6-3.

表 6-3 用单纯形方法计算

轮次	$c_j\rightarrow$		1	2	0	0	0	常数 $\boldsymbol{b}$	θ_i
	$\boldsymbol{C}_B$	$\boldsymbol{X}_B$	x_1	x_2	x_3	x_4	x_5		
初始栏	0	x_3	1	0	1	0	0	4	—
	0	$\leftarrow x_4$	0	[1]↓	0	1	0	3	3/1
	0	x_5	1	2	0	0	1	8	8/2
	$-\bar{c}_j$		−1	−2	0	0	0	$-S_0=0$	

续表

轮次	$c_j \to$		1	2	0	0	0	常数 $\boldsymbol{b}$	θ_i
	$\boldsymbol{C}_B$	$\boldsymbol{X}_B$	x_1	x_2	x_3	x_4	x_5		
迭代一	0	x_3	1	0	1	0	0	4	4/1
	2	x_2	0	1	0	1	0	3	—
	0	$\leftarrow x_5$	[1]↓	0	0	-2	1	2	1/1
	$-\bar{c}_j$		-1	0	0	2	0	$-S_1=6$	
迭代二	0	$\leftarrow x_3$	0	0	1	[2]↓	-1	2	2/2
	2	x_2	0	1	0	1	0	3	3/1
	1	x_1	1	0	0	-2	1	2	—
	$-\bar{c}_j$		0	0	0	0	1	$-S_2=8$	
迭代三	0	x_4	0	0	1/2	1	$-1/2$	1	
	2	x_2	0	1	$-1/2$	0	1/2	2	
	1	x_1	1	0	1	0	0	4	
	$-\bar{c}_j$		0	0	0	0	1	$-S_3=8$	

表 6-3 迭代二栏中，检验数已全部非负，停止计算，得到最优解 $\boldsymbol{X}^{(2)}=(2,3,2,0,0)^{\mathrm{T}}$，最优值 $-S_2=8$.

但是此栏的检验数行中，非基变量 x_4 的检验数 $-\bar{c}_4=0$，如果令 x_4 进基再作一次迭代，则又得到另一个最优解 $\boldsymbol{X}^{(3)}=(4,2,0,1,0)^{\mathrm{T}}$，最优值 $-S_2=8$.

由凸集的性质，最优解 $\boldsymbol{X}^{(2)}$，$\boldsymbol{X}^{(3)}$ 的连线上的点仍是最优解，也就是说，本例题有无穷多个解，称为多重最优解.

例 6.6 求解线性规划问题

$$\max S = 2x_1 + 5x_2$$

满足

$$\text{s.t.}\begin{cases} -x_1 + x_3 = 4 \\ x_2 + x_4 = 3 \\ -x_1 + 2x_2 + x_5 = 8 \\ x_j \geqslant 0 (j=1,2,3,4,5) \end{cases}$$

解：对应于基 $\boldsymbol{B}_0=(\boldsymbol{P}_3,\boldsymbol{P}_4,\boldsymbol{P}_5)=\boldsymbol{E}$，用单纯形方法计算，见表 6-4.

表 6-4 迭代一栏中，检验数 $-\bar{c}_1=-2<0$，对应列的元素均非正，故原问题无最优解.

表 6-4 用单纯形方法计算

轮次	$c_j \to$		2	5	0	0	0	常数 $\boldsymbol{b}$	θ_i
	$\boldsymbol{C}_B$	$\boldsymbol{X}_B$	x_1	x_2	x_3	x_4	x_5		
初始栏	0	x_3	-1	0	1	0	0	4	—
	0	$\leftarrow x_4$	0	[1]↓	0	1	0	3	3/1
	0	x_5	-1	2	0	0	1	8	8/2
	$-\bar{c}_j$		-2	-5	0	0	0	$S_0=0$	

续表

轮次	$c_j \rightarrow$		2	5	0	0	0	常数 $\boldsymbol{b}$	θ_i
	$\boldsymbol{C}_B$	$\boldsymbol{X}_B$	x_1	x_2	x_3	x_4	x_5		
迭代一	0	x_3	-1	0	1	0	0	4	
	5	x_2	0	1	0	1	0	3	
	0	$\leftarrow x_5$	-1	0	0	-2	1	2	
	$-\bar{c}_j$		-2	0	0	5	0	$S_1=15$	

第三节

对偶线性规划

任何一个求目标函数极大的线性规划问题,都存在一个求目标函数极小的线性规划问题与之对应,反之亦然.如果我们把其中一个叫原问题,则另一个就叫做它的对偶问题,并称这一对互相联系的两个问题为一对对偶问题.本章将讨论线性规划的对偶问题,从而加深对线性规划问题的理解,扩大其应用范围.

例 6.7 某工厂生产 A 和 B 两种产品,需要甲和乙两种原料.该厂库存原料和生产两种产品的原料消耗及两种产品的利润如表 6-5 所示.

表 6-5 例 6.7 生产利润

原料	产品 A	产品 B	库存原料/kg
甲	0.1	0.2	180
乙	2	1	1200
利润/(元/kg)	40	60	

问如何安排生产计划,使该厂的利润最大?

解:设该厂生产产品 A 为 x_1(kg)、产品 B 为 x_2(kg),总利润为 S 元,依已知条件建立如下线性规划模型:

$$\max S = 40x_1 + 60x_2$$

$$\text{s.t.}\begin{cases} 0.1x_1 + 0.2x_2 \leqslant 180 \\ 2x_1 + x_2 \leqslant 1200 \\ x_1, x_2 \geqslant 0 \end{cases} \tag{1}$$

用单纯形方法可求得该问题的最优解:$x_1=200$(kg),$x_2=800$(kg),$S=56\,000$(元).

如果该工厂的决策者决定不生产 A 和 B 两种产品,而是计划将现有原料出售,从而获得利润,这就要考虑给每种原料定价的问题.

设 y_1、y_2 分别表示出售每单位甲、乙原料带来的利润,工厂为了获得满意的利润(即获得不低于生产该产品所得的利润),就应该满足的条件是:

$$\begin{cases} 0.1y_1 + 2y_2 \geqslant 40 \\ 0.2y_1 + y_2 \geqslant 60 \\ y_1, y_2 \geqslant 0 \end{cases}$$

从工厂决策者来看，为了增强市场的竞争，定价的原则应当是使工厂在能获得满意利润的前提下，尽量压低出售价格，于是，得到线性规划问题

$$\min g = 180y_1 + 1200y_2$$

$$\text{s. t.} \begin{cases} 0.1y_1 + 2y_2 \geqslant 40 \\ 0.2y_1 + y_2 \geqslant 60 \\ y_1, y_2 \geqslant 0 \end{cases} \tag{2}$$

用单纯形方法解得该线性规划问题的最优解为 $y_1 = 266.67$ 元，$y_2 = 6.67$ 元.

如果把式(1)称为原问题，则式(2)称为对偶问题. 通常称甲、乙两种原料的最低价 y_1、y_2 为原料甲、乙的“影子价格”.

一、标准形式对偶规则

定义 6.1 设有线性规划问题(I)

$$\max S = c_1x_1 + c_2x_2 + \cdots + c_nx_n$$

$$\text{s. t.} \begin{cases} a_{11}x_1 + a_{12}x_2 + \cdots + a_{1n}x_n \leqslant b_1 \\ a_{21}x_1 + a_{22}x_2 + \cdots + a_{2n}x_n \leqslant b_2 \\ \qquad\vdots \\ a_{m1}x_1 + a_{m2}x_2 + \cdots + a_{mn}x_n \leqslant b_m \\ x_j \geqslant 0 \qquad (j = 1, 2, \cdots, n) \end{cases}$$

则线性规划问题(II) $\min g = b_1y_1 + b_2y_2 + \cdots + b_my_m$

$$\text{s. t.} \begin{cases} a_{11}y_1 + a_{21}y_2 + \cdots + a_{m1}y_n \geqslant c_1 \\ a_{12}y_1 + a_{22}y_2 + \cdots + a_{m2}y_n \geqslant c_2 \\ \qquad\vdots \\ a_{1n}y_1 + a_{2n}y_2 + \cdots + a_{mn}y_n \geqslant c_m \\ y_i \geqslant 0 \qquad (i = 1, 2, \cdots, m) \end{cases}$$

称为(I)的对偶线性规划问题，简称对偶规划.（其中 $y_i(i=1,2,\cdots,m)$ 称为对偶变量，并称(I)和(II)式为一对对称型对偶问题.）

线性规划的原问题与对偶问题矩阵形式分别为

$$\max S = \boldsymbol{CX} \qquad\qquad \min g = \boldsymbol{Yb}$$

$$\text{(I)} \begin{cases} \boldsymbol{AX} \leqslant \boldsymbol{b} \\ \boldsymbol{X} \geqslant 0 \end{cases} \qquad\qquad \text{(II)} \begin{cases} \boldsymbol{YA} \geqslant \boldsymbol{C} \\ \boldsymbol{Y} \geqslant 0 \end{cases}$$

其中

$$\boldsymbol{A} = \begin{pmatrix} a_{11} & a_{12} & \cdots & a_{1n} \\ a_{21} & a_{22} & \cdots & a_{2n} \\ \vdots & \vdots & & \vdots \\ a_{m1} & a_{m2} & \cdots & a_{mn} \end{pmatrix}, \quad \boldsymbol{C} = (c_1, c_2, \cdots, c_n),$$

$$\boldsymbol{b}=\begin{bmatrix}b_1\\b_2\\\vdots\\b_m\end{bmatrix},\quad \boldsymbol{X}=\begin{bmatrix}x_1\\x_2\\\vdots\\x_n\end{bmatrix},\quad \boldsymbol{Y}=(y_1,y_2,\cdots,y_m).$$

原问题(I)和对偶问题(II)之间的对应关系可以用表 6-6 表示.

表 6-6　原问题(I)与对偶问题(II)之间的对应关系

y_i	x_j				原关系	min g
	x_1	x_2	$\cdots$	x_n		
y_1	a_{11}	a_{12}	$\cdots$	a_{1n}	$\leqslant$	b_1
y_2	a_{21}	a_{22}	$\cdots$	a_{2n}	$\leqslant$	b_2
$\vdots$	$\vdots$	$\vdots$			$\vdots$	$\vdots$
y_m	a_{m1}	a_{m2}	$\cdots$	a_{mn}	$\leqslant$	b_m
对偶关系	$\geqslant$	$\geqslant$	$\cdots$	$\geqslant$	max S=min g	
max S	c_1	c_2	$\cdots$	c_n		

由原问题构造对偶问题的一般规则：

(1) 原问题为最大化问题,则对偶问题为最小化问题；反之,原问题为最小化问题,则对偶问题为最大化问题.

(2) 原问题的决策变量个数和约束条件的个数与对偶问题的约束条件的个数和决策变量个数相对应.即若原问题有 n 个决策变量,m 个约束条件,则对偶问题就有 n 个约束条件,m 个决策变量.

(3) 原问题目标函数的价值(系数)向量为 $\boldsymbol{C}$,约束条件右端常数向量为 $\boldsymbol{b}$,则对偶问题目标函数的价值向量为 $\boldsymbol{b}$,约束条件右端常数向量为 $\boldsymbol{C}$.

(4) 最大化问题应有"$\leqslant$"形式的约束条件,极小化问题应有"$\geqslant$"形式的约束条件.

(5) 两个问题的变量都非负.

(6) 原问题系数矩阵的行是对偶问题系数矩阵的列.

例 6.8　写出下列线性规划问题的对偶问题：

(1)
$$\max S=x_1+2x_2+3x_3+4x_4$$
$$\text{s.t.}\begin{cases}x_1+2x_2+2x_3+3x_4\leqslant 20\\2x_1+x_2+3x_3+2x_4\leqslant 20\\x_j\geqslant 0(j=1,2,3,4)\end{cases}$$

(2)
$$\min S=x_1+6x_2-5x_3+2x_4+5x_5$$
$$\text{s.t.}\begin{cases}5x_1-4x_2+13x_3+2x_4+3x_5\geqslant 21\\2x_1-3x_2+5x_3-2x_4+4x_5\geqslant 14\\x_j\geqslant 0(j=1,2,3,4,5)\end{cases}$$

解：(1) 原问题是求最大值,根据对偶规划的关系,其对偶问题为

$$\min g=20y_1+20y_2$$

$$
\text{s.t.}\begin{cases}y_1+2y_2\geqslant 1\\2y_1+y_2\geqslant 2\\2y_1+3y_2\geqslant 3\\3y_1+2y_2\geqslant 4\\y_i\geqslant 0(i=1,2)\end{cases}
$$

(2) 原问题是求最小值,根据对偶规划的关系,其对偶问题为

$$
\max g=21y_1+14y_2
$$

$$
\text{s.t.}\begin{cases}5y_1+2y_2\leqslant 1\\-4y_1-3y_2\leqslant 6\\13y_1+5y_2\leqslant -5\\2y_1-2y_2\leqslant 2\\3y_1+4y_2\leqslant 5\\y_i\geqslant 0(i=1,2)\end{cases}
$$

二、对偶问题的非标准形式

线性规划有时以非对称形式出现,那么如何从原始问题写出它的对偶问题,我们从一个具体的例子来说明这种非对称形式的线性规划问题的对偶问题的建立方法.

写出下列原始问题的对偶问题

(1)
$$
\max S=5x_1-6x_2+7x_3+4x_4
$$

$$
\text{s.t.}\begin{cases}x_1+2x_2-x_3-x_4=-7\\6x_1-3x_2+x_3-7x_4\leqslant 14\\-28x_1-17x_2+4x_3+2x_4\geqslant -3\\x_j\geqslant 0\quad (j=1,2,3,4)\end{cases}
$$

解:第一约束等式等价于下面两个约束不等式

$$
x_1+2x_2-x_3-x_4\leqslant -7
$$

$$
-x_1-2x_2+x_3+x_4\leqslant 7
$$

第三个不等式变成 $28x_1+17x_2-4x_3-2x_4\leqslant 3$

以 y_1',y_1'',y_2,y_3 分别表示这四个约束不等式对应的对偶变量,则对偶问题为

$$
\min g=-7y_1'+7y_1''+14y_2+3y_3
$$

$$
\text{s.t.}\begin{cases}y_1'-y_1''+6y_2+28y_3\geqslant 5\\2y_1'-2y_1''-3y_2+17y_3\geqslant -6\\-y_1'+y_1''+y_2-4y_3\geqslant 7\\-y_1'+y_1''-7y_2-2y_3\geqslant 4\\y_1',y_1'',y_2,y_3\geqslant 0\end{cases}
$$

令 $y_1=y_1'-y_1''$,则上式的对偶问题变为:

$$
\min g=-7y_1+14y_2+3y_3
$$

$$\text{s.t.}\begin{cases} y_1+6y_2+28y_3\geqslant 5 \\ 2y_1-3y_2+17y_3\geqslant -6 \\ -y_1+y_2-4y_3\geqslant 7 \\ -y_1-7y_2-2y_3\geqslant 4 \\ y_2,y_3\geqslant 0, y_1 \text{ 无符号限制} \end{cases}$$

一般地,设有等式约束条件的线性规划问题:

$$\max S = c_1x_1+c_2x_2+\cdots+c_nx_n$$

$$\text{s.t.}\begin{cases} a_{11}x_1+a_{12}x_2+\cdots+a_{1n}x_n=b_1 \\ a_{21}x_1+a_{22}x_2+\cdots+a_{2n}x_n=b_2 \\ \vdots \\ a_{m1}x_1+a_{m2}x_2+\cdots+a_{mn}x_n=b_m \\ x_j\geqslant 0(j=1,2,\cdots,n) \end{cases} \tag{1}$$

首先,将每一个等式约束条件分解为两个不等式的约束条件,于是,问题(1)等价于

$$\max S = c_1x_1+c_2x_2+\cdots+c_nx_n$$

$$\text{s.t.}\begin{cases} a_{11}x_1+a_{12}x_2+\cdots+a_{1n}x_n\leqslant b_1 \\ a_{21}x_1+a_{22}x_2+\cdots+a_{2n}x_n\leqslant b_2 \\ \vdots \\ a_{m1}x_1+a_{m2}x_2+\cdots+a_{mn}x_n\leqslant b_m \\ -a_{11}x_1-a_{12}x_2-\cdots-a_{1n}x_n\leqslant -b_1 \\ -a_{21}x_1-a_{22}x_2-\cdots-a_{2n}x_n\leqslant -b_2 \\ \vdots \\ -a_{m1}x_1-a_{m2}x_2-\cdots-a_{mn}x_n\leqslant -b_m \\ x_j\geqslant 0 \quad (j=1,2,\cdots,n) \end{cases} \tag{2}$$

其次,写出标准形式(2)的对偶问题,建立对偶表,如表 6-7 所示.

表 6-7

y_i	x_j				原关系	$\min g$
	x_1	x_2	$\cdots$	x_n		
y_1'	a_{11}	a_{12}	$\cdots$	a_{1n}		b_1
y_2'	a_{21}	a_{22}	$\cdots$	a_{2n}		b_2
$\vdots$	$\vdots$	$\vdots$		$\vdots$		$\vdots$
y_m'	a_{m1}	a_{m2}	$\cdots$	a_{mn}		b_m
y_1''	$-a_{11}$	$-a_{12}$	$\cdots$	$-a_{1n}$	$\leqslant$	$-b_1$
y_2''	$-a_{21}$	$-a_{22}$	$\cdots$	$-a_{2n}$		$-b_2$
$\vdots$	$\vdots$	$\vdots$		$\vdots$		$\vdots$
y_m''	$-a_{m1}$	$-a_{m2}$	$\cdots$	$-a_{mn}$		$-b_m$
对偶关系	$\geqslant$					
$\max S$	c_1	c_2	$\cdots$	c_n		

其中 $y_i'(i=1,2,\cdots,m)$是对应于式(2)中前 m 个不等式的对偶变量. $y_i''(i=1,2,\cdots,m)$是对应

于式(2)中后 m 个不等式的对偶变量.

由表 6-7 得

$$\min g = b_1(y'_1 - y''_1) + b_2(y'_2 - y''_2) + \cdots + b_m(y'_m - y''_m)$$

$$\text{s.t.}\begin{cases} a_{11}(y'_1 - y''_1) + a_{21}(y'_2 - y''_2) + \cdots + a_{m1}(y'_m - y''_m) \geqslant c_1 \\ a_{12}(y'_1 - y''_1) + a_{22}(y'_2 - y''_2) + \cdots + a_{m2}(y'_m - y''_m) \geqslant c_2 \\ \vdots \\ a_{1n}(y'_1 - y''_1) + a_{2n}(y'_2 - y''_2) + \cdots + a_{mn}(y'_m - y''_m) \geqslant c_m \\ y'_i \geqslant 0, y''_i \geqslant 0 (i = 1,2,\cdots,m) \end{cases} \tag{3}$$

令 $y_i = y'_i - y''_i (i=1,2,\cdots,m)$ 代入式(3)得到原问题的对偶问题：

$$\min g = b_1 y_1 + b_2 y_2 + \cdots + b_m y_m$$

$$\text{s.t.}\begin{cases} a_{11} y_1 + a_{21} y_2 + \cdots + a_{m1} y_m \geqslant c_1 \\ a_{12} y_1 + a_{22} y_2 + \cdots + a_{m2} y_m \geqslant c_2 \\ \vdots \\ a_{1n} y_1 + a_{2n} y_2 + \cdots + a_{mn} y_m \geqslant c_m \\ y_i \text{ 为非负限制} \quad (i = 1,2,\cdots,m) \end{cases} \tag{4}$$

式(1)与式(4)称为一组非对称形式的对偶规则. 由于 $y'_i \geqslant 0, y''_i \geqslant 0 (i=1,2,\cdots,m)$，故 $y_i = y'_i - y''_i$，y_i 无非负限制. 一般而言，若原问题的第 r 个约束条件为等式，那么其对偶问题的第 r 个变量 y_r 无非负约束. 反之，若原问题的某个变量 x_r 无非负约束，那么它的对偶问题中的第 r 个约束条件为等式.

因此，线性规划问题与对偶问题的关系可以归纳为表 6-8.

表 6-8　线性规划问题与对偶问题的关系

原问题	对偶问题
$\max S = \boldsymbol{CX}$ $\begin{cases} \boldsymbol{AX} = \boldsymbol{b} \\ \boldsymbol{X} \geqslant 0 \end{cases}$	$\min g = \boldsymbol{Yb}$ $\begin{cases} \boldsymbol{YA} = \boldsymbol{C} \\ \boldsymbol{Y} \text{ 无非负限制} \end{cases}$
目标函数 $\max S$ 约束条件数 m 个 变量 $x_j (j=1,2,\cdots,n)$ 第 i 个约束条件为“$\leqslant$”形式 第 r 个约束条件为“$=$”形式 变量 x_i 无非负限制 变量 $x_i \geqslant 0$	目标函数 $\min g$ 对偶变量个数 m 个 约束条件数 n 个 对偶变量 $y_i \geqslant 0$ 对偶变量 y_r 无非负限制 第 i 个约束条件为“$=$”形式 第 i 个约束条件为“$\geqslant$”形式

于是，对于任何一个线性规划问题，要构造对偶问题，一般步骤如下：

(1) 把原问题改为最大化问题，其约束条件统一为“$\leqslant$”或“$=$”；

(2) 依表 6-8 建立对偶表；

(3) 根据对偶表，写出原规划的对偶规划.

例 6.9　已知线性规划问题　$\min S = 5x_1 - 6x_2 + 7x_3$

$$\text{s.t.}\begin{cases}x_1+2x_2-3x_3=-7\\6x_1-3x_2+2x_3\geqslant 3\\x_1,x_3\geqslant 0;\ x_2\text{ 无非负限制}\end{cases}$$

写出它的对偶问题.

解：原问题是求目标函数最小值，先将目标函数转化为最大值，再将约束条件统一为"≤"或"="形式，建立对偶表，如表 6-9 所示.

表 6-9　例 6.9 建立的对偶表

y_i	x_j			原关系	b
	$x_1\geqslant 0$	x_2	$x_3\geqslant 0$		
y_1	1	2	−3	=	−7
y_2	−6	3	−2	≤	−3
对偶关系	≥	‖	≥		min g
$\boldsymbol{C}$	−5	6	−7	max S	

由表 6-9，原问题的对偶规划为

$$\min g=-7y_1-3y_2$$

$$\text{s.t.}\begin{cases}y_1-6y_2\geqslant -5\\2y_1+3y_2=3\\-3y_1-2y_2\geqslant -7\\y_2\geqslant 0;\ y_1\text{ 无非负约束}\end{cases}$$

例 6.10　已知线性规划问题

$$\min S=-3x_1-11x_2-9x_3+x_4+9x_5$$

$$\text{s.t.}\begin{cases}x_2+x_3+x_4-x_5\leqslant 4\\x_1-x_2+x_3+2x_4+x_5\geqslant 0\\x_j\geqslant 0(j=2,3,4,5);\ x_1\text{ 无非负限制}\end{cases}$$

写出它的对偶问题.

解：原问题是求目标函数最小值，先将目标函数转化为最大值，再将约束条件统一为"≤"或"="形式，建立对偶表，如表 6-10 所示.

表 6-10　例 6.10 建立的对偶表

y_i	x_j					原关系	b
	x_1	x_2	x_3	x_4	x_5		
y_1	0	1	1	1	−1	≤	4
y_2	−1	1	−1	−2	−1	≤	0
对偶关系	‖	≥	≥	≥	≥		min g
$\boldsymbol{C}$	3	11	9	−1	−9	max S	

由表 6-10，原问题的对偶规划为

$$\min g=4y_1$$

$$
\text{s.t.}\begin{cases}-y_1=3\\ y_1+y_2\geqslant 11\\ y_1-y_2\geqslant 9\\ y_1-2y_2\geqslant -1\\ -y_1-y_2\geqslant -9\\ y_2\geqslant 0,y_1\geqslant 0\end{cases}
$$

由于第一个方程是矛盾的，故该问题无可行解.

第四节

对偶线性规划的经济意义

一、对偶规则的基本性质

定理 6.1 对偶问题的对偶问题是原问题

定理 6.2 若 $\boldsymbol{X}$ 是原问题(1)的可行解，$\boldsymbol{Y}$ 是对偶问题(4)的可行解，则它们对应的目标函数有 $\boldsymbol{CX}\leqslant\boldsymbol{Yb}$，即 $S\leqslant g$.

定理 6.3 若 $\boldsymbol{X}_0$ 是原问题(1)的可行解，$\boldsymbol{Y}_0$ 是对偶问题(4)的可行解，且 $\boldsymbol{CX}_0=\boldsymbol{Y}_0\boldsymbol{b}$，则 $\boldsymbol{X}_0$ 和 $\boldsymbol{Y}_0$ 分别是它们对应线性规划的最优解.

定理 6.4(对偶定理) 若线性规划问题(1)和(4)之一有最优解，则另一问题也有最优解，并且两者的目标函数值是相等的.

由以上定理，可得到如下重要结论：

(1) 互为对偶的线性规划问题(1)与(4)都有最优解，或都没有最优解.

(2) 互为对偶的规则，用单纯形方法求解了其中的一个问题，另一个问题也就随之解决.

(3) 基于上述原因，当求解一个线性规划问题较难时，可以转化为求它的对偶问题.

二、对偶问题的经济意义

对于线性规划问题(1)，用它来处理资源分配问题时，其决策变量代表的是产品的产量. 它的对偶问题(4)，其对偶变量也有明显的经济意义.

事实上，若 $\boldsymbol{X}^*=(x_1^*,x_2^*,\cdots,x_n^*)$ 为原问题(1)的最优解，最优目标函数值为 S^*. 根据对偶定理，对偶问题也有最优解 $\boldsymbol{Y}^*=(y_1^*,y_2^*,\cdots,y_m^*)$. 且两者的最优目标函数值相等，即：

$$S^{*}=\sum_{j=1}^{n}c_jx_j^{*}=\sum_{i=1}^{m}b_iy_i^{*}=g^{*}.$$

这也就是说,原问题的目标函数值等于 $\sum\limits_{i=1}^{m}b_iy_i^{*}$. 由于这个和为各个 $b_iy_i^{*}$ 相加而成,故可以将每个 $b_iy_i^{*}$ 看成是第 i 种资源对目标函数值所做的贡献. 又由于 b_i 是第 i 种资源的拥有量,因此,$\frac{b_iy_i^{*}}{b_i}=y_i^{*}$ 便可以理解为每个单位第 i 种资源对目标函数值的贡献. 即:增加或减少单位第 i 种资源所引起总收益(目标函数)的改变量. 我们称 y_i^{*} 为第 i 种资源的影子价格.

显然这种价格不同于第 i 种资源的市场价格,它是由企业内部的条件决定的. 同一种资源在不同的企业影子价格一般可以不同. 一种资源的影子价格越大,则增加或减少一个单位这种资源,对总收益的影响越大. 如果一种资源的影子价格为零,则在一定范围内增加或减少一个单位这种资源对总收益没有影响. 如果在取得最优解时,某种资源尚未被完全利用,还有一定的剩余,其余量就是该约束条件中松弛变量的取值. 那么与该约束条件相应的影子价格一定为零. 由于得到最优解时,这种资源并不紧缺,这时再买进这种资源也不会带来任何经济效益,所以这种资源的影子价格就是零.

影子价格在资源利用、投资决策方面有重要作用. 在完全市场经济的条件下,当某种资源的市场价格低于影子价格时,企业应买进资源用于扩大再生产,当资源的市场价格高于影子价格时,企业决策者应把已有资源卖掉. 可见,影子价格对市场有调节作用.

影子价格还可以运用于紧缺资源的管理和分配. 影子价格高的企业,意味着资源的利用率高,经济效益好,资源管理者应充分满足企业对该紧缺资源的需求.

例 6.11 某外贸公司准备购进两种产品 A_1、A_2. 购进产品 A_1、A_2 每件各需要 10 元、15 元,占用空间各需 $5m^3$,$3m^3$,待每件 A_1、A_2 卖出后,可获纯利润分别为 3 元、4 元. 公司现有资金 1400 元,有 $430m^3$ 的仓库空间存放产品,问(1) 购进两种产品 A_1、A_2 各多少件,才能使公司获得的利润最大? 最大利润是多少? (2)现在公司有另外一笔资金 585 元准备用于投资,利用影子价格进行分析,应如何投资使公司获得更多的利润?

解:(1) 设 x_1,x_2 分别为购进 A_1、A_2 的件数,根据题意建立该问题的线性规划模型为:

$$\max Z=3x_1+4x_2$$

$$\text{s.t.}\begin{cases}10x_1+15x_2\leqslant 1400\\5x_1+3x_2\leqslant 430\\x_1\geqslant 0,x_2\geqslant 0\end{cases}$$

引进松弛变量 x_3、$x_4\geqslant 0$ 化为标准形得:

$$\max Z=3x_1+4x_2$$

$$\text{s.t.}\begin{cases}10x_1+15x_2+x_3=1400\\5x_1+3x_2+x_4=430\\x_1,x_2,x_3,x_4\geqslant 0\end{cases}$$

利用单纯形法求得最优单纯形表,见表 6-11.

表 6-11　利用单纯形法求得最优单纯形表

基变量	b	x_1	x_2	x_3	x_4
x_2	60	0	1	1/9	−2/9
x_1	50	1	0	−1/15	1/3
$-\bar{c}_j$		0	0	−11/45	−1/9

利用单纯形法求得最优方案是购进 A_1、A_2 分别为 50 件和 60 件，公司获得的最大利润为 390 元.

(2) 分析：这笔资金如果用来购买产品 A_1、A_2 当然可以使公司获得更多的利润；如果用来增加仓库的容量，也可以使公司获得更多的利润. 这是因为，产品 A_1、A_2 的单位利润不同，占据的空间也不同. 由于仓库容量增加了，可以使购进产品 A_1、A_2 的数量比例发生变化，仍有可能使公司的利润增加. 下面利用影子价格进行分析：由最优单纯形表可知，仓库的影子价格 $y_2=1/9$，即增加 1cm^3 的仓库空间，公司可多获 1/9 元. 现已知增加 1cm^3 的仓库空间需 0.8 元，也就是说，如果将投资用于增加仓库空间，则每投资 0.8 元可多获 1/9 元，或者说，每 1 元投资可多获利润 10/72 元，近似为 0.14 元.

而购进产品的资金的影子价格 $y_1=11/45$ 元，即每增加 1 元购买产品可多获利润 11/45 元，近似为 0.24 元，显然大于 0.14 元. 经比较分析，应将投资用于购买产品 A_1、A_2 而不是用于增加仓库容量，这样可获得更多的利润.

将 585 元进行投资之后，最大利润为：$585\times y_1=585\times 11/45=143$ 元. 如果不按此决策进行投资，而采用其他方案，其利润增加量只能比 143 元少.

例 6.12　某工厂利用 3 种原料 B_1、B_2、B_3 生产两种产品 A_1 和 A_2，3 种原料的现有存量分别为 150、240、300 个单位. 生产单位产品 A_1、A_2 所需各种原料的数量见表 6-12，生产单位产品 A_1、A_2 的收益(单位：万元)分别为 2.4 和 1.8. 那么工厂应如何安排生产计划，能使总收益最大?

表 6-12　生产单位产品 A_1、A_2 所需各种原料的数量

原料	产品		现有原料
	A_1	A_2	
B_1	1	1	150
B_2	2	3	240
B_3	3	2	300

解：设生产产品 A_1、A_2 的数量分别为 x_1、x_2 个单位，由题意可得线性规划模型为：

$$\max Z = 2.4x_1 + 1.8x_2$$

$$\text{s.t.}\begin{cases} x_1 + x_2 \leqslant 150 \\ 2x_1 + 3x_2 \leqslant 240 \\ 3x_1 + 2x_2 \leqslant 300 \\ x_1 \geqslant 0, x_2 \geqslant 0 \end{cases}$$

利用单纯形法求得最优单纯形表，见表 6-13.

表 6-13 利用单纯形法求得最优单纯形表

基变量	b	x_1	x_2	x_3	x_4	x_5
x_3	42	0	0	1	$-1/5$	$-1/5$
x_2	24	0	1	0	$3/5$	$-2/5$
x_1	84	1	0	0	$-2/5$	$3/5$
$-\bar{c}_j$		0	0	0	-0.12	-0.72

即应生产产品 A_1、A_2 分别为 84、24 个单位，最大收益为

$$2.4x_1 + 1.8x_2 = 2.4 \times 84 + 1.8 \times 24 = 244.8(\text{万元}).$$

现在如果另一个企业想从该工厂购买其现存所有的原料 B_1、B_2、B_3，那么卖出这批原料的单价应是多少，这个工厂才愿意停止生产产品 A_1、A_2，而将原料全部出卖呢？

显然，只有当工厂卖出这批原料得到的总收益与利用这批原料生产产品 A_1、A_2 所得到的总收益相等甚至高出时，出让这批原料才是值得的. 由上述最优单纯形表知原料 B_1、B_2、B_3 的影子价格分别为 0、0.12、0.72(单位：万元). 所以卖出这批原料的单价至少应分别为 0、0.12、0.72(单位：万元)时，这个工厂才愿意停止生产产品 A_1、A_2，获得的收益为：$f=150\times0+240\times0.12+300\times0.72=244.8$(万元)与生产产品 A_1、A_2 获得的利润相同.

但应注意，原料 B_1、B_2、B_3 的影子价格并不是它们的实际价格，而是由工厂生产单位产品 A_1、A_2 的收益计算出来的“最合理”的价格. 因此各种原料的影子价格也可以作为决策者制定原料 B_1、B_2、B_3 的生产计划时的参考. 另外原料 B_1 的影子价格为零，并不是说原料 B_1 没有价格，而是指 B_1 在 150 单位时的边际价格是零. 这是由于原问题中 $x_3=42$，表明现存原料 B_1 中还有 42 个单位没有利用，再增加一个单位原料 B_1 也不会使工厂的总收益有所增加.

总之，线性规划问题是求解资源优化配置的问题，而对偶问题则是求解资源恰当估价的问题. 应当指出，原问题的经济背景不同，其对偶问题的影子价格的经济解释也不同，企业、产品不同，影子价格也不同. 影子价格的经济意义也就是资源在最优利用的条件下，对资源所带来的经济效益的一种估计.

本章小结

本章首先介绍了线性规划问题的标准形式和标准形式的各种不同的形式，以及如何将线性规划问题化为标准形式. 接着介绍了可行解、最优解、基本解、基本可行解的基本概念. 从理论上推导单纯形解法的基本原理和如何建立单纯形表的初始栏. 详细介绍用单纯形法求解线性规划问题的方法、步骤. 现在概括地总结一下单纯形解法：应用单纯形解法求解线性规划问题，从数学上讲，它是一种换基迭代运算，不断改进基可行解，逐渐使目标函数得以改善，直至达到目标函数最优值. 而从管理上理解，这种求解过程，实质上是不断完善生产计划过程，不断改善生产组织的安排或生产的方式方法，从一个安排方案到另一个安排方案以取得最优安排方案为最终目的. 何时达到最优解，是通过检验数的检验来进行判定的. 最后介绍了对偶线性规划. 其中包括原问题与对偶问题概念及标准形式对偶规

则，如何由原问题构造对偶问题的一般形式，如何理解线性规划问题与对偶问题的关系，简述对偶规划的基本性质和对偶线性规划的经济意义.

基本概念

基变量　非基变量　基本解　基本可行解　对偶问题　影子价格

思考与训练（六）

1. 把下列的线性规划问题化为标准形式：

(1) 求 $\min S=-x_1+2x_2$

$$\text{s.t.}\begin{cases}x_1-x_2\geqslant -3\\x_1+2x_2\leqslant 8\\x_1\geqslant 0\end{cases}$$

(2) 求 $\max S=6x_1+2x_2$

$$\text{s.t.}\begin{cases}2x_1+3x_2\leqslant 80\\4x_1+2x_2\leqslant 100\\x_1=14\\x_2\geqslant 20\\x_1\geqslant 0,x_2\geqslant 0\end{cases}$$

2. 对线性规划问题：

求 $\max S=x_1+x_2+2x_3$，

$$\text{s.t.}\begin{cases}x_1+x_2=5\\2x_1+x_3=7\\x_j\geqslant 0\quad (j=1,2,3)\end{cases}$$

(1) 写出它的矩阵形式；

(2) 求出它的一个基和该基对应的基变量；

(3) 在约束方程中，用非基变量表示基变量；

(4) 求出它的一个基本解，是否为基本可行解.

3. 用单纯形求解下列线性规划问题：

(1) $\max S=2x_1+3x_2$

$$\text{s.t.}\begin{cases}x_1+x_2\leqslant 6\\x_1+2x_2\leqslant 8\\x_2\leqslant 3\\x_1,x_2\geqslant 0\end{cases}$$

(2) $\max S=3x_1+5x_2$

$$\text{s.t.}\begin{cases}-x_1+x_3=4\\x_2+x_4=6\\-3x_1+2x_2+x_5=18\\x_j\geqslant 0(j=1,2,3,4,5)\end{cases}$$

(3) $\min S=-x_1-3x_2-2x_3$

$$\text{s.t.}\begin{cases}x_1-x_2+2x_3\leqslant 7\\-2x_1+x_2\leqslant 12\\-4x_1+x_2-x_3\leqslant 6\\x_1,x_2,x_3\geqslant 0\end{cases}$$

(4) $\min S=-2x_1-x_2$

$$\text{s.t.}\begin{cases}-x_1+x_2\leqslant 2\\2x_1-x_2\leqslant 2\\x_1,x_2\geqslant 0\end{cases}$$

4. 写出下列线性规划的对偶问题：

(1) $\min g = x_1 + 3x_2$

$$\text{s.t.}\begin{cases}4x_1 + 8x_2 \geqslant 5\\ x_1 + x_2 \geqslant 1\\ x_1 - 3x_2 \geqslant 8\\ x_1, x_2 \geqslant 0\end{cases}$$

(2) $\max S = 4x_1 + 7x_2 + 2x_3$

$$\text{s.t.}\begin{cases}x_1 + 2x_2 + x_3 \leqslant 12\\ 2x_1 + 3x_2 + 4x_3 \leqslant 10\\ x_1, x_2 \geqslant 0\end{cases}$$

(3) $\min S = x_1 - 3x_2 + 2x_3$

$$\text{s.t.}\begin{cases}x_1 + x_2 - 3x_3 \geqslant 2\\ -2x_1 + x_2 - x_3 \leqslant -2\\ 7x_1 - 5x_2 - 4x_3 = 8\\ x_3\ \text{无非负限制}, x_1, x_2 \geqslant 0\end{cases}$$

第七章 数学实验

第一节 用Maple作线性代数

一、Maple 软件

1. Maple 简介

Maple 是加拿大 University of Waterloo 和 Waterloo Maple Software 公司注册的一套为微积分、线性代数和微分方程等高等数学使用的软件包. 它是当今世界上最优秀的几个数学软件之一,它以良好的使用环境、强有力的符号计算、高精度的数值计算、灵活的图形显示和高效的编程功能,为越来越多的教师、学生和科研人员所喜爱,并成为他们进行数学处理的工具.

Maple 软件几乎涉及高等数学的各个分支,并提供了一套完善的程序设计语言,有多达 2700 多种命令和函数. 它的图形式输入、输出界面,与通用的数学表达方式几乎一样,用户无需记忆许多语法规则就可以轻松地掌握它的使用.

Maple 软件适用于解决微积分、解析几何、线性代数、微分方程、计算方法、概率统计等数学分支中的常见计算问题.

Maple 软件目前最新版本是 9. x. 若需要相关的详细资料,可以浏览公司主页 http://www. maplesoft. com/products/maple/index. shtml.

2. Maple 结构

Maple 是一个具有强大的符号运算能力、数值计算能力、图形处理能力的交互式计算机代数系统(Computer Algebra System). 它可以借助键盘和显示器代替原来的笔和纸进行各种科学计算、数学推理、猜想的证明以及智能化文字处理.

Maple 软件结构主要由三个部分组成:用户界面(Iris)、代数运算器(Kernel)、外部函数库(External Library). 用户界面和代数运算器是用 C 语言写成的,只占整个软件的一小部分. 当系统启动时,即被装入,主要负责输入命令和算式的初步处理、显示结果、函数图像的显示等. 代数运算器负责输入的编译、基本的代数运算(如有理数运算、初等代数运算等)以及内存的管理. Maple 的大部分数学函数和过程是用 Maple 自身的语言写成的,存于外部函数库中. 当一个函数被调用时,在多数情况下,Maple 会自动将该函数的过程调入内存,一些不常用的函数才需要用户自己调入,如线性代数包、统计包等,这使 Maple 在资源的利用上具有很大的优势,只有最有用的东西才留驻内存,这保证了 Maple 可以在内存较小的计算机上正常运行. 用户可以查看 Maple 的非内存函数的源程序,也可以将自己编的函数、过程加到 Maple 的程序库中,或建立自己的函数库.

3. Maple 的启动与基本操作

(1) 启动

系统安装好以后,在 Windows XP 中,用鼠标点击开始→程序→Maple 菜单即可进入系统. 或在桌面用鼠标直接双击 Maple 快捷图标,即可进入系统.

进入 Maple 系统后,即可看见 Maple 工作面提示符"[>",用来输入 Maple 命令. 提示符"[>"左边的"["号表示所要一起执行的命令区,该区的命令将按先后次序连续一次执行完. 点击提示符按钮、回车等将增加一个命令区.

(2) 基本操作

常用工具栏中(从左到右)有新建、打开、保存、打印、剪切、复制、粘贴、撤销、Maple 输入转换、文体输入转换、增加命令区、撤销分组、建立分组、停止运行等按钮.

若点击工具栏中的"T"按钮,则提示符箭头消失,变为"["号,表示当前为文本输入,工具栏也出现相应的字号字体选择框.

点击文件菜单"Exit"或快捷键"Alt+F4"或点击窗口右上角的"×",这时系统要提示"是否存盘?"点击"是",则自动存盘. 如果是第一次使用这个文件,则要出现一个对话框,选择存盘目录并输入文件名称.

命令 Quit、Done、Stop 也可退出 Maple. 注意,这三个退出命令不保存文件,不要随便使用.

作业中存盘,可以用文件菜单的保存,也可以用工具栏的软盘图标保存,也可以使用快捷键"Ctrl+S". 最好在操作一段后就保存一次,避免意外情况产生损失.

二、Maple 的运算

1. 初试 Maple

Maple 工作面的提示符"[>"为可执行块的标志,">"的后面为键入命令区. 每条命令必须用":"(执行后不显示)或";"(执行并显示)结束,否则被认为命令没输完. 命令区中"#"号以后为命令注释(不执行). 光标在命令区的任何位置回车,都会依次执行该命令区所有命令.

例:

> 1+2 # 没有结束符,执行后会显示警告:

Warning, inserted missing semicolon at end of statement

然后自动完成输入并求值.

> 1+2； # 会输出执行结果

> 1+2： # 不会输出执行结果，但结果可用作以后计算使用.

运算结果如图 7-1 所示.

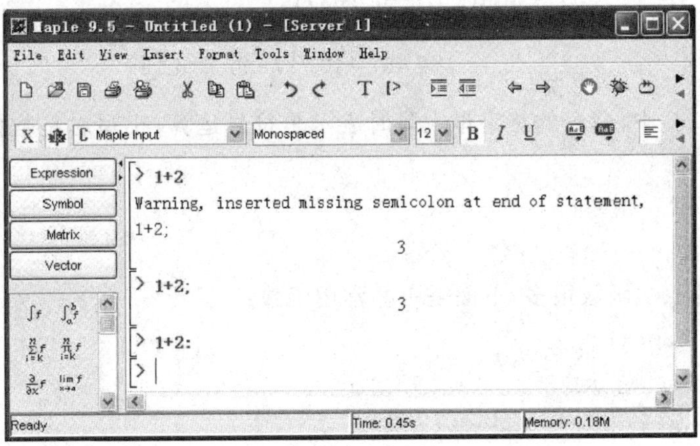

图 7-1

2. Maple 的基本运算

(1) 算术运算

在 Maple 中，主要的算术运算符有"+"(加)、"-"(减)、"*"(乘)、"/"(除)以及"^"(乘方或幂，或记为 * *)，算术运算符与数字或字母一起组成任意表达式，但其中"+"、"*"是最基本的运算，其余运算均可归诸于求和或乘积形式. 算术表达式运算的次序为：从左到右，圆括号最先，幂运算优先，其次是乘除，最后是加减. 值得注意的是，"^"的表达式只能有两个操作数，换言之，a^b^c 是错误的，而"+"或"*"的任意表达式可以有两个或者两个以上的操作数.

Maple 有能力精确计算任意位的整数、有理数或者实数、复数的四则运算，以及模算术、硬件浮点数和任意精度的浮点数甚至于矩阵的计算等等. 总之，Maple 可以进行任意数值计算.

作为一个符号代数系统，Maple 可以绝对避免算术运算的舍入误差. 与计算器不同，Maple 从来不自作主张把算术式近似成浮点数，而只是把两个有公因数的整数的商作化简处理. 如果要求出两个整数运算的近似值时，只需在任意一个整数后加"."(或".0")，或者利用"evalf"命令把表达式转换成浮点形式，默认浮点数位是 10 (即：Digits：=10，据此可任意改变浮点数位，如 Digits：=20).

例 7.1 计算$\frac{123\,456\,789}{987\,654\,321}$，并将结果转换成浮点数.

> 123 456 789/987 654 321；

$$\frac{13\,717\,421}{109\,739\,369}$$

> evalf(%)；

$$0.124\,999\,998\,9$$

“%”是一个非常有用的简写形式，表示最后一次执行结果.在本例中是上一行输出结果.

例 7.2 求和式 $\sum_{i=0}^{63} 2^i = 2^0 + 2^1 + 2^2 + \cdots + 2^{63}$ 的值.

```
> Sum(2^i,i=0..63)=sum(2^i,i=0..63);
```

$$\sum_{i=0}^{63} 2^i = 184\,467\,440\,737\,095\,516\,15$$

在 Maple 9.5 中，命令的首字母大写时表示是符号运算，小写时是数值运算.这一点请读者注意.

(2) 代数运算

① 常用函数

Maple 中的数学函数很多，下面是一些常用函数：

指数函数：exp(x)

一般对数：log[a](x)

自然函数：ln(x)

常用对数：log10(x)

平方根：sqrt(x)

绝对值：abs(x)

三角函数：sin(x)、cos(x)、tan(x)、sec(x)、csc(x)、cot(x)

反三角函数：arcsin(x)、arccos(x)、arctan(x)、arcsec(x)、arccsc(x)、arccot(x)

双曲函数：sinh(x)、cosh(x)、tanh(x)、sech(x)、csch(x)、coth(x)

反双曲函数：arcsinh(x)、arccosh(x)、arctanh(x)、arcsech(x)、arccsch(x)、arccoth(x)

② 常量与变量

为了解决数学问题，一些常用的数学常数是必要的. Maple 系统中已经存储了一些数学常数在表达式序列 constants 中.如 Pi：圆周率 π.

需要注意的是，自然对数的底数 e 未作为一个常数出现，但这个常数是存在的，可以通过 exp(1)来获取.

```
> exp(1);
```

$$e$$

```
> evalf(%);
```

$$2.718\,281\,828$$

在 Maple 中，最简单的变量名是字符串，变量名是由字母、数码或下划线组成的序列，其中第一个字符必须是字母或是下划线.名字的长度限制是 499 个字符。在定义变量名时常用连接符“.”将两个字符串连接成一个名.主要有三种形式：“名.自然数”、“名.字符串”、“名.表达式”.

值得注意的是，在 Maple 中是区分字母大小写的.在使用变量、常量和函数时应记住这一点.数学常量 π 用 Pi 表示，而 pi 则仅为符号 π 无任何意义.如 a，A；new_term，New_Team；x13a，X13a 都是不同的变量名.

注意，在 Maple 中内部函数和保留字不可以被用作变量名.

③ 赋值

赋值格式：赋值符：= 数值或表达式

```
> p：=2 * x^3－16；subs(x=2,p)；p；
```

$$p := 2x^3 - 16$$

$$0$$

$$2x^3 - 16$$

清除赋值：

```
> x：='x'；
```

常用命令：

restart；	清除所有变量赋值
anames()；	给出已赋值变量名
unames()；	给出未赋值变量名

④ 求值

求值命令：eval(name,i)

```
> P：=exp(x)+x * y+exp(y)；
```

$$P := \mathbf{e}^x + xy + \mathbf{e}^y$$

```
> eval(P,[x=2,y=3])；
```

$$e^2 + 6 + e^3$$

当算式在异常点处求值时，eval 会给一个错误信息. 如下：

```
> eval(sinx/x,x=0)；
Error，numeric exception：division by zero
```

求浮点值：evalf(expr, n)

浮点算法是数值计算的一种基本方法，在任何情况下均可以对表达式 expr 使用 evalf 命令计算精度为 n 的浮点数(n=Digits)，如果 n 缺省，则取系统默认值.

```
> evalf(Pi,50)；
```

3.141 592 653 589 793 238 462 643 383 279 502 884 197 169 399 375

```
> evalf(int(sin(x)/x,x=0..1),20)；
```

0.946 083 070 367 183 014 94

惰性函数求值：value(function)

把只用表达式表示而暂不求值的函数称为惰性函数，除了第一个字母大写外，Maple 中的惰性函数和活性函数的名字是相同的. 惰性函数调用的典型用法是预防对问题的符号求值，这样可以节省对输入进行符号处理的时间，而 value 函数强制对其求值.

将惰性函数的大写字母改为小写字母亦即可求值. 如

```
> F：Int(exp(x),x)；value(%)；
```

$$\int e^x \, dx$$

$$e^x$$

```
> Limit(sin(x)/x,x=0)=limit(sin(x)/x,x=0)；
```

$$\lim_{x \to 0} \frac{\sin(x)}{x} = 1$$

⑤ 定义函数

Maple 是一个计算机代数系统.可以在 Maple 中自定义函数.

赋值法：f ：= 函数表达式

```
> f：=a*x^2+b*x+c；
```

$$f := ax^2 + bx + c$$

```
> f(0)；
```

$$a(0)x(0)^2 + b(0)x(0) + c(0)$$

可以看出赋值法所定义的“函数”还不能算作是真正的函数，实质上只是一个表达式而已.在 Maple 中，要真正完成一个函数的定义，需要用算子(也称箭头操作符).

算子(箭头操作符)：f ：= 自变量→函数解析式

```
> f：=x->a*x^2+b*x+c；
```

$$f := x \to ax^2 + bx + c$$

```
> f(x)；f(0)；f(1/x)；
```

$$ax^2 + bx + c$$

$$c$$

$$\frac{a}{x^2} + \frac{b}{x} + c$$

多变量的函数也可以用同样的方法予以定义，只不过要把所有的自变量定义成一个序列，并用一个括号“()”将它们括起来(这个括号是必需的，因为括号运算优先于分隔符“,”)，如：

```
> f：=(x,y)->x^2+y^2；
```

$$f := (x, y) \to x^2 + y^2$$

```
> f(2,3)；
```

$$13$$

综上，箭头操作符定义函数的格式一般为：

一元函数 ：= 参数→函数表达式

多元函数 ：= (参数序列)→函数表达式

定义常函数则可以用无参数函数.如：

```
> E：=()->exp(1)；
```

$$E := () \to \mathrm{e}$$

```
> E()；
```

$$\mathrm{e}$$

```
> E(x)；
```

$$\mathrm{e}$$

定义函数还可以用命令 unapply，其作用是从一个表达式建立一个算子或函数.

定义一个表达式为 expr 的关于 x 的函数 f 的命令格式为：f：=unapply(expr, x)；

定义一个表达式为 expr 的关于 x,y,... 的多元函数 f 的命令格式为：f：=unapply(expr，x，y,...)；如：

```
> f：=unapply(3*x^2+4*x+5,x)；
```

$$f := x \to 3x^2 + 4x + 5$$

```
> f(2)；
```

$$25$$

```
> f：=unapply(x*y/(x^2+y^2),x,y)；
```

$$f := (x,y) \to \frac{xy}{x^2 + y^2}$$

```
> f(1,2)；
```

$$\frac{2}{5}$$

清除函数的定义则可以用命令 unassign. 如：

```
> unassign(f)；
> f(1,2)；
```

$$f(1,\ 2)$$

借助函数 piecewise 可以生成简单的分段函数. 如：

```
> abs(x)=piecewise(x>0,x,x=0,0,x<0,-x)；
```

$$|x| = \begin{cases} x & x > 0 \\ 0 & x = 0 \\ -x & x < 0 \end{cases}$$

3. Maple 的线性代数运算

Maple 进行线性代数运算时，需要先载入线性代数工具包——linalg，绝大部分线性代数运算函数都存于该工具包中.

(1) 矩阵的建立

在 Maple 中，建立矩阵用 matrix 命令. 如建立一个 m 行 n 列的矩阵的命令格式为：

```
matrix(m,n)；
matrix(m,n,init)；
```

其中，init 可以有很多种选择，如程序、数组、列表、方程组、代数表达式或者矩阵的初值等. Maple 计算矩阵，按标准数学格式输出.

(2) 矩阵的基本运算

矩阵的基本运算命令列于表 7-1，而矩阵的代数运算最直观的方法莫过于使用函数 evalm 了，只要把矩阵的代数计算表达式作为它的参数，就可以得到结果.

表 7-1　矩阵的基本运算命令

运算	函数调用	等效的运算符运算
加法	matadd(A, B)	evalm(A+B)
数乘	scalarmul(A, expr)	evalm(A*expr)

续表

运算	函数调用	等效的运算符运算
乘法	multiply(A, B, …)	evalm(A &* B &* …)
逆运算	inverse(A)	evalm(1/A)或 evalm(A^(-1))
转置	transpose(A)	无
行列式	det(A)	无
秩	rank(A)	无
迹	trace(A)	无

```
> with(linalg):
> A:=matrix(2,2,[1,3,7,9]); B:=matrix(2,2,[2,4,6,8]);
```

$$\boldsymbol{A}:=\begin{bmatrix}1 & 3\\7 & 9\end{bmatrix}$$

$$\boldsymbol{B}:=\begin{bmatrix}2 & 4\\6 & 8\end{bmatrix}$$

```
> C:=evalm(A+B);
```

$$\boldsymbol{C}:=\begin{bmatrix}3 & 7\\13 & 17\end{bmatrix}$$

```
> det(C);
```

$$-40$$

```
> inverse(C);
```

$$\begin{bmatrix}\frac{-17}{40} & \frac{7}{40}\\\frac{13}{40} & \frac{-3}{40}\end{bmatrix}$$

```
> rank(C);
```

$$2$$

```
> evalm(C&*(1/C));
```

$$\&*()$$

上面最后的输出结果表示单位阵.

(3) 解线性方程组

解线性方程组常常是转化为与其等价的矩阵问题来解决的.在 Maple 中可借助函数 genematrix 及 Gauss 消元法函数 gausselim 联合完成.

genematrix 的命令格式为:

genmatrix(eqns, vars, flag);

功能是从线性方程组中提取系数矩阵或增广矩阵.若加参数"flag"则提取增广矩阵,否则提取系数矩阵,这一点对于求解线性方程组是非常重要的.

```
> with(linalg):
> eqns:={x+2*y+3*z=a,8*x+9*y+4*z=b,7*x+6*y+5*z=c};
```

$$eqns:=\{x+2y+3z=a, 8x+9y+4z=b, 7x+6y+5z=c\}$$

> A: =genmatrix(eqns,[x,y,z],'flag');

$$\mathbf{A} := \begin{bmatrix} 1 & 2 & 3 & a \\ 8 & 9 & 4 & b \\ 7 & 6 & 5 & c \end{bmatrix}$$

> gausselim(%);

$$\begin{bmatrix} 1 & 2 & 3 & a \\ 0 & -7 & -20 & b-8a \\ 0 & 0 & \frac{48}{7} & c+\frac{15a}{7}-\frac{8b}{7} \end{bmatrix}$$

可以看出,在 Gauss 消元法的结果矩阵中出现了许多分数,这使表达式看起来不美观,而且随着矩阵的增大,分数的分母会越来越大. 如果矩阵中含有符号,结果矩阵中将出现分式. 为了避免出现上述情况,可采用无分式 Gauss 消元法(fraction－free Gaussian elimination),相应的命令为 ffgausselim.

> ffgausselim(%);

$$\begin{bmatrix} 1 & 2 & 3 & a \\ 0 & -7 & -20 & b-8a \\ 0 & 0 & -48 & -7c-15a+8b \end{bmatrix}$$

在把系数矩阵转化成相应的上三角阵后,就可以用回代(back substitution)的方法求出各个未知数的值——backsub.

> backsub(%);

$$\left[-\frac{7a}{16}-\frac{b}{6}+\frac{19c}{48},\frac{b}{3}+\frac{a}{4}-\frac{5c}{12},\frac{7c}{48}+\frac{5a}{16}-\frac{b}{6}\right]$$

解线性方程组也可以利用 Gauss-Jordan 消元法(Gauss-Jordan elimination),把系数矩阵变换成单位矩阵直接得到结果.

> gaussjord(A);

$$\begin{bmatrix} 1 & 0 & 0 & -\frac{7a}{16}-\frac{b}{6}+\frac{19c}{48} \\ 0 & 1 & 0 & \frac{b}{3}+\frac{a}{4}-\frac{5c}{12} \\ 0 & 0 & 1 & \frac{7c}{48}+\frac{5a}{16}-\frac{b}{6} \end{bmatrix}$$

上面介绍的实际上都是线性方程求解的中间步骤,事实上我们可以一步到位,不管它到底用的是什么方法,而只要求得最终的结果. 这方面,Maple 提供了一个非常好的函数 linsolve,这个函数不仅可以用来求解具有唯一解的线性方程组,而且可以求解有无穷多个解的方程组并给出通解. 请看下面的实验:

例 7.3 求解线性方程组 $\begin{cases} x_1+x_2-3x_3-x_4=1 \\ 3x_1-x_2-3x_3+4x_4=4 \\ x_1+5x_2-9x_3-8x_4=0 \end{cases}$

> with(linalg):

> A: =matrix([[1,1,－3,－1],[3,－1,－3,4],[1,5,－9,－8]]);

$$\boldsymbol{A} := \begin{bmatrix} 1 & 1 & -3 & -1 \\ 3 & -1 & -3 & 4 \\ 1 & 5 & -9 & -8 \end{bmatrix}$$

> B：=vector([1,4,0])；

$$\boldsymbol{B} := [1,4,0]$$

> linsolve(A,B)；

$$\left[\frac{5}{4}+\frac{3}{2}\_t_1-\frac{3}{4}\_t_2,-\frac{1}{4}+\frac{3}{2}\_t_1+\frac{7}{4}\_t_2,\_t_1,\_t_2\right]$$

Maple 用辅助变量 $\_t_1$，$\_t_2$ 给出了方程组的通解.

三、综合举例

例 7.4 计算 $D=\begin{vmatrix} 5 & 3 & -1 & 2 & 0 \\ 1 & 7 & 2 & 5 & 2 \\ 0 & -2 & 3 & 1 & 0 \\ 0 & -4 & -1 & 4 & 0 \\ 0 & 2 & 3 & 5 & 0 \end{vmatrix}$

Maple 解

> with(linalg)：

> D5：=matrix([[5,3,-1,2,0],[1,7,2,5,2],[0,-2,3,1,0],[0,-4,-1,4,0],[0,2,3,5,0]])；

$$\text{D5} := \begin{vmatrix} 5 & 3 & -1 & 2 & 0 \\ 1 & 7 & 2 & 5 & 2 \\ 0 & -2 & 3 & 1 & 0 \\ 0 & -4 & -1 & 4 & 0 \\ 0 & 2 & 3 & 5 & 0 \end{vmatrix}$$

> det(D5)；

$$-1080$$

例 7.5 设 $\boldsymbol{A}=\begin{bmatrix} 2 & 5 & -1 \\ 5 & 2 & 3 \end{bmatrix}$，$\boldsymbol{B}=\begin{bmatrix} 1 & -5 & 4 \\ 4 & 3 & 6 \end{bmatrix}$，求 $\boldsymbol{A}+\boldsymbol{B}$，$\boldsymbol{A}-\boldsymbol{B}$.

Maple 解

> with(linalg)：

> A：=matrix(2,3,[2,5,-1,5,2,3])；
B：=matrix(2,3,[1,-5,4,4,3,6])；

$$\boldsymbol{A} := \begin{bmatrix} 2 & 5 & -1 \\ 5 & 2 & 3 \end{bmatrix}$$

$$\boldsymbol{B} := \begin{bmatrix} 1 & -5 & 4 \\ 4 & 3 & 6 \end{bmatrix}$$

> evalm(A+B)；evalm(A-B)；

$$\begin{bmatrix}3 & 0 & 3\\9 & 5 & 9\end{bmatrix}$$

$$\begin{bmatrix}1 & 10 & -5\\1 & -1 & -3\end{bmatrix}$$

例 7.6 设 $\boldsymbol{A}=\begin{bmatrix}2 & 0 & -1\\1 & 3 & 2\end{bmatrix}$，计算 $\boldsymbol{A}\boldsymbol{A}^{\mathrm{T}}$ 和 $\boldsymbol{A}^{\mathrm{T}}\boldsymbol{A}$.

Maple 解

```
> with(linalg):
> A:=matrix(2,3,[[2,0,-1],[1,3,2]]);
```

$$\boldsymbol{A}:=\begin{bmatrix}2 & 0 & -1\\1 & 3 & 2\end{bmatrix}$$

```
> AAt:=multiply(A,transpose(A));
```

$$\boldsymbol{AA}t:=\begin{bmatrix}5 & 0\\0 & 14\end{bmatrix}$$

```
> AtA:=multiply(transpose(A),A);
```

$$\boldsymbol{A}t\boldsymbol{A}:=\begin{bmatrix}5 & 3 & 0\\3 & 9 & 6\\0 & 6 & 5\end{bmatrix}$$

例 7.7 设对角矩阵 $\boldsymbol{A}=\begin{bmatrix}a & 0 & 0 & 0\\0 & b & 0 & 0\\0 & 0 & c & 0\\0 & 0 & 0 & d\end{bmatrix}$，判断 $\boldsymbol{A}$ 是否可逆，若可逆，求出 $\boldsymbol{A}^{-1}$.

Maple 解

```
> with(linalg):
> A:=diag(a,b,c,d);
```

$$\boldsymbol{A}:=\begin{bmatrix}a & 0 & 0 & 0\\0 & b & 0 & 0\\0 & 0 & c & 0\\0 & 0 & 0 & d\end{bmatrix}$$

```
> inv(A):=inverse(A);
```

$$\mathrm{inv}(\boldsymbol{A}):=\begin{bmatrix}\frac{1}{a} & 0 & 0 & 0\\0 & \frac{1}{b} & 0 & 0\\0 & 0 & \frac{1}{c} & 0\\0 & 0 & 0 & \frac{1}{d}\end{bmatrix}$$

例 7.8 解线性方程组

$$\begin{cases} x_1 + 2x_2 - 3x_3 = 4 \\ 2x_1 + 3x_2 - 5x_3 = 7 \\ 2x_1 + 5x_2 - 8x_3 = 8 \\ 4x_1 + 3x_2 - 9x_3 = 9 \end{cases}$$

Maple 解

```
> with(linalg):
> eqns:={x1+2*x2-3*x3=4,2*x1+3*x2-5*x3=7,2*x1+5*x2-8*x3=8,
4*x1+3*x2-9*x3=9};
```

$$eqns := \{x1 + 2x2 - 3x3 = 4, 2x1 + 3x2 - 5x3 = 7, 2x1 + 5x2 - 8x3 = 8, 4x1 + 3x2 - 9x3 = 9\}$$

```
> AB:=genmatrix(eqns,[x1,x2,x3],'flag');
```

$$\boldsymbol{AB} := \begin{bmatrix} 1 & 2 & -3 & 4 \\ 2 & 3 & -5 & 7 \\ 2 & 5 & -8 & 8 \\ 4 & 3 & -9 & 9 \end{bmatrix}$$

```
> gausselim(%);
```

$$\begin{bmatrix} 1 & 2 & -3 & 4 \\ 0 & -1 & 1 & -1 \\ 0 & 0 & -1 & -1 \\ 0 & 0 & 0 & 0 \end{bmatrix}$$

```
> backsub(%);
```

$$[3,2,1]$$

若用 Gauss-Jordan 消去法，将系数矩阵变换成单位矩阵可直接得到结果：

```
> gaussjord(AB);
```

$$\begin{bmatrix} 1 & 0 & 0 & 3 \\ 0 & 1 & 0 & 2 \\ 0 & 0 & 1 & 1 \\ 0 & 0 & 0 & 0 \end{bmatrix}$$

第二节

用LINDO作线性规划

LINDO 是 Linear Interactive and Discrete Optimizer 字首的缩写形式，LINDO 和 LINGO 是美国 LINDO 系统公司开发的一套专门用于求解最优化问题的软件包. LINDO 用于求解线性规划(LP—Linear Programming)，整数规划(IP—Integer Programming)和二次规划(QP—Quadratic Programming)问题. LINGO 除了具有 LINDO 的全部功能外，

还可以用于求解非线性规划(NLP—Nonlinear Linear Programming)问题,也可以用于一些线性和非线性方程(组)的求解,等等. LINDO 和 LINGO 软件的最大特色在于可以允许优化模型中的决策变量是整数(即整数规划),而且执行速度很快. LINGO 实际上还是最优化问题的一种建模语言,包括许多常用的函数可供使用者建立优化模型时调用,并提供与其他数据文件(如文本文件、Excel 电子表格文件、数据库文件等)的接口,易于方便地输入、求解和分析大规模最优化问题. 由于这些特点,LINDO 和 LINGO 软件在教学、科研和工业、商业、服务等领域得到了广泛应用.

LINDO 和 LINGO 有多种组件和版本,LINDO 目前已经发展到 6. x 版,LINGO 目前已经发展到 9. x 版. 版权由美国 Lindo System Inc. 拥有,有关该软件的发行版本、发行价格和最新信息可以从该公司网站 http://www. lindo. com 获取.

LINDO 和 LINGO 的结构、命令与操作方式都有很多相似的地方,本教程仅介绍 LINDO6. 1 的基本操作,有兴趣的读者可查阅相关资料,相信有 LINDO 的基础,大家就可以很容易掌握 LINGO.

一、LINDO 的安装与启动

在 Window XP 中双击 Lnd61. exe 文件即开始安装. OK! LINDO6. 1 安装完成后,第一次运行时要求输入 Password 进行注册,否则就只能试用了.

鼠标左键单击开始→程序→LINDO 菜单中的 LINDO 图标,即可启动 LINDO6. 1 进入操作界面. 如图 7-2 所示. 在外面标题为"LINDO"的是主窗口,它包含所有的其他窗口及所有命令菜单和工具栏. 在里面的是一个新的空白的模型窗口,在那里直接输入一个模型即可求解.

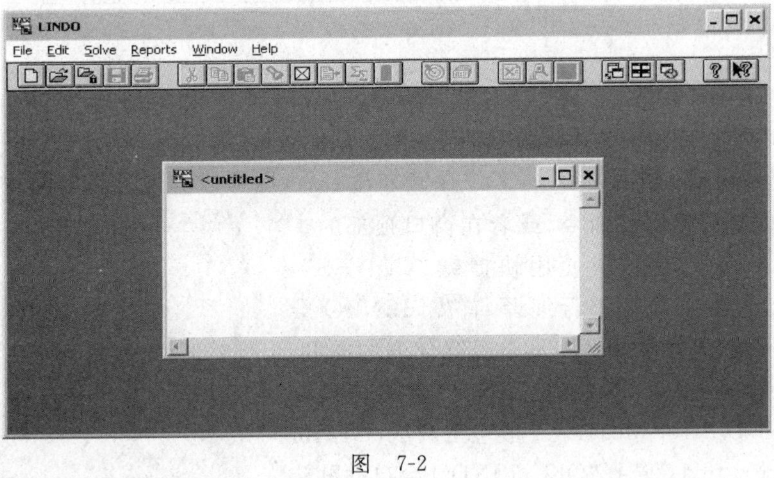

图 7-2

二、试解一个 LP 模型

LINDO 的求解机制: LINDO 的求解过程采用单纯形法,一般是首先寻求一个可行解,在有可行解的情况下再寻求最优解.

一个线性规划模型：

目标函数：

$$\max z = 3x + 4y$$

约束条件：

$$\begin{cases} x + 2y \leqslant 8, \\ x \leqslant 4, \\ y \leqslant 3, \\ x \geqslant 0, y \geqslant 0. \end{cases}$$

在模型窗口输入规划模型，如图 7-3 所示.

LINDO 不区分大小写，“subject to(受约束于)”也可只输入“ST”，由于 LINDO 中已经规定所有的决策变量均为非负，故 $x \geqslant 0$ 和 $y \geqslant 0$ 不必输入. 约束条件必须以“end”结束.

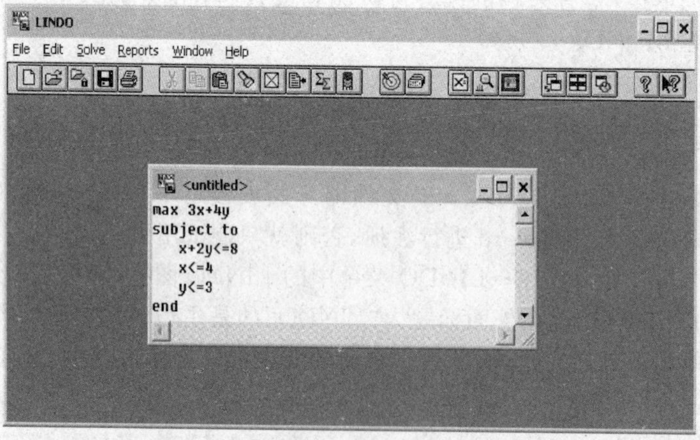

图 7-3

注意：LINDO 会将“<”和“>”符号理解为“小于或等于”和“大于或等于”，而不是绝对的“小于”和“大于”. 当然，如果你喜欢的话，也可以用“<=”和“>=”来代替“<”和“>”.

求解规划模型：输入完毕，将文件存储并命名后，即可以解这个简单的规划模型. 从“Solve”菜单选择“Solve”命令，或者在窗口顶部的工具栏里按“Solve”按钮，或使用快捷键“Ctrl + S”，LINDO 就会开始对模型进行编译. 首先，LINDO 会检查模型是否具有数学意义以及是否符合语法要求. 如果模型不能通过这一步检查，LINDO 会给出错误信息：“LINDO Error Messa”，一般包括两项：“Error code”和“Error text. ”选择“OK”，LINDO 会自动跳转到发生错误的行，我们就可以检查该行的语法错误并改正过来.

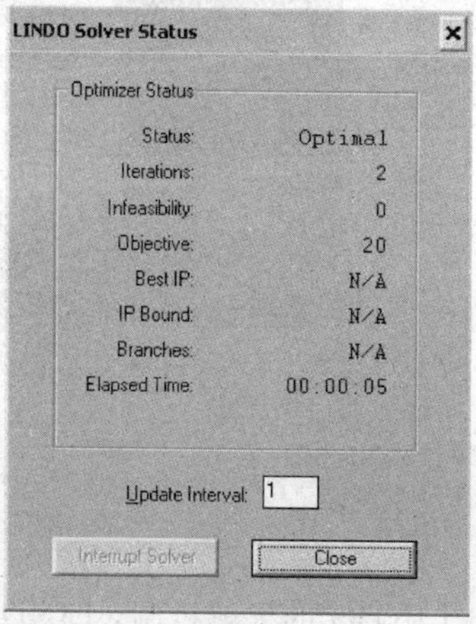

图 7-4

通过这一检查阶段后，LINDO 正式开始求解，这项工作由一个叫 LINDO Solver 的处理器完成. 当 solver 初始化时，会在屏幕上显示一个状态窗口，如

图 7-4 所示. 状态窗口可以显示 Solver 的进度，各项数据和控制按钮的说明如表 7-2 所示.

表 7-2　状态窗口显示的各项数据和控制按钮

数据和控制按钮	说　明
Status	给出当前解决方案的状态，可能的值包括：Optimal（最优的），Feasible（可行的），Infeasible（不可行的），Unbounded（未定的）.
Iterations	Solver 的重复次数.
Infeasibility	多余或错误约束条件数量.
Objective	目标函数的当前值.
Best IP	标示得到最优整数解决方案值，该项只出现在 IP（整数规划）模型中.
IP Bound	IP 模型中目标的理论范围.
Branches	由 LINDO IP Solver 派生出来的整型变量个数.
Elapsed Time	solver 启动后所经过的时间.
Update Interval	状态窗口更新周期（秒）. 我们可以把这个值设成任何一个非负数，如果把它设成零的话很可能会增加求解时间.
Interrupt Solver	按下该按钮，Solver 将立刻停止并返回当前得到的最优解.
Close	按下该按钮关闭状态窗口，Solver 继续运行. 状态窗口可以通过选取相应的命令重新打开.

当 Solver 完成优化过程后将会弹出一个提示窗口，询问是否进行灵敏性和范围分析（都是运筹学里面的术语），如图 7-5 所示.

无论选择“是”或“否”，屏幕都将会出现一个名为“Reports Window”的窗口，如图 7-6 所示. 这个窗口里显示的就是 LINDO 的输出结果报告，它可以显示 64 000 个字符的信息. 如果有需要，LINDO 会从顶部开始刷除部分输出以腾出空间来显示新的输出. 如果我们有一个很长的解决方案报告，需要完整地进行阅读使用，我们可以把这些信息从 Reports Window 写到另外一个磁盘文件里，方法是选取“File → Log Output”命令，快捷键是“F10”，然后你就可以找到该文件进行阅读使用.

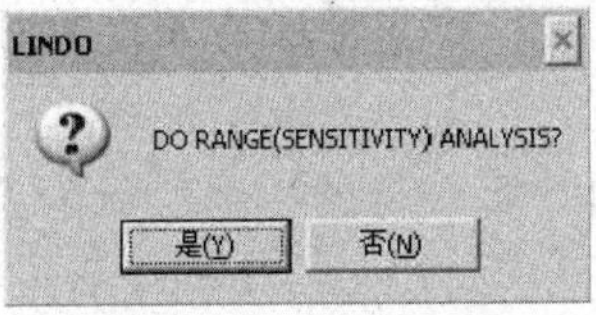

图　7-5

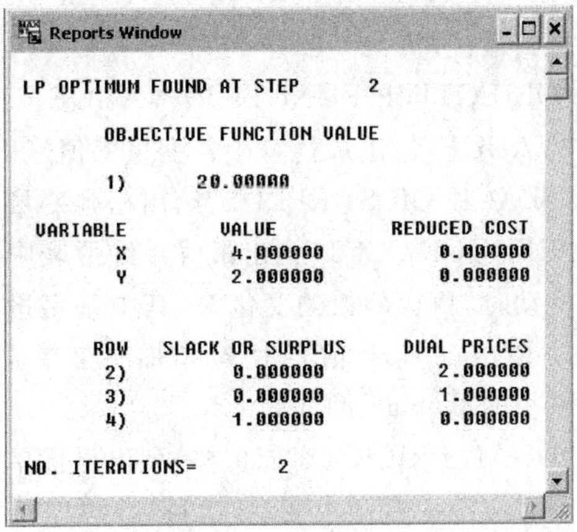

图　7-6

若灵敏性分析提示回答"是",则可得到如下输出：

```
LP OPTIMUM FOUND AT STEP 2
        OBJECTIVE FUNCTION VALUE
        1)      20.00000
VARIABLE            VALUE            REDUCED COST
    X              4.000000            0.000000
    Y              2.000000            0.000000
   ROW   SLACK OR SURPLUS       DUAL PRICES
    2)        0.000000            2.000000
    3)        0.000000            1.000000
    4)        1.000000            0.000000
NO. ITERATIONS=      2

RANGES IN WHICH THE BASIS IS UNCHANGED:
                          OBJ COEFFICIENT RANGES
VARIABLE           CURRENT          ALLOWABLE          ALLOWABLE
                     COEF            INCREASE           DECREASE
    X              3.000000          INFINITY           1.000000
    Y              4.000000          2.000000           4.000000
                          RIGHTHAND SIDE RANGES
   ROW            CURRENT          ALLOWABLE          ALLOWABLE
                     ?              INCREASE           DECREASE
    2             8.000000          2.000000           4.000000
    3             4.000000          4.000000           2.000000
    4             3.000000          INFINITY           1.000000
```

按照顺序,报告首先告诉我们 LINDO 进行了两次迭代后求出该解；跟着是在约束条件的约束下我们可以得到的最大利润是 20；这时 x 和 y 分别取值 4 和 2.

下面给出 LINDO 输出结果的一般解释：

"LP OPTIMUM FOUND AT STEP X"表示 LINDO 在(单纯形法)X 次迭代或旋转后得到最优解.

"OBJECTIVE FUNCTION VALUE 1) XXX"表示最优目标值为 XXX.

"VALUE"给出最优解中各变量的值.

"SLACK OR SURPLUS"给出松弛变量的值.

"REDUCE COST"列出最优单纯形表中判别数所在行的变量的系数,表示当变量有微小变动时,目标函数的变化率,其中基变量的 Reduce Cost 值应为 0,对于非基变量 x_j 相应的 Reduce Cost 值表示 x_j 增加一个单位(此时假定其他非基变量保持不变)时目标函数减小的量(max 型问题).

"DUAL PRICE"(对偶价格)列出最优单纯形表中判别数所在行的松弛变量的系数,表示当对应约束有微小变动时,目标函数的变化率,输出结果中对应每一个约束有一个对偶价格.若其数值为 X,表示对应约束中不等式右端项若增加一个单位,目标函数将增加 X 个单位(max 型问题).

若灵敏性分析提示回答“NO”,则得到的是上面结果的前 11 行.

若做敏感性分析,则系统报告当目标函数的费用系数和约束右端项在什么范围变化(此时假定其他系数保持不变)时,最优基保持不变.

上面输出的第 13～17 行“CURRENT COEF”的“ALLOWABLE INCREASE”和“ALLOWABLE DECREASE”给出了最优解不变条件下目标函数系数的允许变化范围:x 的系数为$(3-1,3+\infty)$,即$(2,+\infty)$; y 的系数为$(4-4,4+2)$,即$(0,6)$. 注意:x 系数的允许范围需要 y 系数 4 不变,反之亦然.

注意:

若要判断表达式输入是否有错误时,可使用菜单“Reports”的“Picture”选项.

若想获得灵敏度分析,可使用“Reports”的“Range”选项.

若需显示单纯形表,可执行“Reports”的“Tab Lean”选项.

详细的解释需要许多专业性的知识,此处暂不介绍. 读者可参阅 LINDO 的相关资料或 Help 文件.

三、线性规划问题的 LINDO 解法举例

例 7.9 某工厂要用 4 种合金 T_1、T_2、T_3 和 T_4 为原料,经熔炼成为一种新的不锈钢 G. 这 4 种原料含元素铬(Cr)、锰(Mn)和镍(Ni)的含量(%),这 4 种原料的单价以及新的不锈钢材料 G 所要求的 Cr、Mn 和 Ni 的最低含量(%)如表 7-3 所示.

表 7-3 4 种合金原料单价及新不锈钢要求 Cr、Mn、Ni 的最低含量

	T_1	T_2	T_3	T_4	G
Cr	3.21	4.53	2.19	1.76	3.20
Mn	2.04	1.12	3.57	4.33	2.10
Ni	5.82	3.06	4.27	2.73	4.30
单价/(元/kg)	115	97	82	76	

设熔炼时重量没有损耗,要熔炼成 100kg 不锈钢 G,应选用原料 T_1、T_2、T_3 和 T_4 各多少千克,使成本最小?

解:这是一个典型的成本最小化的问题. 设选用原料 T_1、T_2、T_3 和 T_4 分别为 x_1、x_2、x_3、x_4 千克,根据条件,可建立相应的线性规划模型如下:

$$\min S = 115x_1 + 97x_2 + 82x_3 + 76x_4$$

$$\text{s.t.}\begin{cases} 0.0321x_1 + 0.0453x_2 + 0.0219x_3 + 0.0176x_4 \geqslant 3.20 \\ 0.0204x_1 + 0.0112x_2 + 0.0357x_3 + 0.0433x_4 \geqslant 2.10 \\ 0.0582x_1 + 0.0306x_2 + 0.0427x_3 + 0.0273x_4 \geqslant 4.30 \\ x_1 + x_2 + x_3 + x_4 = 100 \\ x_j \geqslant 0 (j = 1,2,3,4) \end{cases}$$

启动 LINDO，在一个新的空白的模型窗口像书写模型一样输入该模型，如图 7-7 所示.

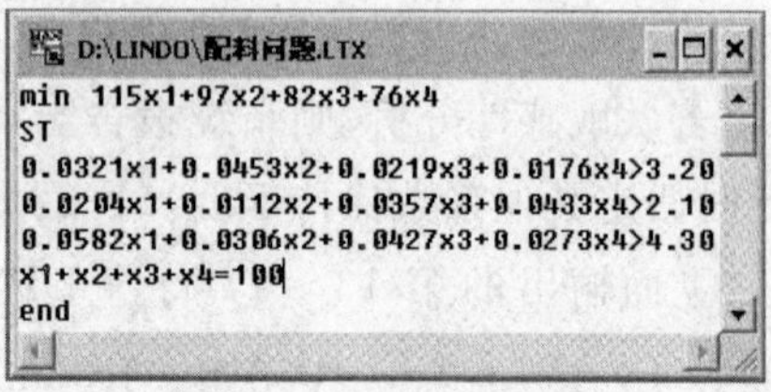

图 7-7

LINDO 规定变量名不能超过 8 个字符，所有决策变量均为非负，故 $x_j \geqslant 0$ 不必输入；目标函数及各约束条件之间一定要用“subject to(ST)”分开；英文字符不区分大小写，不识别括号与逗号；系数与变量之间可以有空格，但不能有任何符号，乘号省略；表达式右端不能有数学符号，且应该简化，不能含有分式；模型中的符号“≤”，“≥”可用“<=”或“>=”形式输入，它们与“<”，“>”等效；目标函数不可输入标识符号“S”；程序最后必须以“end”结束.

将文件存储并命名后，选择菜单“Solve”的“Solve”命令(快捷键“Ctrl＋S”)，并对提示“DO RANGE(SENSITIVITY) ANALYSIS？(灵敏性分析)”回答“NO”，即可得到如下输出：

```
LP OPTIMUM FOUND AT STEP        4
        OBJECTIVE FUNCTION VALUE
        1)        9550.889
VARIABLE            VALUE              REDUCED COST
      X1           26.583969              0.000000
      X2           31.574511              0.000000
      X3           41.841522              0.000000
      X4            0.000000             19.204515
     ROW     SLACK OR SURPLUS       DUAL PRICES
      2)            0.000000          -1299.679077
      3)            0.289690              0.000000
      4)            0.000000          -1273.759521
      5)            0.000000              0.852502
NO. ITERATIONS=        4
```

LINDO 输出结果表明：通过 4 步迭代得到运算结果，最优解是

$$x_1 \approx 26.58, \quad x_2 \approx 31.57, \quad x_3 \approx 41.84, \quad x_4 = 0$$

最低成本为 $S \approx 9550.89$(元).

例 7.10 一汽车厂生产小、中、大三种类型的汽车，已知各类型每辆车对钢材、劳动时间的需求，利润以及每月工厂钢材、劳动时间的现有量如表 7-4 所示. 试制订月生产计划，使工厂的利润最大.

表 7-4 例 7.10 各类车辆生产对钢材、劳动时间的需求和利润情况

	小型	中型	大型	现有量
钢材/t	1.5	3	5	600
劳动时间/h	280	250	400	60 000
利润/万元	2	3	4	

解：设每月生产小、中、大型汽车的数量分别为 x_1、x_2、x_3，工厂的月利润为 S，注意到汽车的生产数量应该为整数(决策变量为整数的线性规划问题称为整数规划 IP)，在问题所给参数均不随生产数量变化的假设下，可得原问题的线性规划模型：

$$\max S = 2x_1 + 3x_2 + 4x_3$$

$$\text{s. t.}\begin{cases}1.5x_1 + 3x_2 + 5x_3 \leqslant 600\\ 280x_1 + 250x_2 + 400x_3 \leqslant 60\,000\\ x_1, x_2, x_3 \in \mathrm{N}\end{cases}$$

输入模型：如图 7-8 所示.

图 7-8

命令 GIN(general integer)确定决策变量为整数，格式为 GIN name 或 GIN n，参数 n 表示前 n 个变量为整数，若不然，则需要使用命令 GIN name.

输出结果(只列出需要的)：

```
LP OPTIMUM FOUND AT STEP      11
        OBJECTIVE FUNCTION VALUE
        1)        632.0000
  VARIABLE          VALUE            REDUCED COST
        X1         64.000000          -2.000000
        X2        168.000000          -3.000000
        X3          0.000000          -4.000000
       ROW     SLACK OR SURPLUS      DUAL PRICES
        2)          0.000000           0.000000
        3)         80.000000           0.000000
NO. ITERATIONS=          18
```

LINDO 输出结果表明，通过 11 步迭代得到运算结果，最优解是

$$x_1 = 64, \quad x_2 = 168, \quad x_3 = 0$$

最大月利润为 $S=632$(万元).

例 7.11 有张、武、孙、马 4 位教师被分配教语文、数学、物理、化学 4 门课程，每位教师教一门课程，每门课程由一位老师教. 根据这 4 位教师以往教课的情况，他们分别教这 4 门课程的平均成绩如表 7-5 所示.

表 7-5 4 位教师教过 4 门课程的平均成绩

	语文	数学	物理	化学
张	83	90	74	65
武	82	91	77	63
孙	92	68	85	76
马	93	61	83	75

4 位教师每人只能教一门课，每一门课只能由一个教师来教. 要确定哪一位教师教哪一门课，使 4 门课的平均成绩之和为最高.

解：设 x_{ij} $(i=1,2,3,4;\ j=1,2,3,4)$为第 i 个教师是否教第 j 门课，x_{ij} 只能取值 0 或 1，

其意义如下：

$$x_{ij}=\begin{cases}0 & \text{第 } i \text{ 个教师不教第 } j \text{ 门课}\\ 1 & \text{第 } i \text{ 个教师教第 } j \text{ 门课}\end{cases}$$

决策变量 x_{ij} 与教师 i 以及课程 j 的关系如表 7-6 所示.

表 7-6　决策变量与教师和课程的关系

	语文	数学	物理	化学
张	x_{11}	x_{12}	x_{13}	x_{14}
武	x_{21}	x_{22}	x_{23}	x_{24}
孙	x_{31}	x_{32}	x_{33}	x_{34}
马	x_{41}	x_{42}	x_{43}	x_{44}

则该指派问题的线性规划模型为：

$$\max S=83x_{11}+90x_{12}+74x_{13}+65x_{14}+82x_{21}+91x_{22}+77x_{23}+63x_{24}$$
$$92x_{31}+68x_{32}+85x_{33}+76x_{34}+93x_{41}+61x_{42}+83x_{43}+75x_{44}$$

$$\text{s. t.}\begin{cases}x_{11}+x_{12}+x_{13}+x_{14}=1\\ x_{21}+x_{22}+x_{23}+x_{24}=1\\ x_{31}+x_{32}+x_{33}+x_{34}=1\\ x_{41}+x_{42}+x_{43}+x_{44}=1\\ x_{11}+x_{21}+x_{31}+x_{41}=1\\ x_{12}+x_{22}+x_{32}+x_{42}=1\\ x_{13}+x_{23}+x_{33}+x_{43}=1\\ x_{14}+x_{24}+x_{34}+x_{44}=1\\ x_{ij}=0,1(i,j=1,2,3,4)\end{cases}$$

输入模型：如图 7-9 所示.

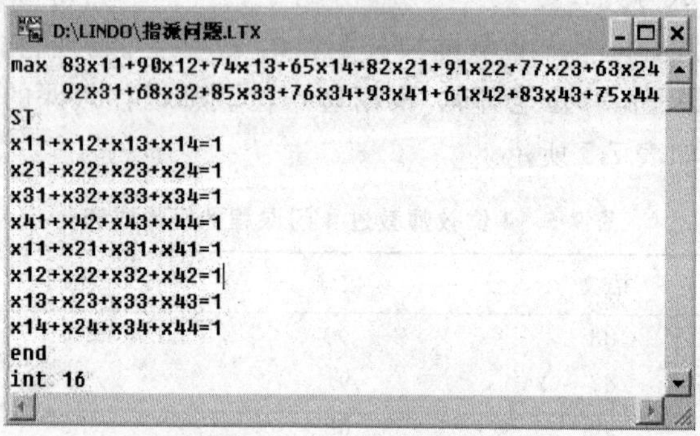
D:\LINDO\指派问题.LTX
max 83x11+90x12+74x13+65x14+82x21+91x22+77x23+63x24
92x31+68x32+85x33+76x34+93x41+61x42+83x43+75x44
ST
x11+x12+x13+x14=1
x21+x22+x23+x24=1
x31+x32+x33+x34=1
x41+x42+x43+x44=1
x11+x21+x31+x41=1
x12+x22+x32+x42=1
x13+x23+x33+x43=1
x14+x24+x34+x44=1
end
int 16

图　7-9

命令 INT(integer)确定决策变量为 0－1 型整数，格式为 INT name 或 INT n，参数 n 表示前 n 个变量为 0－1 整数. 若不然，则需要使用命令 INT name. 解混合型整数规划问题也需要用命令 GIN name 来标识.

输出结果：

```
LP OPTIMUM FOUND AT STEP     22
   OBJECTIVE VALUE =     336.000000
NEW INTEGER SOLUTION OF  336.000000  AT BRANCH  0  PIVOT  22
   RE-INSTALLING BEST SOLUTION...
      OBJECTIVE FUNCTION VALUE
        1)        336.0000
   VARIABLE          VALUE            REDUCED COST
        X11          0.000000          -83.000000
        X12          1.000000          -90.000000
        X13          0.000000          -74.000000
        X14          0.000000          -65.000000
        X21          0.000000          -82.000000
        X22          0.000000          -91.000000
        X23          1.000000          -77.000000
        X24          0.000000          -63.000000
        X31          0.000000          -92.000000
        X32          0.000000          -68.000000
        X33          0.000000          -85.000000
        X34          1.000000          -76.000000
        X41          1.000000          -93.000000
        X42          0.000000          -61.000000
        X43          0.000000          -83.000000
        X44          0.000000          -75.000000
        ROW    SLACK OR SURPLUS       DUAL PRICES
         2)          0.000000          0.000000
         3)          0.000000          0.000000
         4)          0.000000          0.000000
         5)          0.000000          0.000000
         6)          0.000000          0.000000
         7)          0.000000          0.000000
         8)          0.000000          0.000000
         9)          0.000000          0.000000
NO. ITERATIONS=          22
BRANCHES=      0 DETERM. =   1.000E     0
```

LINDO 输出结果表明：经过 22 步迭代得到运算结果，最优解是

$$x_{12}=1,\quad x_{23}=1,\quad x_{34}=1,\quad x_{41}=1, \max S=336$$

即张老师教数学，武老师教物理，孙老师教化学，马老师教语文. 如果这样分配教学任务，4 门课的平均总分可以达到 336 分.

本章小结

本章第一节对 Maple 系统的安装和使用作了初步的介绍.关键是专用于线性代数计算的软件包 Linalg,利用它我们可以进行矩阵的计算,其中包括矩阵的加法、数乘法、乘法、逆运算、转置以及秩、迹和行列式的运算.同时我们还可以利用它来解线性方程组.第二节对 LINDO 系统的安装和使用作了初步的介绍，LINDO 是美国 LINDO 系统公司开发的一套专门用于求解最优化问题的软件包.LINDO 用于求解线性规划(LP—Linear Programming)，整数规划(IP—Integer Programming)和二次规划(QP—Quadratic Programming)问题,本节通过举例简单介绍了怎样利用 LINDO 求解线性规划问题.

参 考 答 案

思考与训练(一)

1.(1) -12；　(2) 7；　(3) 0；　(4) 0；　(5) 18；　(6) 0；　(7) abe；　(8) 4abcdef.

2. 提示：按第一行展开即可.

3. $k\neq 0$ 且 $k\neq 2$　　$k=3$ 或 $k=1$

4.(1) 3；　(2) 14；　(3) 9.

5. $j=3, k=8$

6. (1) $-$；　(2) $+$.

7. 2 和 -1

8. $(-1)^{n-1}n!$

9. 证明略.

10. (1) $4abcdef$；　(2) 0；　(3) 0；　(4) 0.

11. (1) $a^n+(-1)^{n+1}b^n$；　(2) $n!$.

12. $(-1)^n(n+1)a_1a_2\cdots a_n$

13. $a_1x^{n-1}+a_2x^{n-2}+\cdots+a_{n-1}x+a_n$

14. $\begin{vmatrix} 0 & 7 \\ 0 & -2 \end{vmatrix}$　　$(-1)^{2+3}\begin{vmatrix} 8 & 0 \\ 2 & -6 \end{vmatrix}$

15. 21

16. (1) $a+b+d$；　(2) -160.

17. 0

18. (1) $x_1=-15, x_2=11$；　(2) $x_1=\dfrac{7}{3}, x_2=1$；

(3) $x_1=x_2=0$；　(4) $x_1=3, x_2=4, x_3=5$.

19. 仅有零解.

20. $a\neq -2$ 且 $a\neq 1$；$a=-2$ 或 $a=1$.

思考与训练(二)

1. $\boldsymbol{A}+\boldsymbol{B}=\begin{bmatrix} 1 & -2 & 8 & 9 \\ 6 & -1 & 11 & 3 \\ 10 & 6 & 1 & -7 \end{bmatrix}, \boldsymbol{A}-\boldsymbol{B}=\begin{bmatrix} 5 & -2 & 6 & 1 \\ -4 & 1 & -3 & -9 \\ 2 & 10 & -1 & 11 \end{bmatrix},$

$3\boldsymbol{A}=\begin{bmatrix} 9 & -6 & 21 & 15 \\ 3 & 0 & 12 & -9 \\ 18 & 24 & 0 & 6 \end{bmatrix}.$

2. (1) -5; (2) $\begin{bmatrix} -4 & 12 & 8 & 20 \\ 0 & 0 & 0 & 0 \\ -7 & 21 & 14 & 35 \\ 3 & -9 & -6 & -15 \end{bmatrix}$;

(3) $\begin{bmatrix} 3 & 5 \\ 7 & 2 \end{bmatrix}$; (4) $\begin{bmatrix} 12 & 26 \\ -27 & 2 \\ 23 & 4 \end{bmatrix}$;

(5) $a_{11}x_1^2+a_{22}x_2^2+a_{33}x_3^2+2a_{12}x_1x_2+2a_{13}x_1x_3+2a_{23}x_2x_3$;

(6) $\begin{bmatrix} 1 & 0 \\ 0 & 1 \end{bmatrix}$; (7) $\begin{bmatrix} 1 & n \\ 0 & 1 \end{bmatrix}$;

(8) $\begin{bmatrix} 0 & 0 & 0 \\ 0 & 0 & 0 \\ 0 & 0 & 0 \end{bmatrix}$.

3. $\boldsymbol{AA}^{\mathrm{T}}=\begin{bmatrix} 10 & 2 \\ 2 & 5 \end{bmatrix}$.

4. (1) 如 $\boldsymbol{A}=\begin{bmatrix} 0 & 3 \\ 0 & 0 \end{bmatrix}$; (2) 如 $\boldsymbol{A}=\begin{bmatrix} 1 & 0 \\ 0 & 0 \end{bmatrix}$;

(3) 如 $\boldsymbol{A}=\begin{bmatrix} 1 & 0 \\ 0 & 0 \end{bmatrix},\boldsymbol{B}=\begin{bmatrix} 0 & 0 \\ 1 & 0 \end{bmatrix},\boldsymbol{C}=\begin{bmatrix} 0 & 0 \\ 0 & 1 \end{bmatrix}$.

5. 由已知 $\boldsymbol{B}_1$、$\boldsymbol{B}_2$ 都与 $\boldsymbol{A}$ 可交换,即 $\boldsymbol{B}_1\boldsymbol{A}=\boldsymbol{AB}_1,\boldsymbol{B}_2\boldsymbol{A}=\boldsymbol{AB}_2$.

于是 $(\boldsymbol{B}_1+\boldsymbol{B}_2)\boldsymbol{A}=\boldsymbol{B}_1\boldsymbol{A}+\boldsymbol{B}_2\boldsymbol{A}=\boldsymbol{AB}_1+\boldsymbol{AB}_2=\boldsymbol{A}(\boldsymbol{B}_1+\boldsymbol{B}_2)$,

故 $\boldsymbol{B}_1+\boldsymbol{B}_2$ 与 $\boldsymbol{A}$ 可交换.

同理,$(\boldsymbol{B}_1\boldsymbol{B}_2)\boldsymbol{A}=\boldsymbol{B}_1\boldsymbol{B}_2\boldsymbol{A}=\boldsymbol{B}_1\boldsymbol{AB}_2=\boldsymbol{AB}_1\boldsymbol{B}_2=\boldsymbol{A}(\boldsymbol{B}_1\boldsymbol{B}_2)$,

即 $\boldsymbol{B}_1\boldsymbol{B}_2$ 与 $\boldsymbol{A}$ 也可交换.

6. 一般地,$\boldsymbol{AB}\neq\boldsymbol{BA}$,所以$(\boldsymbol{A}+\boldsymbol{B})^2=\boldsymbol{A}^2+\boldsymbol{AB}+\boldsymbol{BA}+\boldsymbol{B}^2\neq\boldsymbol{A}^2+2\boldsymbol{AB}+\boldsymbol{B}^2$.

7. (1)(2)(4)都不成立,(3)成立.

8. 4.

9. $\boldsymbol{A}_{32}=-8$.

10. 由穿脱原理 $(\boldsymbol{A}^{\mathrm{T}}\boldsymbol{A})^{\mathrm{T}}=\boldsymbol{A}^{\mathrm{T}}\boldsymbol{A}$;

$(\boldsymbol{A}+\boldsymbol{A}^{\mathrm{T}})^{\mathrm{T}}=\boldsymbol{A}^{\mathrm{T}}+\boldsymbol{A}=\boldsymbol{A}+\boldsymbol{A}^{\mathrm{T}}$.

设 $\boldsymbol{A}=\begin{bmatrix} 0 & 1 \\ 0 & 0 \end{bmatrix}$,则 $\boldsymbol{A}-\boldsymbol{A}^{\mathrm{T}}=\begin{bmatrix} 0 & 1 \\ -1 & 0 \end{bmatrix},\boldsymbol{A}-\boldsymbol{E}=\begin{bmatrix} -1 & 1 \\ 0 & -1 \end{bmatrix}$都不是对称矩阵.

11. 由题设,$\boldsymbol{A}=\boldsymbol{A}^{\mathrm{T}},\boldsymbol{B}=\boldsymbol{B}^{\mathrm{T}}$.

设 $\boldsymbol{AB}$ 对称,即 $\boldsymbol{AB}=(\boldsymbol{AB})^{\mathrm{T}}$,而$(\boldsymbol{AB})^{\mathrm{T}}=\boldsymbol{B}^{\mathrm{T}}\boldsymbol{A}^{\mathrm{T}}=\boldsymbol{BA}$,故 $\boldsymbol{AB}=\boldsymbol{BA}$,即 $\boldsymbol{AB}$ 可交换.

设 $\boldsymbol{AB}$ 可交换,即有 $\boldsymbol{AB}=\boldsymbol{BA}$. 又$(\boldsymbol{AB})^{\mathrm{T}}=\boldsymbol{B}^{\mathrm{T}}\boldsymbol{A}^{\mathrm{T}}=\boldsymbol{BA}=\boldsymbol{AB}$,故 $\boldsymbol{AB}=(\boldsymbol{AB})^{\mathrm{T}}$,即 $\boldsymbol{AB}$ 对称.

12. 设 $\boldsymbol{B}$ 为任意 n 阶方阵,则

$$B=\frac{B+B^{T}}{2}+\frac{B-B^{T}}{2}$$

其中$\frac{B+B^{T}}{2}$为对称阵，$\frac{B-B^{T}}{2}$为反对称阵.

13. 因为 A 可逆，所以 $\det A\neq 0$，

故 $A^{-1}A=AA^{-1}=E$，又 $A^{-1}=\frac{1}{\det A}A^{*}$，

所以 $A^{-1}A=\frac{1}{\det A}A^{*}A=A\frac{1}{\det A}A^{*}=E$

即 $A^{*}\frac{1}{\det A}A=\frac{1}{\det A}AA^{*}=E$

因此 A^{*} 可逆，并且 $(A^{*})^{-1}=\frac{1}{\det A}A$.

14. $(-1)^{n}5^{n-1}$.

15. (1) $A^{-1}=\begin{bmatrix}1&-2&7\\0&1&-2\\0&0&1\end{bmatrix}$；　(2) $A^{-1}=\frac{1}{9}\begin{bmatrix}5&2\\-2&1\end{bmatrix}$.

16. $(A^{T})^{-1}=\begin{bmatrix}1&1&-1\\0&1&0\\0&-1&1\end{bmatrix}$.

17. $A^{-1}=\frac{1}{2}(A^{2}-A+3E)$；$(E-A)^{-1}=A^{2}+3E$.

18. 32.

19. 用反证法，假设 A 可逆，由已知 $A^{2}=A$ 得 $A^{-1}A^{2}=E$，

又 $A^{-1}A^{2}=A^{-1}AA=E$，则 $A=E$，与已知矛盾.

20. 由 $B^{m}=(C^{-1}AC)(C^{-1}AC)\cdots(C^{-1}AC)=C^{-1}A(CC^{-1})\cdots(CC^{-1})AC$

$=C^{-1}AEAE\cdots EAC=C^{-1}A\cdots AC=C^{-1}A^{m}C$.

21. (1) 由 $2A^{-1}B=B-4E$ 得 $AB-2B-4A=0$，从而 $(A-2E)(B-4E)=8E$，

即 $(A-2E)\cdot\frac{1}{8}(B-4E)=E$，故 $A-2E$ 可逆，且 $(A-2E)^{-1}=\frac{1}{8}(B-4E)$.

(2) 由 $AB-2B-4A=0$ 得 $A(B-4E)=2B$，于是

$$A=2B(B-4E)^{-1}=2B\begin{bmatrix}-3&-2&0\\1&-2&0\\0&0&-2\end{bmatrix}^{1}=\begin{bmatrix}0&2&0\\-1&-1&0\\0&0&-2\end{bmatrix}.$$

22. $AB=\begin{bmatrix}-1&3&4\\4&1&-1\\4&3&0\\3&4&3\end{bmatrix}$

23. (1) $A^{-1}=\begin{bmatrix}\frac{1}{5}&0&0\\0&1&-1\\0&-2&3\end{bmatrix}$; (2) $A^{-1}=\begin{bmatrix}-5&2&0&0&0\\3&-1&0&0&0\\0&0&\frac{1}{4}&0&0\\0&0&0&\frac{1}{2}&0\\0&0&0&-\frac{3}{8}&\frac{1}{4}\end{bmatrix}$.

24. 利用定理 2. 2 证明.

25. $r(A)=3$.

26. (1) 2; (2) 2; (3) 3; (4) 2.

27. $\lambda=4$.

28. (1) $\frac{1}{3}\begin{bmatrix}1&2\\-1&1\end{bmatrix}$; (2) $\begin{bmatrix}0&\frac{1}{3}&\frac{1}{3}\\0&\frac{1}{3}&-\frac{2}{3}\\-1&\frac{2}{3}&-\frac{1}{3}\end{bmatrix}$;

(3) $\begin{bmatrix}22&-6&-26&17\\-17&5&20&-13\\-1&0&2&-1\\4&-1&-5&3\end{bmatrix}$; (4) $\begin{bmatrix}-\frac{1}{6}&\frac{1}{2}&-\frac{7}{6}&\frac{10}{3}\\-\frac{7}{6}&-\frac{1}{2}&\frac{5}{6}&-\frac{5}{3}\\\frac{3}{2}&\frac{1}{2}&-\frac{1}{2}&1\\\frac{1}{2}&\frac{1}{2}&-\frac{1}{2}&1\end{bmatrix}$.

29. (1) $X=\begin{bmatrix}-\frac{1}{3}&\frac{1}{3}&\frac{4}{3}\\\frac{2}{3}&\frac{1}{3}&\frac{1}{3}\\\frac{2}{3}&\frac{5}{6}&\frac{4}{3}\end{bmatrix}$; (2) $X=\frac{1}{7}\begin{bmatrix}13&2\\10&-13\\18&-1\end{bmatrix}$;

(3) $X=\begin{bmatrix}2&-1&0\\1&3&-4\\1&0&-2\end{bmatrix}$.

30. $(E+A+A^2+\cdots+A^{k-1})(E-A)=E+A+\cdots+A^{k-1}-(A+A^2+\cdots+A^k)$

$=E-A^k=E$,故 $(E-A)^{-1}=E+A+A^2+\cdots+A^{k-1}$.

31. $x_1=1,x_2=2,x_3=-4$.

思考与训练(三)

1. (1) $\neq$; (2) 相关; (3) $n-r$; (4) $r<n,r(A,B)=r$; (5) 只有零解.

2. (1) B; (2) A; (3) C; (4) C; (5) D.

3. (1) $\begin{bmatrix}1&0&2&1&-2\\0&1&-1&3&-1\\0&0&0&0&0\\0&0&0&0&0\end{bmatrix}$;　　(2) $\begin{bmatrix}1&0&0&2&-3&-1\\0&1&0&0&0&0\\0&0&1&-3&2&-1\\0&0&0&0&0&0\end{bmatrix}$.

4. (1) 有唯一解 $\begin{cases}x_1=2\\x_2=-1\\x_3=3\end{cases}$；(2) 有无穷多解，一般解为 $\begin{cases}x_1=3-2x_2\\x_3=2\\x_4=1\end{cases}$ 其中 x_2 为自由未知元；

(3) 无解；(4) 有非零解，一般解为 $\begin{cases}x_1=x_2+x_4\\x_3=2x_4\end{cases}$ 其中 x_2、x_4 为自由未知元.

5. $(9,6,-5)^{\mathrm{T}}$.

6. (1) $\boldsymbol{\beta}$ 能由向量组 $\boldsymbol{\alpha}_1,\boldsymbol{\alpha}_2,\boldsymbol{\alpha}_3$ 唯一线性表出，且 $\boldsymbol{\beta}=11\boldsymbol{\alpha}_1-3\boldsymbol{\alpha}_2+\boldsymbol{\alpha}_3$；

(2) $\boldsymbol{\beta}$ 不能由向量组 $\boldsymbol{\alpha}_1,\boldsymbol{\alpha}_2,\boldsymbol{\alpha}_3$ 线性表出；

(3) $\boldsymbol{\beta}$ 能由向量组 $\boldsymbol{\alpha}_1,\boldsymbol{\alpha}_2,\boldsymbol{\alpha}_3,\boldsymbol{\alpha}_4$ 线性表出，表出方式不唯一. 其中一个表出式为 $\boldsymbol{\beta}=2\boldsymbol{\alpha}_1-\boldsymbol{\alpha}_2+\boldsymbol{\alpha}_3$.

7. 证明：设 $k_1\boldsymbol{\beta}_1+k_2\boldsymbol{\beta}_2+k_3\boldsymbol{\beta}_3=\boldsymbol{O}$，即 $(k_1+k_2+k_3)\boldsymbol{\alpha}_1+(k_2+k_3)\boldsymbol{\alpha}_2+k_3\boldsymbol{\alpha}_3=\boldsymbol{O}$

因为 $\boldsymbol{\alpha}_1,\boldsymbol{\alpha}_2,\boldsymbol{\alpha}_3$ 线性无关，所以 $k_1+k_2+k_3=0, k_2+k_3=0, k_3=0$

解得 $k_1=k_2=k_3=0$

因此 $\boldsymbol{\beta}_1,\boldsymbol{\beta}_2,\boldsymbol{\beta}_3$ 线性无关.

8. (1) 线性无关；(2) 线性相关；(3) 线性无关；(4) 线性相关.

9. (1) 向量组 $\boldsymbol{\alpha}_1,\boldsymbol{\alpha}_2,\boldsymbol{\alpha}_3,\boldsymbol{\alpha}_4$ 的秩为 2，它的一个极大无关组为 $\boldsymbol{\alpha}_1,\boldsymbol{\alpha}_2$ 并且

$$\boldsymbol{\alpha}_3=\boldsymbol{\alpha}_1-\boldsymbol{\alpha}_2,\boldsymbol{\alpha}_4=\boldsymbol{\alpha}_1-2\boldsymbol{\alpha}_2$$

(2) 向量组 $\boldsymbol{\alpha}_1,\boldsymbol{\alpha}_2,\boldsymbol{\alpha}_3,\boldsymbol{\alpha}_4,\boldsymbol{\alpha}_5$ 的秩为 3，它的一个极大无关组为 $\boldsymbol{\alpha}_1,\boldsymbol{\alpha}_2,\boldsymbol{\alpha}_3$ 并且

$$\boldsymbol{\alpha}_4=\boldsymbol{\alpha}_1-\boldsymbol{\alpha}_2+\boldsymbol{\alpha}_3,\quad \boldsymbol{\alpha}_5=2\boldsymbol{\alpha}_1+2\boldsymbol{\alpha}_2+\boldsymbol{\alpha}_3$$

10. 证明：(1) 先证 $\boldsymbol{\beta}_1,\boldsymbol{\beta}_2,\boldsymbol{\beta}_3$ 线性无关

因为 $(\boldsymbol{\beta}_1,\boldsymbol{\beta}_2,\boldsymbol{\beta}_3)=(\boldsymbol{\alpha}_1,\boldsymbol{\alpha}_2,\boldsymbol{\alpha}_3)\begin{bmatrix}0&1&1\\1&0&1\\1&1&0\end{bmatrix}$，记为 $\boldsymbol{B}=\boldsymbol{AP}$

而 $|\boldsymbol{P}|\begin{vmatrix}0&1&1\\1&0&1\\1&1&0\end{vmatrix}=2\neq0$，$\boldsymbol{P}$ 是可逆矩阵，所以 $r(\boldsymbol{B})=r(\boldsymbol{A})=3$.

这说明 $\boldsymbol{\beta}_1,\boldsymbol{\beta}_2,\boldsymbol{\beta}_3$ 线性无关.

(2) 再说明 $\boldsymbol{\beta}_1,\boldsymbol{\beta}_2,\boldsymbol{\beta}_3$ 是 $\boldsymbol{AX}=\boldsymbol{O}$ 的解

因为 $\boldsymbol{\alpha}_1,\boldsymbol{\alpha}_2,\boldsymbol{\alpha}_3$ 是 $\boldsymbol{AX}=\boldsymbol{O}$ 的解，所以根据性质 1，$\boldsymbol{\beta}_1,\boldsymbol{\beta}_2,\boldsymbol{\beta}_3$ 也是 $\boldsymbol{AX}=\boldsymbol{O}$ 的解

由(1)、(2) 可知 $\boldsymbol{\beta}_1,\boldsymbol{\beta}_2,\boldsymbol{\beta}_3$ 是 $\boldsymbol{AX}=\boldsymbol{O}$ 的三个线性无关的解，又基础解系中含有三个向量，于是 $\boldsymbol{\beta}_1,\boldsymbol{\beta}_2,\boldsymbol{\beta}_3$ 是 $\boldsymbol{AX}=\boldsymbol{O}$ 的基础解系.

11. (1) 基础解系为 $\boldsymbol{\xi}=(-5,-2,-1,1)^{\mathrm{T}}$

通解为 $\boldsymbol{X}=k\boldsymbol{\xi}=k(-5,-2,-1,1)^{\mathrm{T}}$，其中 k 为任意实数.

(2) 基础解系为$\boldsymbol{\xi}_1=\begin{bmatrix}-2\\1\\1\\0\\0\end{bmatrix}$，$\boldsymbol{\xi}_2=\begin{bmatrix}-1\\-3\\0\\1\\0\end{bmatrix}$，$\boldsymbol{\xi}_3=\begin{bmatrix}2\\1\\1\\0\\0\end{bmatrix}$

通解为 $\boldsymbol{X}=k_1\boldsymbol{\xi}_1+k_2\boldsymbol{\xi}_2+k_3\boldsymbol{\xi}_3$，其中 k_1,k_2,k_3 为任意实数.

12. (1) 一般解为$\begin{cases}x_1=-x_4+1\\x_2=-x_4\\x_3=x_4-1\end{cases}$，其中 x_4 为自由未知元

特解为$\boldsymbol{\eta}=(1,0,-1,0)^{\mathrm{T}}$

导出组的基础解系为$\boldsymbol{\xi}=(-1,-1,1,1)^{\mathrm{T}}$

于是原方程组的通解为 $\boldsymbol{X}=\boldsymbol{\eta}+k\boldsymbol{\xi}=\begin{bmatrix}1\\0\\-1\\0\end{bmatrix}+k\begin{bmatrix}-1\\-1\\1\\1\end{bmatrix}$，其中 k 为任意实数.

(2) 一般解为$\begin{cases}x_1=6x_3+11x_4-11\\x_2=-x_3-2x_4+2\end{cases}$，其中 x_3,x_4 为自由未知元

特解为$\boldsymbol{\eta}=(-11,2,0,0)^{\mathrm{T}}$

导出组的基础解系为$\boldsymbol{\xi}_1=(6,-1,1,0)^{\mathrm{T}}$，$\boldsymbol{\xi}_2=(11,-2,0,1)^{\mathrm{T}}$

于是原方程组的通解为 $\boldsymbol{X}=\boldsymbol{\eta}+k_1\boldsymbol{\xi}_1+k_2\boldsymbol{\xi}_2=\begin{bmatrix}-11\\2\\0\\0\end{bmatrix}+k_1\begin{bmatrix}6\\-1\\1\\0\end{bmatrix}+k_2\begin{bmatrix}11\\-2\\0\\1\end{bmatrix}$，其中 k_1,k_2 为任意实数.

13. 增广矩阵$(\boldsymbol{A},\boldsymbol{B})\rightarrow\begin{bmatrix}1&-1&-5&4&2\\0&1&13&-9&-3\\0&0&0&0&0\\0&0&0&0&\lambda-8\end{bmatrix}$，所以当 $\lambda=8$ 时，方程组有解且有无穷多解. 一般解为$\begin{cases}x_1=-8x_3+5x_4-1\\x_2=-13x_3+9x_4-3\end{cases}$，其中 x_3,x_4 为自由未知元.

于是原方程组的通解为 $\boldsymbol{X}=\boldsymbol{\eta}+k_1\boldsymbol{\xi}_1+k_2\boldsymbol{\xi}_2=\begin{bmatrix}-1\\-3\\0\\0\end{bmatrix}+k_1\begin{bmatrix}-8\\-13\\1\\0\end{bmatrix}+k_2\begin{bmatrix}5\\9\\0\\1\end{bmatrix}$，其中 k_1,k_2 为任意实数.

思考与训练(四)

1. $\boldsymbol{Y}=\begin{pmatrix}11\\19\\3\end{pmatrix}$　2. $\boldsymbol{X}=\begin{pmatrix}600\\3800\\600\end{pmatrix}$　3. $\boldsymbol{X}=\begin{pmatrix}35\\52\\22\end{pmatrix}$

思考与训练(五)

1. (1) 用 x_1、x_2 分别表示甲乙两种产品的生产数量，则问题的线性规划数学模型为：

$$\max z = 6x_1 + 4x_2$$

$$\text{s. t}\begin{cases}2x_1 + 3x_2 \leqslant 100\\ 4x_1 + 2x_2 \leqslant 120\\ x_1, x_2 \geqslant 0\end{cases}$$

(2) 用 $x_j(j=1,2)$ 表示每瓶中第 j 种原料所含的数量，则问题的线性规划数学模型为：

$$\min z = 4x_1 + 7x_2$$

$$\text{s. t}\begin{cases}x_1 + x_2 = 500\\ x_1 \geqslant 350\\ x_2 \geqslant 200\\ x_1, x_2 \geqslant 0\end{cases}$$

(3) 用 $x_j(j=1,2,\cdots,6)$ 表示第 j 种下料方式的条材数量，则问题的线性规划数学模型为：

$$\min z = x_1 + x_2 + \cdots + x_6$$

$$\text{s. t.}\begin{cases}5x_1 + 4x_2 + 3x_3 + 2x_4 + x_5 = 10\,000\\ x_2 + 2x_3 + 3x_4 + 5x_5 + 6x_6 = 20\,000\\ x_j \geqslant 0(j = 1,2,\cdots,6)\end{cases}$$

(4) 设安排男生挖坑、栽树、浇水的人数分别为 x_1, x_2, x_3 人，女生挖坑、栽树、浇水的人数分别为 x_4, x_5, x_6 人，z 为植树总数，则该问题的数学模型为

求一组变量 $x_j(j=1,2,\cdots,6)$ 的值，使其满足

$$\begin{cases}x_1 + x_2 + x_3 = 35\\ x_4 + x_5 + x_6 = 15\\ 20x_1 + 10x_4 = 30x_2 + 20x_5 = 25x_3 + 15x_6\\ x_j \geqslant 0(j = 1,2,\cdots,6)\end{cases}$$

并使目标函数 $z=20x_1+10x_4=30x_2+20x_5=25x_3+15x_6$ 取得最大值.

2. (1) 最优解为 $x_1=2, x_2=0$，最优值为 $\min z=4$.

(2) $\max z=14$，这个线性规划问题具有唯一最优解.

(3) $\max z=4\times2+3\times1=11$

(4) 无最优解.

(5) $\max z=2\times2+5\times3=19$.

3. (1) 生产 A 产品 150 件，B 产品 100 件，能使产值 $z=20\times150+1500=4500$(元)最大.

(2) 最优解为 $x_1=5, x_2=5$，最优值为 $\min z=25$，故用甲乙钢板各 5 张，使用料面积最小.

思考与训练(六)

1. (1) **解**：因引入松弛变量 x_3, x_4 设 $x_2=x_2'-x_2''$ 代入目标函数和所有的约束条件中，其

中 $x_2'\geqslant 0, x_2''\geqslant 0$. 于是得到该线性规划模型的标准形式为：

$$\max(-S)=x_1-2x'_2+2x''_2$$

$$\begin{cases}-x_1+x'_2-x''_2+x_3=3\\ x_1+2x'_2-2x''_2+x_4=8\\ x_1,x'_2,x''_2,x_3,x_4\geqslant 0\end{cases}$$

(2) **解**：因引入松弛变量 x_3, x_4, x_5；

于是得到该线性规划模型的标准形式为：

$$\max S=6x_1+2x_2$$

$$\begin{cases}2x_1+3x_2+x_3=80\\ 4x_1+2x_2+x_4=100\\ x_1=14\\ x_2-x_5=20\\ x_1,x_2,x_3,x_4,x_5\geqslant 0\end{cases}$$

2. **解**：(1) 矩阵形式为：

$$\max S=\boldsymbol{CX}$$

$$满足\begin{cases}\boldsymbol{AX}=\boldsymbol{b}\\ \boldsymbol{X}\geqslant 0\end{cases}$$

其中 $\boldsymbol{C}=(1,1,2), \boldsymbol{X}=(x_1,x_2,x_3)^{\mathrm{T}}$

$$A=\begin{pmatrix}1&1&0\\2&0&1\end{pmatrix},\quad b=\begin{pmatrix}5\\7\end{pmatrix}$$

(2) 在系数矩阵 $\boldsymbol{A}$ 中，$\boldsymbol{B}=\begin{pmatrix}1&0\\0&1\end{pmatrix}=(\boldsymbol{p}_2,\boldsymbol{p}_3)=\boldsymbol{E}$ 显然是非奇异子矩阵，因此 $\boldsymbol{B}$ 是该问题的一个基，对应的基变量为 x_2, x_3 记为 $\boldsymbol{X}_B=(x_2,x_3)^{\mathrm{T}}$. 相应的非基变量为 x_1，记为 $\boldsymbol{X}_N=(x_1)^{\mathrm{T}}$.

显然 $\boldsymbol{X}=(\boldsymbol{X}_N,\boldsymbol{X}_B)^{\mathrm{T}}$

(3) 对于系数矩阵 $\boldsymbol{A}$，若记 $\boldsymbol{B}_N=\begin{pmatrix}1\\2\end{pmatrix}$，就有 $\boldsymbol{A}=(\boldsymbol{B}_N,\boldsymbol{B})$，

约束方程 $\boldsymbol{AX}=\boldsymbol{b}$ 可表示为 $(\boldsymbol{B}_N,\boldsymbol{B})\begin{bmatrix}\boldsymbol{X}_N\\ \boldsymbol{X}_B\end{bmatrix}=\boldsymbol{b}$.

即 $\boldsymbol{BX}_B+\boldsymbol{B}_N\boldsymbol{X}_N=\boldsymbol{b}$，从而 $\boldsymbol{BX}_B=\boldsymbol{b}-\boldsymbol{B}_N\boldsymbol{X}_N$，

即 $\begin{pmatrix}1&0\\0&1\end{pmatrix}\begin{bmatrix}x_2\\x_3\end{bmatrix}=\begin{pmatrix}5\\7\end{pmatrix}-\begin{pmatrix}1\\2\end{pmatrix}(x_1)$

故用非基变量 $\boldsymbol{X}_N$ 表示基变量 $\boldsymbol{X}_B$ 的表达式为

$$\begin{bmatrix}x_2\\x_3\end{bmatrix}=\begin{pmatrix}5\\7\end{pmatrix}-\begin{pmatrix}1\\2\end{pmatrix}(x_1)$$

(4) 令非基变量 $x_1=0$，得 $(x_2,x_3)^{\mathrm{T}}=(5,7)^{\mathrm{T}}$，所以 $\boldsymbol{X}=(0,5,7)^{\mathrm{T}}$ 是对应于 $\boldsymbol{B}$ 的基本解，显然也是基本可行解.

3. (1) 原问题最优解 $\boldsymbol{X}=(4,2)^{\mathrm{T}}$. (2) 原问题无最优解.

(3) 无最优解. (4) 最优解 $\boldsymbol{X}=(4,6)^{\mathrm{T}}$.

4. (1) 原问题的对偶问题为：

$$\max g = 5y_1 + y_2 + 8y_3,$$

$$\begin{cases} 4y_1 + y_2 + y_3 \leqslant 1 \\ 8y_1 + y_2 - 3y_3 \leqslant 3 \\ y_1, y_2, y_3 \geqslant 0 \end{cases}$$

(2) 原问题的对偶问题为：

$$\min g = 12y_1 + 10y_2$$

$$\begin{cases} y_1 + 2y_2 \geqslant 4 \\ 2y_1 + 3y_2 \geqslant 7 \\ y_1 + 4y_2 \geqslant 2 \\ y_1, y_2, y_3 \geqslant 0 \end{cases}$$

(3) 原问题的对偶问题为：

$$\max g = 2y_1 - 2y_2 + 8y_3,$$

$$\begin{cases} y_1 - 2y_2 + 7y_3 \leqslant 1 \\ y_1 + y_2 - 5y_3 \leqslant -3 \\ -3y_1 - y_2 - 4y_3 = 2 \\ y_1, y_2 \geqslant 0, y_3 \text{ 为非负约束} \end{cases}$$